中国建设教育发展报告（2022—2023）

China Construction Education Development Report（2022—2023）

中国建设教育协会　组织编写

刘　杰　　王要武　主　编

图书在版编目（CIP）数据

中国建设教育发展报告 .2022—2023 = China
Construction Education Development Report（2022—
2023）/ 中国建设教育协会组织编写；刘杰，王要武主
编 .— 北京：中国建筑工业出版社，2024.6.—ISBN
978-7-112-30000-6

Ⅰ.TU-4

中国国家版本馆 CIP 数据核字第 2024MN3914 号

责任编辑：赵云波
责任校对：赵　力

中国建设教育发展报告（2022—2023）

China Construction Education Development Report（2022—2023）

中国建设教育协会　组织编写

刘　杰　　王要武　主　编

*

中国建筑工业出版社出版、发行（北京海淀三里河路9号）

各地新华书店、建筑书店经销

北京点击世代文化传媒有限公司制版

北京云浩印刷有限责任公司印刷

*

开本：787 毫米 ×1092 毫米　1/16　印张：16¾　字数：288 千字

2024 年 6 月第一版　2024 年 6 月第一次印刷

定价：**78.00** 元

ISBN 978-7-112-30000-6

（42945）

本书编审委员会

主任委员：刘　杰

副主任委员：崔振林　何志方　路　明　赵丽莉　李海莹
　　　　　　崔　征　王要武　李竹成　沈元勤　付海诚
　　　　　　杨彦奎

委　　员：高延伟　何任飞　程　鸿　李　平　李　奇
　　　　　陈红兵　潘晋孝　胡兴福　何　辉　杨秀方
　　　　　罗小毛　梁培杰　崔恩杰　王　平　李晓东

本书编写组

主　　编：刘　杰　王要武

副　主　编：崔　征　李竹成　何任飞　程　鸿

参　　编：高延伟　田　歌　张惠迪　薛晶英　张　晨　赵　昭
　　　　　温　欣　李　平　李　奇　陈红兵　潘晋孝　胡兴福
　　　　　何　辉　杨秀方　罗小毛　梁培杰　崔恩杰　王　平
　　　　　李晓东　王崇杰　倪　欣　李培凤　田媛媛　王　炜
　　　　　张文海　李　峰　许辉熙　戴明元　金　波　肖创海
　　　　　樊　哲　刘　颖　李　皑　梁　健　王梦缘　刘承桓
　　　　　李　苗　孙荣琦　傅　钰　谷　珊　张文龙　何曙光
　　　　　钱　程　刘亦琳

序

由中国建设教育协会组织编写，刘杰、王要武同志主编的《中国建设教育发展报告》伴随着住房和城乡建设领域改革发展的步伐，从无到有，应运而生，是我国最早编写发布的建设教育领域发展研究报告。从策划、调研、收集资料与数据，到研究分析、组织编写，全体参编人员集思广益、精心梳理，付出了极大的努力。我向为本书的成功出版作出贡献的同志们表示由衷感谢。

"十三五"期间，我国住房和城乡建设领域各级各类教育培训事业取得了长足的发展，在坚持加快发展方式转变、促进科学技术进步、实现体制机制创新作出了重要贡献。普通高等建设教育狠抓本科与研究生教育质量，以专业教育评估为抓手，在深化教育教学改革，学科专业建设和整体办学水平等方面有了明显提高；高等建设职业教育的办学规模快速发展，专业结构更趋合理，办学定位更加明确，校企合作不断深入，毕业生普遍受到行业企业的欢迎；中等建设职业教育坚持面向生产一线培养技能型人才，以企业需求为切入点，强化校内外实操实训、师傅带徒、顶岗实习，有效地增强了学生的职业能力；建设行业从业人员的继续教育和职业培训也取得了很大进展，各省市各地区相关部门和企事业单位为适应行业改革发展的需要普遍加大了教育培训力度，创新了培训管理制度和培训模式，提高了培训质量，职工队伍素质得到了全面提升。然而，我们也必须冷静自省，充分认识我国建设教育存在的短板和不足。在中国特色社会主义新时代，我国建设领域正面临着新机遇新挑战，要为这个时代培养什么样的人才、怎样为这个时代培养人才是建设教育领域面对的一个重要问题；建设教育在国家实施创新驱动发展战略的新形势下，需要有更强的紧迫感和危机感。这本书在认真分析我国建设教育发展状况的基础上，紧密结合我国教育发展和建设行业发展实际，科学地分析了建设教育的发展趋势以及所面临的问题，提出了对策建议，具有很强的参考价值。书中提供的大量数据和案例，既有助于开展建设教育的学术研究，也对当前行业发展的创新点和聚焦点进行了归纳总结，是教育教学与产业发展相结合的一个优秀典范。

　　进入 21 世纪的 20 年代，我们面临着世界前所未有之大变局。"十四五"时期将是我国完成第一个百年奋斗目标、向着第二个百年奋斗目标奋进的第一个五年，是实现 2035 年远景目标过程中的第一个五年。在这一阶段，实现城市更新、优化城市设计、改善人居环境、发展绿色建造、提升行业水平等新时代新需求将成为住房城乡建设事业发展的新焦点，他们为建设教育领域带来了新动力。可以预见，未来一个阶段的建设教育，还将继续在党的教育方针指引下，毫不动摇地贯彻实施人才发展战略，更加注重教育内涵发展和品质提升，紧密结合行业和市场需求，积极调整专业结构和资源配置，加强实践教学，突出创业创新教育，推进校企合作。未来的建设教育既有高等教育的提纲挈领贡献，又有职业教育的产业队伍保障，更有继续教育的适时"充电"培养。相信在广大建设教育工作者的不懈努力下，住房和城乡建设领域的高素质、创新型、应用型人才，高水平技能人才和高素质劳动者将更多地进入建设产业大军，为全行业质量提升带来新的能量与活力。总的来说，建设教育必将继续坚持立德树人这个根本任务，坚持以人民为中心，进一步加快深化建设教育改革创新，增强对行业发展的服务贡献能力，用教育水平的提升为行业进一步发展做出积极贡献。

　　希望中国建设教育协会和这本书的编写者们能够继续把握发展规律，广泛收集资料，扎实开展研究，持之以恒关注建设教育发展，把研究建设教育领域教育教学工作这个课题做好做深，共同为住房城乡建设领域培养更多高素质人才，进一步推动我国建设教育各项改革不断深入，为全面实现国家"十四五"规划和 2035 年远景目标作出更大的贡献。

前　言

为了紧密结合住房城乡建设事业改革发展的重要进展和对人才队伍建设提出的要求，客观、全面地反映中国建设教育的发展状况，中国建设教育协会从 2015 年开始，计划每年编制一本反映上一年度中国建设教育发展状况的分析研究报告。本书即为中国建设教育发展年度报告的 2022—2023 年度版。

本书共分 6 章。

第 1 章从建设类专业普通高等教育、建设类职业本科教育、建设类高等职业教育、建设类中等职业教育四个方面，分析了 2022 年学校教育的发展状况。具体包括：从教育概况、分学科专业学生培养情况等多个视角，分析了 2022 年学校建设教育的发展状况，总结了学校建设教育的成绩与经验，剖析了学校建设教育发展面临的问题，提出了促进学校建设教育发展的对策建议。

第 2 章从建设行业执业人员、建设行业专业技术人员、建设行业技能人员三个方面，分析了 2022 年继续教育、职业培训的状况。具体包括：分析了建设行业执业人员继续教育与培训的总体状况，剖析了建设行业执业人员继续教育与培训存在的问题，提出了促进其继续教育与培训发展的对策建议；分析了建设行业专业技术人员继续教育与培训的总体状况，剖析了建设行业专业技术人员继续教育与培训存在的问题，提出了促进其继续教育与培训发展的对策建议；分析了建设行业技能人员培训的总体状况，剖析了建设行业技能人员培训面临的问题，提出了促进其培训发展的对策建议。

第 3 章选取了若干不同类型的学校、企业进行了案例分析。学校教育方面，包括了一所普通高等学校、三所高等职业技术学校和两所中等职业技术学校的典型案例分析；继续教育与职业培训方面，包括了两家企业、一家社团和一家中等职业技术学校组织的典型案例分析。

第 4 章根据 2022—2023 年《中国建设教育》及相关杂志发表的教育研究类论文，

总结出"新工科"背景下的人才培养、研究生培养模式研究、高职教育高质量发展与专业人才培养、中等职业教育研究、课程思政、国家职业标准发展研究等6个方面的24类热点问题进行研讨。

第5章总结了2022年中国建设教育发展大事记，包括住房和城乡建设领域教育发展大事记和中国建设教育协会大事记。

第6章汇编了中共中央、国务院以及教育部、住房和城乡建设部颁发的与中国建设教育密切相关的政策文件。

本报告是系统分析中国建设教育发展状况的系列著作，对于全面了解中国建设教育的发展状况、学习借鉴促进建设教育发展的先进经验、开展建设教育学术研究，具有重要的借鉴价值。可供广大高等院校、中等职业技术学校从事建设教育的教学、科研和管理人员、政府部门和建筑业企业从事建设继续教育和岗位培训管理工作的人员阅读参考。

本书在制定编写方案、收集相关数据和书稿编写及审稿的过程中，得到了住房和城乡建设部主管领导、住房和城乡建设部人事司的大力指导和热情帮助，得到了有关高等院校、中职院校、地方住房和城乡建设主管部门、建筑业企业的积极支持和密切配合；在编辑、出版的过程中，得到了中国建筑工业出版社的大力支持，在此表示衷心的感谢。

本书由刘杰、王要武主编并统稿，参加各章编写的主要人员有：陈红兵、潘晋孝、胡兴福、何辉、杨秀方、倪欣、李培凤、田媛媛（第1章）；薛晶英、张晨、李奇、王炜（第2章）；温欣、陈红兵、潘晋孝、胡兴福、罗小毛、梁培杰、崔恩杰、王平、王崇杰、张文海、李峰、许辉熙、戴明元、金波、肖创海、樊哲、刘颖、李皑、梁健、王梦缘、刘承桓、李苗、孙荣琦（第3章）；赵昭、李晓东、何曙光、钱程（第4章）；高延伟、田歌、张惠迪、温欣、傅钰、谷珊、张文龙、刘亦琳（第5章和第6章）。

限于时间和水平，本书错讹之处在所难免，敬请广大读者批评指正。

本书编委会
2023年12月

目　录

第4章　中国建设教育年度热点问题研讨

第1章 2022年建设类专业教育发展状况分析

1.1 2022年建设类专业普通高等教育发展状况分析

1.1.1 建设类专业普通高等教育发展的总体状况

1.1.1.1 普通本科教育

1. 普通本科教育总体情况

国家统计局2022年统计数据显示，全国共有普通高等学校2760所。其中，普通本科院校1239所，比2021年增加4所。

2022年，普通本科招生467.94万人，比2021年增加23.34万人，增长5.25%；在校生1965.64万人，比2021年增加72.54万人，增长3.83%；毕业生471.57万人，比2021年增加43.47万人，增长10.15%。

2. 土木建筑类普通本科生培养

2022年，全国土木建筑类本科毕业生242737人，比2021年增加21218人，占全国本科毕业生数的5.15%，同比下降0.02个百分点；土木建筑类本科招生174848人，比2021年增加6441人，占全国本科招生数的3.74%，同比下降0.05个百分点；土木建筑类本科在校生912749人，比2021年增加12800人，占全国本科在校生数的4.64%，同比下降0.11个百分点。图1-1示出了2014~2022年全国土木建筑类专业本科生培养情况。

1.1.1.2 研究生教育

1. 研究生教育总体情况

2022年全国研究生毕业86.22万人，比2021年增加8.94万人，增长11.57%，其中，毕业博士生8.23万人，毕业硕士生77.98万人。招生124.25万人，比2021

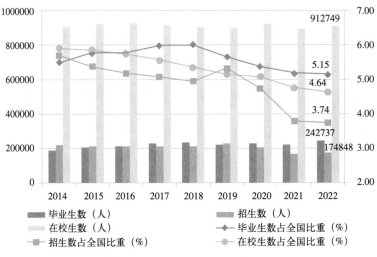

图 1-1　2014～2022 年全国土木建筑类专业本科生培养情况

年增加 6.60 万人，增长 5.61%；其中，博士生 13.90 万人，硕士生 110.35 万人。在校研究生 365.36 万人，比 2021 年增加 32.12 万人，增长 9.64%；其中，在校博士生 55.61 万人，在校硕士生 309.75 万人。

2. 土木建筑类硕士生培养

2022 年土木建筑类硕士生毕业 37064 人，比 2021 年增加 17626 人，占全国毕业硕士生人数的 4.75%，同比增长 1.98 个百分点；土木建筑类硕士招生 48543 人，比 2021 年增加 4194 人，占全国硕士研究生招生数的 4.40%，同比增长 0.18 个百分点；土木建筑类硕士在校生 140466 人，比 2021 年增加 31740 人，占全国在校硕士研究生人数的 4.53%，同比增长 0.68 个百分点。图 1-2 示出了 2014～2022 年全国土木建筑类硕士生培养情况。

3. 土木建筑类博士生培养

2022 年土木建筑类博士生毕业 3361 人，比 2021 年增加 632 人，占全国毕业博士生人数的 4.08%，同比增长 0.29 个百分点；土木建筑类博士招生 5882 人，比 2021 年增加 1174 人，占全国博士研究生招生数的 4.23%，同比增长 0.49 个百分点；土木建筑类博士在校生 26918 人，比 2021 年增加 4711 人，占全国在校博士研究生人数的 4.84%，同比增长 0.48 个百分点。图 1-3 示出了 2014～2022 年全国土木建筑类博士生培养情况。

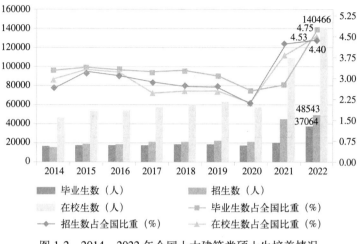

图 1-2　2014～2022 年全国土木建筑类硕士生培养情况

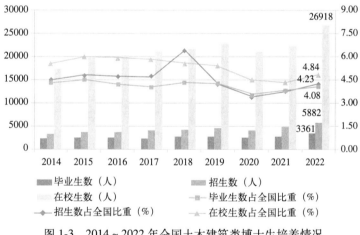

图 1-3　2014～2022 年全国土木建筑类博士生培养情况

1.1.2　建设类专业普通高等教育发展的统计分析

1.1.2.1　本科教育统计分析

2022 年土木建筑类本科生按专业分布情况见表 1-1。

从表 1-1 中可以看出，2022 年开设的土木建筑类本科专业涉及 4 个专业大类，14 个专业，其中土木类专业 6 个，占比 42.86%，建筑类专业 4 个，占比 28.57%，管理科学与工程类专业 3 个，占比 21.43%，工商管理类专业 1 个，占比 7.14%。在 4 个专业大类中，土木类专业的毕业生数、招生数和在校生数占到土木建筑类本科生的 50% 以上，其中土木工程专业的人数最多，在毕业生数、招生数和在校生数三个指标中均占到土木建筑类本科生总数的 35% 以上，这与当前我国建筑行业人才需求的实际情况相吻合。

土木建筑类本科生按专业分布情况　　　　　　　　　　表 1-1

学科门类名称	专业大类名称	专业名称	毕业生数（人）	招生数（人）	在校生数（人）
工学	土木类	土木工程	92575	61991	333171
工学	土木类	建筑环境与能源应用工程	11519	8627	42708
工学	土木类	给排水科学与工程	11346	9437	43015
工学	土木类	建筑电气与智能化	4445	3649	16329
工学	土木类	城市地下空间工程	4153	3260	15830
工学	土木类	道路桥梁与渡河工程	6237	5177	22939
工学	建筑类	建筑学	16956	14692	86035
工学	建筑类	城乡规划	9429	8338	44502
工学	建筑类	风景园林	10278	10467	44522
工学	建筑类	历史建筑保护工程	215	321	1107
管理学	管理科学与工程类	工程管理	39690	24053	130228
管理学	管理科学与工程类	房地产开发与管理	2843	1663	8841
管理学	管理科学与工程类	工程造价	31627	21793	118068
管理学	工商管理类	物业管理	1424	1380	5454

1.1.2.2　研究生教育统计分析

1. 硕士研究生

2022 年土木建筑类硕士研究生按学科专业分布情况见表 1-2。

从表 1-2 中可以看出，2022 年土木建筑类硕士研究生培养专业共有 31 个，其中学术型硕士研究生专业 19 个，占比 61.29%，专业型硕士研究生专业 12 个，占比 38.71%；工学专业 28 个，占比 90.32%。从毕业生数、招生数和在校生数来看，专业型硕士研究生均占比 60% 左右，是土木建筑类硕士研究生培养的主力军，其中土木水利专业的培养规模最大。土木水利专业硕士研究生毕业生数占专业型硕士研究生毕业生总数的 31.54%，招生数占专业型硕士研究生招生总数的 57.17%，在校生数占专业型硕士研究生在校生总数的 61.39%。在土木建筑类学术型硕士研究生培养专业中，管理科学与工程学科培养规模最大，毕业生数占学术型硕士研究生毕业生

2022 年土木建筑类硕士研究生按学科专业分布情况　　表 1-2

学生类型	学科门类名称	专业大类名称	专业名称	毕业生数（人）	招生数（人）	在校生数（人）
学术型	工学	建筑学	建筑历史与理论	16	16	49
学术型	工学	建筑学	建筑设计及其理论	51	39	141
学术型	工学	建筑学	建筑技术科学	20	22	64
学术型	工学	建筑学	建筑学学科	1044	1422	4147
学术型	工学	建筑学	自设建筑学	34	36	116
学术型	工学	土木工程	岩土工程	662	620	1961
学术型	工学	土木工程	结构工程	989	892	2867
学术型	工学	土木工程	市政工程	483	457	1361
学术型	工学	土木工程	供热、供燃气、通风及空调工程	474	451	1419
学术型	工学	土木工程	防灾减灾工程及防护工程	175	203	612
学术型	工学	土木工程	桥梁与隧道工程	465	400	1380
学术型	工学	土木工程	土木工程学科	3734	5215	14538
学术型	工学	土木工程	自设土木工程	144	153	454
学术型	工学	城乡规划学	城乡规划学学科	850	1021	3061
学术型	工学	城乡规划学	自设城乡规划学	11	0	10
学术型	工学	风景园林学	风景园林学学科	849	975	3053
学术型	工学	风景园林学	自设风景园林学	17	31	75
专业型	工学	建筑学	建筑学	3490	2554	7937
专业型	工学	建筑学	自设建筑学	1641	0	43
专业型	工学	城市规划	城市规划	874	1092	3190
专业型	工学	土木水利	土木工程	3747	3893	8405
专业型	工学	土木水利	水利工程	1202	563	954
专业型	工学	土木水利	海洋工程	59	38	41
专业型	工学	土木水利	农田水土工程	0	34	34
专业型	工学	土木水利	市政工程（含给排水等）	36	309	636
专业型	工学	土木水利	人工环境工程（含供热、通风及空调等）	18	435	589
专业型	工学	土木水利	土木水利	6946	16980	52485
专业型	工学	土木水利	自设土木水利	1298	57	236
专业型	农学	风景园林	风景园林	2710	3745	10941
学术型	管理学	管理科学与工程	管理科学与工程学科	4620	6420	18375
学术型	管理学	管理科学与工程	自设管理科学与工程	405	470	1292

总数的 30.71%，招生数占学术型硕士研究生招生总数的 34.07%，在校生数占学术型硕士研究生在校生总数的 33.42%。

2. 博士研究生

2022 年土木建筑类博士研究生按学科专业分布情况见表 1-3。

2022 年土木建筑类博士研究生按学科专业分布情况 表 1-3

学生类型	学科门类名称	专业大类名称	专业名称	毕业生数（人）	招生数（人）	在校生数（人）
学术型	工学	建筑学	建筑历史与理论	0	1	13
学术型	工学	建筑学	建筑设计及其理论	5	10	71
学术型	工学	建筑学	建筑技术科学	3	3	19
学术型	工学	建筑学	建筑学学科	155	318	1584
学术型	工学	建筑学	自设建筑学	0	2	8
学术型	工学	土木工程	岩土工程	293	296	1682
学术型	工学	土木工程	结构工程	222	240	1337
学术型	工学	土木工程	市政工程	117	81	455
学术型	工学	土木工程	供热、供燃气、通风及空调工程	79	58	374
学术型	工学	土木工程	防灾减灾工程及防护工程	54	64	346
学术型	工学	土木工程	桥梁与隧道工程	89	143	726
学术型	工学	土木工程	土木工程学科	786	1511	6564
学术型	工学	土木工程	自设土木工程	38	56	296
学术型	工学	城乡规划学	城乡规划学学科	88	152	880
学术型	工学	风景园林学	风景园林学学科	79	204	910
专业型	工学	建筑学	建筑学	0	0	8
专业型	工学	土木水利	土木工程	0	52	55
专业型	工学	土木水利	水利工程	0	26	26
专业型	工学	土木水利	市政工程（含给排水等）	0	6	6
专业型	工学	土木水利	人工环境工程（含供热、通风及空调等）	0	4	4
专业型	工学	土木水利	土木水利	1	734	1507
学术型	管理学	管理科学与工程	管理科学与工程学科	1194	1719	8970
学术型	管理学	管理科学与工程	自设管理科学与工程	158	202	1077

　　从表 1-3 中可以看出，2022 年土木建筑类博士研究生培养专业共有 23 个，其中学术型博士研究生专业 17 个，占比 73.91%，专业型博士研究生专业 6 个，占比 26.09%；工学专业 17 个，占比 73.91%。从毕业生数、招生数和在校生数来看，学术型博士研究生均占比 90% 左右，是土木建筑类博士研究生培养的主力军，其中管理科学与工程学科培养规模最大，毕业生数占学术型博士研究生毕业生总数的 35.53%，招生数占学术型博士研究生招生总数的 33.97%，在校生数占学术型博士研究生在校生总数的 35.44%。在土木建筑类专业型博士研究生培养专业中，土木水利专业的培养规模相对较大。

1.1.3　建设类专业普通高等教育发展的成绩与经验

　　行业特色高校是中国高等教育体系和"双一流"建设的重要组成部分，要以习近平总书记重要讲话精神为指引，在教育、科技、人才一体统筹推进中发挥重要作用，努力成为教育强国建设的践行者和推动者，服务经济社会高质量发展的引领者和生力军，在强国建设、民族复兴新征程上作出积极贡献。

1.1.3.1　聚焦未来人才培养核心素养，助力人才培养质量提升

　　行业特色高校首先具有高等教育的共性，承担着落实立德树人根本任务，培养德智体美劳全面发展的时代新人的使命，同时又具有服务行业的特性，要对接产业需求，服务行业发展。坚持为党育人、为国育才，积极构建新时代铸魂育人工作体系，加强学生行业教育，引导学生到基层感受行业发展的辉煌成就，自觉增强扎根行业、奉献行业的责任感和使命感。大力推进科教融汇、产教融合，发挥好高水平大学、高水平科研机构和高水平企业的协同育人效应，有的放矢培养国家战略人才和急需紧缺人才，不断提高自主人才培养质量。紧贴行业创新型人才需求，持续推动教育教学改革与行业转型升级衔接配套，进一步加强科学教育和工程教育，加强实践教学环节，不断提高学生的动手能力和创新能力，切实提升拔尖创新人才培养水平。

1.1.3.2　优化专业设置结构，促进优势特色学科建设

　　学科是服务高质量发展的重要基础。优势特色学科是行业特色高校的立校之本、兴校之源，是培育核心竞争力的关键。建设好优势特色学科，对于建设教育强国、服务高质量发展具有重要意义。通过差异化发展形成比较优势，集中力量建设好与自身办学定位和办学特色相匹配的优势学科，让学科建设自身发展的"小逻辑"

服从于国家重大战略和经济社会发展的"大需求"，根据行业发展的新方向、新趋势、新变化，以质量、贡献为导向，动态调整优化学科布局，促进学科链与人才链、创新链和产业链有机衔接、深度融合。山东建筑大学建筑学于2020年获批山东省"十四五"优势特色学科，学院依托传统优势学科基础和资源，积极拓展校内外专业实践平台。学校坚持强化建筑、规划、景观三个学科设计及理论核心基础建设，突出生态绿色与数字技术融入，续延历史理论与遗产保护研究，拓展城乡空间设计体系研究领域，形成一体多翼学科发展格局，为山东省新旧动能转换、乡村振兴，服务国家黄河流域城乡高质量发展、国家创新驱动发展战略作出了突出贡献。

1.1.3.3　加强校企协同深度合作，推动科技创新能力提升

科技是推进高质量发展的关键力量。长期以来，行业特色高校已经成为行业科技创新的重要策源地，在助力行业实现高水平科技自立自强中使命重大。要依托办学特色优势，主动对接国家战略目标和战略任务，加强与行业部门和龙头企业的对接，不断凝练特色科研方向，以特色凸显优势，以特色引领创新，以特色驱动发展，努力推动关键核心技术自主可控，成为行业科技创新的领跑者和开拓者。要加强有组织科研，推进国家实验室、前沿科学中心等的建设，最大限度发挥学科资源、科研力量和高层次人才等优势资源的协同效应，加强对行业发展关键共性技术、前沿引领技术、颠覆性技术的科技攻关，积极破解"卡脖子"难题。2023年辽宁首届"校企协同科技创新伙伴行动"高校成果转化对接活动在沈阳建筑大学举行，会议围绕"校企协同创新发展，科技赋能建筑产业转型升级"这一主题，聚焦建筑碳中和、城市更新、建筑工业化、新型建筑材料等建筑行业及其产业链上下游相关领域，面向省内高校和有关企业征集高校科技成果和企业关键技术需求，推动省内建筑类高校与相关企业开展合作对接。此活动中，沈阳建筑大学与中国铁塔股份有限公司、盘锦市人民政府等六家政府与企业代表签署了战略合作协议。

1.1.3.4　进一步完善国际化发展机制，持续强化国际化办学理念

国际合作是推进高质量发展的重要手段。在经济全球化和教育国际化深入发展的背景下，不断加强国际化办学，是行业特色高校建设一流大学和一流学科的重要途径，也是服务高质量发展的客观要求。行业特色高校要统筹做好"引进来"和"走出去"两篇大文章，深化与联合国教科文组织等多边机构的合作，有效利用国际高校、科研院所的资源和力量，吸收借鉴先进办学理念，拓展开放办学的广度与深度，

提升国际交流的层次与水平。积极主动服务国家"一带一路"倡议，充分发挥创新资源集聚、国际交流活跃、高端学术交流平台广泛等优势，强化与行业企事业单位的协同合作，瞄准"一带一路"中具有前瞻性、现实性的问题，发挥好先行引领和基础支撑作用。北京建筑大学国际化发展研究院搭建了国际创新平台，打造"1+N"个高端国际创新中心，基于灵活高效的机制，通过国际创新合作，提升学校事业发展的内生动力与核心实力。建设多层次国际化人才培养体系，通过多元多角度培养方式，推进本校学生国际化视野和交流合作能力，通过多种模式的国际学生教育与职业培训，不断提升国际学生培养质量。建立与国外相关高校、学术组织、相关机构的合作关系，推进"一带一路"建筑类大学国际联盟成员间的联合办学、学分互认、学生短期互访，扩大学校国际影响力。

1.1.4　建设类专业普通高等教育发展面临的问题

建筑类高校是典型的行业特色型大学，必然要走向与建筑产业深度融合、共生发展的新阶段。随着高等教育改革的日趋深入以及建筑行业转型升级的迫切需求，传统的建筑类大学发展面临诸多问题，我国高等教育改革发展也正面临一系列新挑战。

1.1.4.1　招生遇冷对高校土建类专业发展和人才培养模式改革提出了新的要求

2000 年以来，土建类专业一直是高考的热门专业，考生和家长普遍认为土建类专业就业前景好、薪资待遇高。据不完全统计，全国有近 580 所高校开设土木工程专业。这背后是建筑行业的快速发展，国家大基建带来的基建热、房地产热。然而，任何行业的发展都有一定的周期。面对新科技革命的挑战，随着国家发展模式的转变和工业革命的更迭，土建类行业的发展迎来时代挑战。住房和城乡建设部在《2021-2025 年建筑业信息化发展纲要》中明确提出："十四五"期间，着力增强智能化、BIM、大数据等信息技术集成应用能力，建筑业的智能化、数字化、网络化要取得突破性进展，中国建筑业全面进入智能建造的时代。面对行业发展需求的新要求、新变化，传统土建类专业陷入发展固化和认知偏差的迷局，尤其是一些家长和社会人士对土建行业需求的专业认知存在误区，导致社会和网络宣传出现诸多信息不对称的问题，这充分体现了社会、家长、考生们对建筑类行业发展不确定性的担忧。土建类专业院校必须要结合行业发展趋势，不断优化调整专业结构和方向、改革人才培养的新范式，推动传统土建类专业向智能化、数字化、网络化转型升级，迎接时代的挑战。

1.1.4.2 高考改革选科带来的生源质量挑战

高校生源质量在很大程度上决定高校人才培养的质量，新高考制度在一定程度上增加了学生的专业认同感，促进高校科学选才，倒逼高校人才培养模式改革与专业结构调整。但同时也会带来学生功利化选科的隐忧，在应试分数的压力下，学生只能"趋利避害"选择容易取得高分的科目而不是感兴趣的科目，放弃选择物理、化学等难度相对较大科目，从而导致物理选考人数"断崖式"下滑的现象，然而物理是理工科的基础课程，跟踪调查发现，部分没有选考物理等传统理科科目的学生进入大学之后专业学习困难，难以适应专业学习要求，甚至有的只能转到文科专业。建筑类高校是典型的工科高校，很大一批考生因无法报考以工科为主的建筑类高校，从而面临生源来源和质量的严峻挑战。此外，即使建筑类高校为吸引更多生源，放宽专业选考科目限制不指定必考物理，在一定程度上弥补生源问题，但由于理工科专业学生没有选考物理、化学等传统理科科目，学生基础知识结构缺陷，造成建筑类高校主干学科专业学习障碍，如土木类学科等，即便重新补高中物理知识，也难以从根本上解决物理薄弱带来的基础不牢问题。

1.1.4.3 面向建筑行业转型发展，创新型人才培养不足

行业特色型大学为行业进步和国家经济社会发展提供优质人力资源支撑，人才困境是转型期中的建筑业必然要经历的发展阶段。在新一轮科技革命和产业变革背景下，为适应建筑产业发展的需要，呈现出对创新型复合人才的新需求。由于建筑学科本身具有的多元知识特点，加之城乡建筑环境的复杂化趋势，未来已不再是建筑单专业、分阶段、独立运作的人才培养模式，交叉、协同及系统、综合的建筑学专业人才培养模式是其发展方向。目前，我国建筑行业高校现行的人才培养体系、培养模式、培养内涵尚不能适应时代发展，与现有的学科专业交叉融合不够，无法支撑学生自主学习和创新能力提升，导致创新精神与塑造能力不足。因此，若不面向建筑行业进行深层次培养机制和体制改革，充分利用现代科技手段，推动新工科背景下的智慧建造升级，构建多元化复合式的知识结构的创新型人才模式，形成兴趣牵引、优势突出的核心竞争力，就难以培养大批未来建筑行业创新型人才，无法为建筑大国向建筑强国迈进提供坚强支撑。

1.1.4.4　学科单一，交叉融合相对困难

学科生态位理论表明，一定宽度的"学科态"和一定厚度的"学科势"是学科生存力、发展力和竞争力的有效载体。学科生态位"太宽"，不利于聚焦发展、特色彰显；学科生态位"太窄"，不利于学科交叉融合与新兴学科的发展。当今科技领域的重大突破和创新，越来越依赖学科交叉，高等教育社会化程度不断加剧，多学科交叉知识生产成为知识创新的主导范式，新经济催生了诸如"新工科"等一批新兴学科和交叉学科，如何处理继续强化传统学科优势与拓展新学科领域的关系，以及正确处理好传统优势学科与非传统优势学科之间的共生发展关系，成为建筑行业特色高校发展的难点。行业特色型大学学科发展的关键在于积极回应外部行业产业变化，关注整个学科系统对优势学科的支撑力，以及大学理念与制度的引领能力，发展交叉学科是应对新一轮建筑技术科技革命和产业变革革命性突破的必然要求。建筑行业特色型大学具有独特的学术场域特征，建筑特色学科优势明显，而其他学科则发展相对困难，经常面临被裁撤的境地，不利于整个学科生态体系的可持续发展。建筑行业高校一般建筑类学科相对齐全，其他学科相对薄弱，学科体系不够完善，制约着交叉学科发展，缺乏新兴、信息学科，以及理学等学科交叉融合的基础。当新的交叉学科不属于现有的学科范畴时，难免出现资源竞争。当以学科整合为中心的交叉学科项目危及原有所在学科教师的利益时，势必将自己视为"学科的捍卫者"，反对发展交叉学科项目。交叉学科发展缓慢，难以带动传统建筑特色优势学科发展，在拓宽研究方向，服务建筑行业发展深度和广度上均有较大缺陷。因此，加强行业优势学科和其他学科的融合是行业特色型高校保持核心竞争力的根本路径，是增强学校综合实力、提升学科建设水平、提高办学质量的必然选择。

1.1.5　促进建设类专业普通高等教育发展的对策建议

1.1.5.1　加大支持力度，为建筑行业大学营造良好政策环境

建筑行业是国家的支柱性产业，对国民经济上下游具有显著拉动作用。目前迫切需要产业升级，由于我国建筑行业基本不属于"卡脖子"技术，受到国家产业和技术各项政策支持力度较小。建筑行业高校普遍面临办学经费不足的困境，对建筑行业高校而言，主干土木类学科需要大量的工地实习实践，部分实践地点为外地，其人才培养实践教学经费投入相对较高。为进一步提高人才培养质量，国家 / 地方

政府应加大对建筑行业高校的财政支持力度，提高土木建筑类专业的生均拨款。同时在人才培养、学科建设、科学研究等方面提供更好的政策支持，在创新创业、科技成果转化等方面创造更优环境，支持建筑类高校科技创新与建筑产业互动融合，打通政产学研用一体化融合发展的新格局。

1.1.5.2 聚焦协同育人，构筑建筑行业卓越工程师创新人才培养体系

深层次推进人才培养改革，将建筑行业卓越工程师培养作为建筑行业高校高质量发展的重点。一是完善招生计划动态调整机制，综合"招生-培养-就业"核心数据，结合高考改革形势，实施本科招生计划的动态调整机制，适当增加生源质量较高、社会需求较大的一流专业建设点招生计划。二是聚焦人才培养方案的核心问题，加快探索卓越工程师培养模式变革，强化实践育人能力建设，推进"建筑+"专业建设实践，注重基础理论、工程技术、系统思维和人文精神的交叉融合，增强关键实践能力，建设一流核心课程。三是聚焦产教脱节的关键问题，面向建筑行业的工程类学科专业，探索校内校外双导师（双师制）方式，促进科教、产教融合。各校应在科研院所和企业创建若干个科教、产教融合育人基地，健全产教融合长效机制，激发校企双方主动性，推进人才培养与工程实践、科技创新的有机结合。四是遵循人才成长规律，优化人才成长环境，聚焦协同育人体系建设，坚持面向应用，完善工程教育评价标准，组织实施工程类本科教学水平审核评估和工程教育专业认证，注重国际化交流与培养，探索建筑行业工程类硕士、博士培养改革专项试点工作，推进高层次人才培养。

1.1.5.3 实施引育并举，建设高水平师资队伍

以建筑行业高水平特色型大学建设目标为牵引，推动师资队伍内涵建设。一是做大增量、盘活存量，提升人员编制资源使用效能。对标服务建筑行业和服务地方经济社会发展需要，合理布局学校人力资源配备，进一步优化机构设置，做大做强专任教师队伍规模。坚持目标导向、结果导向，调动各类教师队伍的主动性和积极性，提升编制资源使用效能。二是筑巢引凤、广纳贤才，推进特色人才高地建设。以国家和地方人才计划为平台，实施高端人才引育机制，依托院士专家工作站，重点柔性引培两院院士等同水平人才；通过特聘教授机制，依托国家及地方海外人才引进计划，引培国家级领军人才等同水平人才；加大青年拔尖人才定向跟踪培养力度，坚持内部培育与外部引进相结合，根据学校学科专业布局，加强学科带头人梯队建设，在建筑学、土木工程等重点学科引培国内外有影响力的学科负责人。三是守正创新、科学评价，推动人才发展体制机制改革。推进人事制度综合改革，优化和创新教师聘任体系，实施"能上能下、能进能出"的聘用机制。引入社会资源，探索实施企业冠名教授制度。修订完善职称评聘等文件，畅通青年人才职称认定、破格晋升绿色通道，探索实行"揭榜挂帅"制度，科学评价人才，鼓励人才在不同领域、不同岗位作贡献。充分发挥绩效工资分配的激励导向作用，持续推进分类考核，实现优劳优酬。

1.1.5.4　坚持重点突破，推进交叉学科，强化基础学科

世界新一轮科技革命和产业变革与我国加快转变经济发展方式形成历史性交汇，这对工程学科的发展提出了新要求。作为一种积极回应，教育部倡导的"新工科"建设成为我国高等工程教育改革的战略行动，也为建筑行业特色高校的学科建设提供了新思路，推进了理念变革、模式创新和结构调整。行业特色型大学遵循社会逻辑并将服务行业发展作为办学定位，学科建设方面呈现学术引领和实践应用的双重特性。建筑行业特色型大学应在遵循学术逻辑和行业逻辑上，强化基础学科，促进交叉学科，增强学科建设整体规划意识，做好顶层设计，统筹考虑和重视发展相关的数理化等基础学科，分层分类、改善学科单一的学科生态，营造宽松和谐包容的创新氛围。加强应用学科与建筑行业产业、区域发展的联动对接，集中优势，以建筑行业的热点、难点问题为中心，建立促进学科交叉融合机制，培育新的交叉学科建设增长点，以大学部制"虚实结合"的组织架构作为学科群建设的载体，进一步丰富学科内涵；加强资源供给和相应政策支持，打破学科壁垒，以集团作战方式破解学科单一带来创新后继乏力的难题。

1.2　2022 年职业本科建设类教育发展状况分析

1.2.1　职业本科建设类教育发展的总体状况

1.2.1.1　职业本科大学的发展概况

2014 年，国务院发布的《关于加快发展现代职业教育的决定》提出，探索发展

本科层次职业教育。此后，一些高水平高职院校开始试办本科专业。2019 年国务院发布《国家职业教育改革实施方案》（"职教 20 条"）再次提出"开展本科层次职业教育试点"，加快了职业本科教育改革步伐。2019 年 6 月，教育部批准 15 所高职院校升格为民办职业本科大学，批准南京工业职业技术学院升格为省属公办的南京工业职业技术大学。

2020 年教育部又批准 7 所高职院校升格为民办职业本科大学，山西率先通过独立学院与高职院校合并转设路径，由教育部批准设置为省属公办的山西工程科技职业大学。2021 年通过独立学院与高职院校合并转设路径，教育部批准设置 8 所省属公办职业本科大学。到 2022 年年底，通过民办升格、公办升格、合并转设三种路径，我国成功设置 32 所职业本科大学（22 所民办、11 所公办），推动职业本科教育由高职院校专业试点阶段走向职业本科大学实践试点阶段。

2021 年，中共中央办公厅、国务院办公厅印发的《关于推动现代职业教育高质量发展的意见》，要求"稳步发展职业本科教育，高标准建设职业本科学校和专业""职业本科教育招生规模不低于高等职业教育招生规模的 10%"。职业本科与普通本科学位证书具有同样效力，向社会释放出强烈信号：职业教育不是低层次教育，而是特色鲜明的一种教育类型、教育赛道。稳步发展职业本科教育，是我国加快构建现代职业教育体系，强化职业教育类型定位，推动技能型社会建设的战略决策，是我国高质量发展阶段破解高技能人才供不应求、大学生结构性就业难等供给侧结构性矛盾的重要举措，对增强职业教育吸引力、深化职业教育改革和加快中国特色世界水平职业教育发展具有深远的战略意义。

1.2.1.2　职业本科大学建设类专业设置

到 2022 年年底，32 所职业本科大学中，20 所设置土木建筑大类专业，占职业本科大学总数的 62.5%。6 所公办和 14 所民办职业本科大学设置了土木建筑大类专业。

从 6 所公办职业本科大学看，山西工程科技职业大学合并了原山西建筑职业技术学院和山西交通职业技术学院，土木建筑大类专业比较齐全，建立起了紧密对接建筑产业链的专业链、专业集群，共有五个类别 11 个专业。其他 5 所职业本科大学设有 1~2 个专业，还有待强化相关专业群的建设。

从 14 所民办职业本科大学看，浙江广厦建设职业技术大学由建设类高职专科院校升格而来，土木建筑大类专业是其特色优势专业，除市政工程类外，共有其他4个类别7个专业。山东工程职业技术大学有3个类别4个专业，主要分布在建筑设计、土建施工和建设工程管理类。其他12所民办职业本科大学设有1~2个专业。

从专业类来看，职业本科大学土木建筑大类专业设置主要集中在建筑设计类、土建施工类和建设工程管理类3个类别。建筑设计有6所大学设置，建筑工程和智能建造工程分别有10所、6所大学设置，工程造价有9所大学设置，建筑装饰工程有4所大学设置，其他专业只有1~2所大学设置，其中，古建筑工程、城市地下工程和市政工程3个专业，只有山西工程科技职业大学设置。参见表1-4。

20所职业本科大学设置土木建筑大类专业

表 1-4

学校名称	建筑设计类	土建施工类	建筑设备类	建设工程管理类	市政工程类
南京工业职业技术大学（公办）				建设工程管理	
山西工程科技职业大学（公办）	建筑设计、建筑装饰工程、古建筑工程	建筑工程、智能建造工程、城市地下工程	建筑环境与能源工程、建筑电气与智能化工程	工程造价、建设工程管理	市政工程
河北工业职业技术大学（公办）	建筑设计	智能建造工程			
河北科技工程职业技术大学（公办）		建筑工程			
河北石油职业技术大学（公办）			建筑环境与能源工程	建设工程管理	
兰州石化职业技术大学（公办）		建筑工程			
泉州职业技术大学		建筑工程		工程造价	
南昌职业大学				工程造价	
山东工程职业技术大学	建筑设计	建筑工程		工程造价、建设工程管理	
山东外事职业大学	建筑装饰工程			工程造价	
河南科技职业大学		建筑工程		工程造价	
广东工商职业技术大学		智能建造工程		工程造价	
广州科技职业技术大学	建筑设计	建筑工程			
成都艺术职业大学	园林景观工程			工程造价	
辽宁理工职业大学		建筑工程			

续表

学校名称	建筑设计类	土建施工类	建筑设备类	建设工程管理类	市政工程类
运城职业技术大学	建筑装饰工程	建筑工程			
浙江广厦建设职业技术大学	建筑设计、园林景观工程	建筑工程智能建造工程	建筑电气与智能化工程	工程造价、建设工程管理	
新疆天山职业技术大学		智能建造工程			
景德镇艺术职业大学	建筑设计、建筑装饰工程				
湖南软件职业技术大学		智能建造工程		建设工程管理	

1.2.2 职业本科建设类教育统计分析

年招生数和在校生数比较多的两个专业是建筑工程和工程造价。建筑工程专业有 10 所职业本科大学设置，年招生数 1576 人，平均每所职业本科大学年招生数 157.6 人，在校生数达 7801 人；工程造价有 9 所职业本科大学设置，年招生数 1451 人，平均每所职业本科大学年招生数达到 161.2 人，在校生数 7256 人。园林景观工程有 2 所大学设置，年招生数 369 人，平均每所职业本科大学年招生数达到 184.5 人，在校生数 980 人。建筑设计、智能建造工程和建设工程管理 3 个专业，都有 6 所职业本科大学设置，平均每所职业本科大学年招生数在 100 人左右，各专业年招生数分别为 601 人、557 人和 576 人，在校生数分别为 1250 人、675 人和 1117 人。参见表 1-5。

2022 年土木建筑大类职业本科学生相关数据   表 1-5

专业大类名称	专业名称	毕业生数（人）	招生数（人）	在校生数（人）
建筑设计类	建筑设计	0	601	1250
	建筑装饰工程	0	419	568
	古建筑工程	0	78	78
	园林景观工程	0	369	980
土建施工类	建筑工程	243	1576	7801
	智能建造工程	0	557	675
	城市地下工程	0	39	39
建筑设备类	建筑环境与能源工程	0	252	370
	建筑电气与智能化工程	0	211	328

续表

专业大类名称	专业名称	毕业生数（人）	招生数（人）	在校生数（人）
建设工程管理类	工程造价	646	1451	7256
	建设工程管理	0	576	1117
市政工程类	市政工程	0	79	79

1.2.3　职业本科建设类教育发展面临的问题

1.2.3.1　技术人才供给与行业企业需求存在一定差距

对标我国建设世界建造强国，提升"中国智能建造"核心竞争力的目标，主动对接我国科技赋能推动智能建造与建筑工业化协同发展的新要求，建设行业正在由劳动密集型产业向技术密集型产业转变。新型建材、节能环保、数字化建筑等技术的快速发展，对高层次技术技能型人才的需求量持续增加，以应对建设行业创新驱动和现代化建筑革新的复杂挑战。由于高层次技术技能型人才培养周期较长，培养成本较高，创新型、技术型人才供给的数量和质量都无法适应建设行业转型升级需要。建设行业高层次技术型人才供给不足成为行业共识。特别是我国从"建造大国"转变为"建造强国"，迈入智能建造世界强国行列，在建设行业企业数字化、工业化、绿色化三位一体融合发展之路上，亟待需要建筑设计、施工、运维与数字化结合的创新型复合的跨界人才加入，知识结构要从单一型向交叉型转变，能力结构要从继承型向创新型转变，素质结构要从单功能向复合型转变。当前，建设类职业本科教育在校生体量不大，校企协同的人才培养模式还在探索中，在人才培养数量和质量上距行业企业要求均存在较大差距。

1.2.3.2　"双师型"教师队伍结构化矛盾突出

近年来，国家相继出台一系列政策，对"双师型"教师内涵要求、认定范围、认定过程等方面进行了明确和规范，有力推动了职业教育师资队伍高质量建设。从数量统计上看，职业本科院校多数建设类专业教师持有各类国家职业资格证书，"双师型"教师比例相对较高。然而从内涵建设上看，建设类"双师型"教师队伍与高水平师资队伍建设任务仍存在较大差距，同时也制约了高层次技术技能人才培养质量提升。一是师资队伍组成结构单一，以校内专任教师为主要力量和生力军，外聘兼职人员也多为其他高校教师，行业专家、企业技术人才参与度不高。二是职业实践性不强，尽管专任教师持证率和"双师"比例较高，但多数缺乏工程实践和技能操作经历，造成重理论轻实践、甚至理论与实践"两张皮"的问题。三是校企协同性不高，由于政策支持不充分、机制体制不健全，校企协同共建的主动性、积极性不高，校企人员双向流动的"大门"未能充分打开。四是高层次人才短缺，专业对口的建设类专业具有博士学位的教师数量不足，真正了解企业需求、具有较强实践能力的能工巧匠、高技能人才不足，具有行业影响力、学术影响力的高层次专业带头人不足，制约着建设类专业内涵建设和高质量发展。五是考核评价机制不完善，存在重教学能力、轻实践能力，重科研成果、轻社会服务等问题，师资的教学能力、实践能力、技术技能无法充分融合、无法迁移至工作岗位。

1.2.3.3 产教融合尚不能满足职业本科高质量发展需求

调研发现，建设类合作企业参与职业教育人才培养过程的深度不足，校企合作还没有达到紧密的程度，企业的需求和学校培养的人才还存在一定的脱节，其主要原因在于：

（1）学校与企业深度合作最大的障碍在于根本目标不同。学校的根本职能在于人才培养，而盈利是企业的重要目标，目标的差异使校企双方在对产教融合的目标定位和实施路径上产生一定差异。

（2）校企双方的责任和收益划分很难清楚界定，难以平衡人才培养和经济效益，双方共同的最大利益可能是短期的，缺乏长久坚持的动力和基础。

（3）校企合作需要长期投入，在这一过程中受到双方人事、政策、制度的制约，长期来看，存在不确定性，一定程度上降低了校企双方对产教融合的热情。

（4）职业院校产教融合工作缺乏与企业有效交流，存在各自为政的问题，人才培养缺乏针对性，学生的实际就业能力和市场需求不够契合，好的经验和做法得不到推广，好的合作资源得不到分享，限制了产教融合工作对校企双方的辐射面。

1.2.3.4 建设类职业本科专业对优质生源的吸引力不强

建设类专业曾经一度属于热门专业，其背后是国家大基建发展带来的基建热、房地产热。近年来，在国家加快构建新发展格局、以供给侧结构性改革推动经济高质量发展的时代背景下，建设类行业下行压力增大，以"双一流"高校为引领的高水平研究型大学，建筑类专业高考投档分数线下滑明显，优质生源吸引力下降，引起考生和家长的广泛热议。受建设行业大环境的影响和高水平大学建设类高考投档分数线下滑的舆情影响，以及互联网、新媒体时代建设类专业毕业生对工作环境的吐槽，建设类职业本科专业对优质生源的吸引力也不同程度受到影响。究其原因有如下几点：

（1）与建设行业本身的流动性、不稳定性有关。当今青年学生多为独生子女，很少有日晒雨淋的生活经历，工作、生产环境相对艰苦的建设类行业很难具有吸引力。

（2）与新兴互联网行业相比建设类职业吸引力减弱。随着网络和信息技术的发展，建设类行业无论是在收入待遇方面，或是在社会关系方面优势不明显，相比之下青年学生更希望从事朝阳行业或自主创业项目，而不愿从事传统建设类行业。

（3）学生与家长对建设类职业定位不清晰、对行业认知存在误区，也是生源质量下降的主要原因。由于房地产行业低迷等多种原因，社会对传统建设类专业陷入发展固化和认知偏差的迷局，家长、考生对行业发展不确定性的担忧，是造成这类专业吸引力减弱的重要原因。

1.2.4　职业本科建设类教育发展的对策建议

1.2.4.1　构建以"现场工程师"为目标的人才培养体系

（1）探索中高本一体化的现场工程师培养模式。2022 年教育部发文，以中国特色学徒制为主要培养形式，在实践中探索形成现场工程师培养标准，建设一批现场工程师学院，目的就是培养一批精操作、懂工艺、会管理、善协作、能创新的现场工程师，为我国产业向中高端迈进提供复合型人才支撑。建设类职业教育要主动求变、应变，打破整齐划一教学安排的节奏，以有利于提升技术技能人才培养质量、提高毕业生胜任率为原则，进行创新性实践。要对标建设行业产业发展前沿，对标企业的人才和技术技能创新需求，校企共建产业导师和专业导师的"双导师"制，共同探索中高本一体化的现场工程师培养体系，广泛开展项目化教学、任务导向教学改革活动，激励校企人员将企业新技术、新方法、新工艺融入育训过程，提升建设类职业教育对接产业发展和服务区域行业企业发展的能力。

（2）优化专业群建设赋能复合型人才培养。聚焦高端产业和产业高端，瞄准建设类专业升级转型要求，按照建设类产业链发展的岗位群要求，加强专业群建设，打造符合行业发展需求的跨学院、跨专业群的专业集群和教师教学创新团队。将计算机、信息技术、思想政治教育等技能和要素融入建设类专业人才培养过程，营造融合培养、资源共享、创新发展的复合型人才培养模式，培养具有创新能力、实践能力、跨界能力，且能够适应新技术、新产业、新经济的快速发展，能够解决行业企业实际问题的复合型人才。

（3）推进"岗课赛证"有机融通。发挥混编式教学研发创新团队的作用，将各类大赛、证书和企业内训体系的标准和要求，融入学校课程体系、课程标准、教学大纲和实践教学，推动行动导向、结果导向的现场工程师育人模式创新，提升学生解决实际问题的能力，助力产业转型与职业教育资源的全要素融合。

1.2.4.2 建设校企协同的结构化"双师型"教师队伍

产教融合、校企合作是职业教育的基本办学模式，也是加强"双师型"教师队伍建设、打通校企人员双向流通的"旋转门"的必然要求。建设类职业教育要坚持问题导向，统筹施策、精准发力，建设校企协同、结构多元的师资队伍。

（1）建立"六个共同"的校企协同机制。学校与企业共同制定人才培养方案、共同深化岗课赛证融通、共同打造教学创新团队、共同推进现代产业学院建设、共同建设校内外实习实训基地、共同促进人才供给侧与产业需求侧互联互通，促进专任教师职业能力提升与新技术、新产业、新经济发展保持高度一致性。

（2）落实教师入企实践制度。校企共建培养基地、教师企业实践流动站、"厂中校""校中厂"，规定教师每年至少1个月在企业或实训基地实训，参与企业技术研发和生产过程，着力培养一批能够解决企业施工难题、攻克企业技术难关的骨干教师，实现校企共同培养"双师双能"型教师，打造一批覆盖建设类专业领域的"工匠之师"。

（3）健全企业入校兼职制度。建立企业兼职教师资源库，自主聘任建设类行业企业高技能人才、能工巧匠等来校兼职任教。设置技术专家岗位，建立技能大师工作室，以校企双聘、项目式柔性聘用等系列措施，引进一批建设行业杰出技术技能大师，鼓励校企在课程开发、实践教学、技术成果转化等方面开展深度合作。

（4）针对性开展人才引育。人才引进过程中要主动出击，联系高水平大学的相关专业领域，物色和引进专业对口度高、研究方向一致性高的博士学位教师，以及打破学历壁垒，物色和引进行业内具有较强实践和科技研发能力、能切实解决建设类企业技术难点痛点的高技能人才，打造真正双师双能的师资队伍。

1.2.4.3 创新载体推进产教深度融合

（1）加强产教融合共同体建设。深化产教融合、校企合作，打造产教融合共同体，是驱动学校高质量发展的战略支撑和重要引擎。建设类职业本科教育要加强行业产教融合共同体和市域产教融合联合体的建设，推动实体化、生产性项目落地见效。一方面积极寻求战略合作机会，提升建设类专业群对接产业发展和服务区域行业企业发展的能力；另一方面，校企合作的工作重点要转向实体化、生产性项目的落地实施，为校企合作高水平基地平台内涵建设奠定基础。在企业生产一线、典型工作任务、真实生产场景中找准合作项目，深化产教融合的建设成效要见到落地实施的具体项目，特别是改善办学条件、提升办学能力、产出标志性成果的校企共建项目，也要见到具体项目实施，为企业提供的技术技能人才支撑、新技术研发产生的经济效益。

（2）共建高水平教学科研平台。"打造技术技能创新服务平台"是"双高"计划建设的重要考量因素之一，重点建设方向是"打造兼具技术研发、产品升级、工艺开发、技术推广、大师培育功能的技术技能平台"，建设定位是"发挥原始创新、基础研究与企业产业化、市场化之间的桥梁、纽带作用"，打通科技成果转化"最后一公里"，推动科技成果从"实验室"到"市场"，从"顶天"到"立地"。职业本科院校引进企业高级工程师和学科博士，目的就是发挥懂行业企业技术痛点和研发创新需求的人才优势，将企业的研发力量吸引过来，共同组成科技研发创新团队，搭建校企协同的科技成果研发平台和成果转化机制。职业教育要走向行业企业一线，为科技创新研发团队开展技术攻关、成果转化牵线搭桥，为校企之间的科技成果互联互通、信息共享搭建平台，建立促进科技成果转化的专业化队伍。

（3）共建真实情境的"学习工厂"。发挥职业大学的智力支撑作用，校企共建校企协同创新平台、技术创新中心、虚拟仿真实训中心等创新平台和育人平台，与建设类行业共建基于真实场景、集产教研训赛为一体的产教融合"学习工厂"，体现"厂中校"的产教融合特色，设置教学模块、实训项目、实训任务，实现人才链、教育链与产业链、创新链的紧密对接。

1.2.4.4　持续增强建设类专业招生吸引力

随着国家发展模式的转变和工业革命的更迭，建设类行业的发展迎来时代挑战，智能化、数字化、绿色化成为高质量发展新要求。可以预见的是，建设行业在未来相当长的一段时间内，仍然能保持龙头行业地位，其整体上仍具备良好的发展势态。职业本科院校应瞄准国家发展战略，聚焦建设行业转型升级需求，多措并举增强专业吸引力，提升生源质量。一是增强职业本科院校和专业的数量，扩大建设类人才的培养规模；二是主动应对新高考改革，高度重视招生宣传工作，进一步宣传展示建设类专业改革发展新成就，加强与优质生源高中的情感联系，开展优质生源基地建设工作，安排专家、教授对报考政策、相关专业等进行进一步解读，为考生、家长提供更全面、更系统的高考咨询服务，吸引更多优质生源报考；三是建立优质生源培养制度，通过现代学徒制、特色产业学院等模式，加强专业群建设、"双师"队伍建设、教育教学改革，明晰职业发展规划，拓展就业创业渠道，不断健全人才培养体系，提升人才培养水平，逐渐增强专业吸引力。

1.3　2022 年建设类专业高等职业教育发展状况分析

职业教育是与经济社会发展联系最为密切的重要类型，在国家人才培养体系中具有基础性作用，对于立足新发展阶段、贯彻新发展理念、构建新发展格局、推动高质量发展，具有重大而深远的意义。近年来，在习近平总书记职业教育重要讲话精神和全国职业教育大会精神的鼓舞下，各建设类高等职业院校积极贯彻落实习近平总书记关于职业教育重要论述精神，以服务建设行业高质量发展为主题，以推进建设行业产教融合为鲜明主线，着力打造体系更全、质量更高、贡献更大的现代高等建设职业教育，加快培育精益求精的"大国工匠"和"中国建造"的生力军，改革推进深入，建设成效明显，发展态势良好。

建设行业是国民经济支柱产业、民生产业和基础产业，为推进我国城乡建设和新型城镇化发展、改善人民群众居住条件、吸纳农村转移劳动力、缓解社会就业压力作出了重要贡献。在今后较长一段时期内，建筑业发展总体上仍处于重要战略机遇期，具有强大的发展空间与动力。长期以来，各建设类高等职业院校紧跟经济社会发展需求，服务产业升级，推进产教融合、校企合作，不断推动建设类专业高等职业教育高质量发展；坚持扎根中国大地、立足中国国情，服务区域产业发展，不断提升建设类专业高等职业教育发展适应性；落实立德树人根本任务，培养德技并修、手脑并用、终身发展的高素质技术技能人才，促进教育链、人才链与产业链、创新链有效衔接，促进就业创业，不断提高社会贡献度和认可度。经过多年的办学实践，建设类专业高等职业教育肩负培养多样化人才、传承技术技能、促进就业创业的重任，为支撑国家住房和城乡建设事业转型升级、推进"中国建造"和服务的水平、保障民生等方面作出了突出贡献。

1.3.1　建设类专业高等职业教育发展的总体状况

1.3.1.1　建设类专业高等职业教育发展状况的总体分析

国家统计局 2022 年统计数据显示，2022 年，全国高职（专科）招生 538.98 万人（不含五年制高职转入专科招生 54.29 万人），同口径比 2021 年增加 31.59 万人，增幅 6.23%；在校生 1670.90 万人，比 2021 年增加 80.80 万人，增幅 5.08%；毕业生 494.77 万人，比 2021 年增加 96.36 万人，增幅 24.19%。

2022 年，专科土木建筑大类专业毕业生数 372120 人，较 2021 年增加 89712 人，增幅 31.76%，占全国专科毕业生数的 7.52%，比 2021 年增长 0.43 个百分点；招生 416553 人，较 2021 年减少 14081 人，减幅 3.21%，占全国专科招生数的 7.79%，比 2021 年减少 0.06 个百分点；在校生数 1267600 人，较 2021 年增加 15554 人，增幅 1.25%，占高职（专科）在校生总数的 7.59%，同比减少 0.29 个百分点。图 1-4 示出了 2014～2022 年全国土木建筑类专业专科学生培养情况。

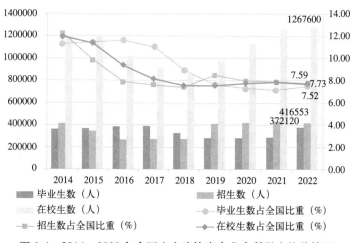

图 1-4　2014～2022 年全国土木建筑类专业专科学生培养情况

1.3.1.2　建设类专业高等职业教育按专业类培养情况

1.2022 年培养情况分析

2022 年全国建设类专业高等职业教育 7 个专业类的学生培养情况见表 1-6。

2022 年全国建设类专业高等职业教育分专业类学生培养情况　　　　表 1-6

专业类别	毕业生数		招生数		在校生数	
	数量（人）	占比（%）	数量（人）	占比（%）	数量（人）	占比（%）
建筑设计类	83424	22.42	103026	24.73	294903	23.26
城乡规划与管理类	1817	0.49	2638	0.63	6965	0.55
土建施工类	106656	28.66	116004	27.85	351356	27.72
建筑设备类	20806	5.59	26511	6.37	79199	6.25
建设工程管理类	139736	37.55	145881	35.02	469193	37.02
市政工程类	10097	2.71	13116	3.15	36813	2.90
房地产类	9584	2.58	9377	2.25	29171	2.30
合计	372120	100.00	416553	100.00	1267600	100.00

2022 年建设类专业高等职业教育按专业类分布情况如下：

（1）毕业生数。7 个专业类共有毕业生 372120 人。毕业生数从多到少依次为：建设工程管理类（139736 人，占比 37.55%）、土建施工类（106656 人，占比 28.66%）、建筑设计类（83424 人，占比 22.42%）、建筑设备类（20806 人，占比 5.59%）、市政工程类（10097 人，占比 2.71%）、房地产类（9584 人，占 2.58%）、城乡规划与管理类（1817 人，占比 0.49%）。与 2021 年相比，各专业类毕业生数排序没有发生变化，7 个专业类毕业生数增加了 89712 人，增幅 31.77%。各专业类毕业生数均增加，按增幅大小依次为：土建施工类（增加 35347 人，增幅 49.57%）、建筑设备类（增加 6700 人，增幅 47.50%）、城乡规划与管理类（增加 496 人，增幅 37.55%）、建设工程管理类（增加 31105 人，增幅 28.03%）、建筑设计类（增加 14448 人，增幅 20.95%）、房地产类（增加 1103 人，增幅 13.01%）、市政工程类（增加 513 人，增幅 5.35%）。

（2）招生数。7 个专业类共招生 416553 人。招生数从多到少依次为：建设工程管理类（145881 人，占比 35.02%）、土建施工类（116004 人，占比 27.85%）、建筑设计类（103026 人，占比 24.73%）、建筑设备类（26511 人，占比 6.37%）、市政工程类（13116人，占比3.15%）、房地产类（9377人，占比2.25%）、城乡规划与管理类（2638人，占比0.63%）。与2021年相比，各专业类招生数排序没有发生变化。7个专业类招生数减少14081人，减幅3.27%。招生数增加的专业类3个，按增幅大小依次为：城乡规划与管理类（增加349人，增幅15.25%）、市政工程类（增加1104人，增幅9.19%）、建筑设计类（增加2281人，增幅2.26%）。招生数减少的专业类4个，按减幅大小依次为：房地产类（减少1443人，减幅13.34%）、建设工程管理类（减少10511人，减幅6.72%）、土建施工类（减少4827人，减幅4.00%）、建筑设备类（减少1034人，减幅3.75%）。

（3）在校生数。7个专业类共有在校生1267600人。在校生数从多到少依次为：建设工程管理类（469193人，占比37.02%）、土建施工类（351356人，占比27.72%）、建筑设计类（294903人，占比23.26%）、建筑设备类（79199人，占比6.25%）、市政工程类（36813人，占比2.90%）、房地产类（29171人，占比2.30%）、城乡规划与管理类（6965人，占比0.55%）。与2021年相比，各专业类在校生数排序没有变化。7个专业类在校生数增加了15554人，增幅1.24%。在校生数增加的专业类5个，按增幅大小依次为：城乡规划与管理类（增加819人，增幅13.33%）、建筑设备类（增加3037人，增幅3.99%）、建筑设计类（增加10480人，增幅3.68%）、土建施工类（增加3856人，增幅1.11%）、建设工程管理类（增加991人，增幅0.21%）。在校生数减少的专业类2个，按减幅大小依次为：房地产类（减少2998人，减幅9.32%）、市政工程类（减少631人，减幅1.69%）。

综上分析，建设工程管理类、土建施工类、建筑设计类是土木建筑大类的主体。该3个专业类的毕业生数、招生数、在校生数合计分别占总数的88.63%、87.60%、88.00%。

2. 近5年变化情况分析

（1）建筑设计类专业。图1-5给出了2018～2022年建筑设计类专业专科学生培养情况。从图中可以看出，建筑设计类专业的毕业生数、招生数、在校生数均逐年增加，专业类发展态势良好。

（2）城乡规划与管理类专业。图1-6给出了2018～2022年城乡规划与管理类专业专科学生培养情况。从图中可以看出，2018～2022年，城乡规划与管理类专业的毕业生数呈现小幅波动，招生数、在校生数均逐年增加，专业类发展态势较好。

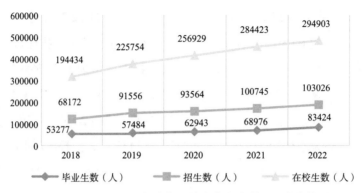

图 1-5　2018～2022 年建筑设计类专业专科学生培养情况

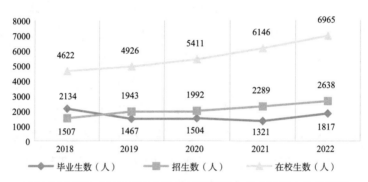

图 1-6　2018～2022 年城乡规划与管理类专业专科学生培养情况

（3）土建施工类专业。图 1-7 给出了 2018～2022 年土建施工类专业专科学生培养情况。从图中可以看出，2018～2022 年，土建施工类专业的毕业生数、招生数均呈现小幅波动，在校生数均逐年增加，专业类发展态势较好。

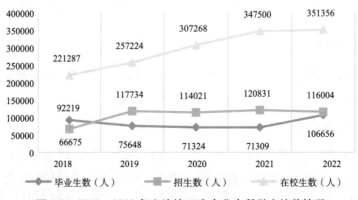

图 1-7　2018～2022 年土建施工类专业专科学生培养情况

（4）建筑设备类专业。图 1-8 给出了 2018～2022 年建筑设备类专业专科学生培养情况。从图中可以看出，2018～2022 年，建筑设备类专业的毕业生数、招生数均呈现一定波动性，在校生数均逐年增加，专业类发展态势较好。

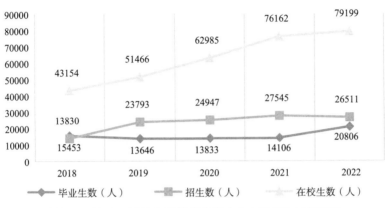

图 1-8 2018～2022 年建筑设备类专业专科学生培养情况

（5）建设工程管理类专业。图 1-9 给出了 2018～2022 年建设工程管理类专业专科学生培养情况。从图中可以看出，2018～2022 年，建设工程管理类专业的毕业生数、招生数均呈现小幅波动，在校生数均逐年增加，专业类发展态势较好。

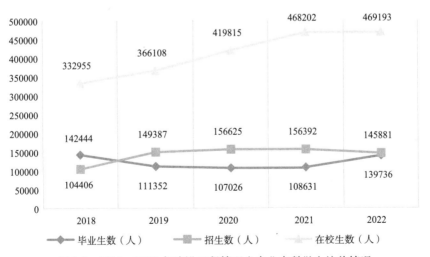

图 1-9 2018～2022 年建设工程管理类专业专科学生培养情况

（6）市政工程类专业。图 1-10 给出了 2018～2022 年市政工程类专业专科学生培养情况。从图中可以看出，2018～2022 年，市政工程类专业的招生数略有波动，毕业生数、在校生数均逐年增加，专业类发展态势良好。

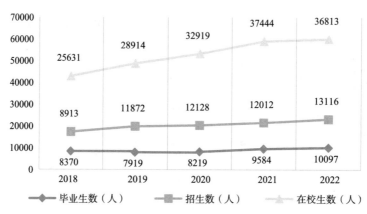

图 1-10　2018～2022 年市政工程类专业专科学生培养情况

（7）房地产类专业。图 1-11 给出了 2018～2022 年房地产类专业专科学生培养情况。从图中可以看出，2018～2022 年，房地产类专业的毕业生数、招生数、在校生数均有波动，专业类发展态势较差。

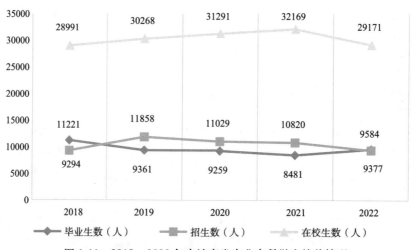

图 1-11　2018～2022 年房地产类专业专科学生培养情况

1.3.1.3　建设类专业高等职业教育按专业培养情况

1. 建筑设计类专业

2022 年全国高等建设职业教育建筑设计类专业学生培养情况见表 1-7。2022 年，7 个目录内专业均有院校开设。

全国高等建设职业教育建筑设计类专业学生培养情况　　　　表 1-7

专业名称	毕业生数		招生数		在校生数	
	数量（人）	占比（%）	数量（人）	占比（%）	数量（人）	占比（%）
建筑设计	9541	11.44	11200	10.87	32391	10.98
建筑装饰工程技术	21525	25.80	24183	23.47	71408	24.22
古建筑工程技术	808	0.97	1135	1.10	3334	1.13
园林工程技术	7797	9.35	9713	9.43	26292	8.92
风景园林设计	4758	5.70	6348	6.16	17321	5.87
建筑室内设计	37874	45.40	48960	47.52	139822	47.41
建筑动画技术	1121	1.34	1487	1.45	4335	1.47
合计	83424	100.00	103026	100.00	294903	100.00

（1）毕业生数。7 个目录内专业的毕业生数从多到少依次为：建筑室内设计（37874 人，占比 45.40%）、建筑装饰工程技术（21525 人，占比 25.80%）、建筑设计（9541 人，占比 11.44%）、园林工程技术（7797 人、占比 9.35%）、风景园林设计（4758 人、占比 5.70%）、建筑动画技术（1121 人，占比 1.34%）、古建筑工程技术（808 人，占比 0.97%），排序与 2021 年相同。占比超过 20% 的专业有 2 个，依次为建筑室内设计（45.40%）和建筑装饰工程技术（25.80%），排序与 2021 年相同；2 个专业合计占比 71.20%，较 2021 年占比增加了 1.78%。与 2021 年比较，各专业毕业生数均增加，按增幅大小依次为：风景园林设计（增加 1441 人，增幅 43.44%）、建筑室内设计（增加 8111 人，增幅 27.25%）、古建筑工程技术（增加 173 人，增幅 27.24%）、建筑设计（增加 1690 人，增幅 21.53%）、建筑装饰工程技术（增加 3405 人，增幅 18.79%）、园林工程技术（增加 880 人，增幅 12.72%）、建筑动画技术（增加 99 人，增幅 9.69%）。

（2）招生数。7 个目录内专业的招生数从多到少依次为：建筑室内设计（48960 人，占比 47.52%）、建筑装饰工程技术（24183 人，占比 23.47%）、建筑设计（11200

人，占比 10.87%）、园林工程技术（9713 人、占比 9.43%）、风景园林设计（6348 人，占比 6.16%）、建筑动画技术（1487 人，占比 1.45%）、古建筑工程技术（1135 人，占比 1.10%），排序与 2021 年相同。占比超过 20% 的专业有 2 个，依次为建筑室内设计（47.52%）和建筑装饰工程技术专业（23.47%），与 2021 年相同；2 个专业合计占比为 70.99%，较 2021 年减少了 0.51%。与 2021 年比较，招生数增加的专业有 4 个，按增幅大小依次为：园林工程技术（增加 1205 人，增幅 14.16%）、风景园林设计（增加 735 人，增幅 13.10%）、建筑设计（增加 889 人，增幅 8.62%）、建筑室内设计（增加 1701 人，增幅 3.60%）；招生数减少的专业有 3 个，按减幅大小依次为：建筑动画技术（减少 208 人，减幅 12.27%）、古建筑工程技术（减少 140 人，减幅 10.98%）、建筑装饰工程技术（减少 586 人，减幅 2.37%）。

（3）在校生数。7 个目录内专业的在校生数从多到少依次为：建筑室内设计（139822 人，占比 47.41%）、建筑装饰工程技术（71408 人，占比 24.22%）、建筑设计（32391 人，占比 10.98%）、园林工程技术（26292 人、占比 8.92%）、风景园林设计（17321 人，占比 5.87%）、建筑动画技术（4335 人，占比 1.47%）、古建筑工程技术（3334 人，占比 1.13%），排序与 2021 年相同。占比超过 20% 的专业有 2 个，依次为建筑室内设计（47.41%）和建筑装饰工程技术专业（24.22%），与 2021 年相同；2 个专业合计占比 71.63%，较 2021 年增加了 0.74%。与 2021 年比较，7 个专业在校生数都增加，按增幅大小依次为：风景园林设计（增加 1565 人，增幅 9.93%）、建筑设计（2270 人，增幅 7.54%）、建筑室内设计（增加 8346 人，增幅 6.35%）、建筑动画与模型制作（增加 256 人，增幅 6.28%）、园林工程技术（增加 1217 人，增幅 4.85%）、古建筑工程技术（增加 141 人，增幅 4.42%）、建筑装饰工程技术（增加 1263 人，增幅 1.80%）。

综上分析，建筑室内设计和建筑装饰工程技术是建筑设计类专业的主体专业，2 个专业的毕业生数、招生数、在校生数合计分别占总数的 71.20%、70.99%、71.63%。

2. 城乡规划与管理类专业

2022 年全国高等建设职业教育城乡规划与管理类专业学生培养情况见表 1-8。2022 年，3 个目录内专业均有院校开设。

（1）毕业生数。3 个目录内专业的毕业生数从多到少依次为：城乡规划（934 人，占比 51.90%）、智慧城市管理技术（783 人，占比 43.09%）、村镇建设与管理（91 人，占比 5.01%），排序与 2021 年相同。占比超过 20% 的专业有 2 个，按占比大小依次为城乡规划专业（51.90%）、智慧城市管理技术（43.09%）；2 个专业合计占比为 94.99%，2021 年只有城乡规划专业占比超过 20%，为 85.57%。与 2021 年比较，毕业生数增加的专业有 1 个：智慧城市管理技术（增加 568 人，增幅 264.19%）；毕业生数较 2021 年减少的专业有 2 个，按减幅大小依次为：城乡规划（减少 66 人，减幅 6.54%）、村镇建设与管理（减少 5 人，减幅 5.21%）。

全国高等建设职业教育城乡规划与管理类专业学生培养情况　　　　表 1-8

专业名称	毕业生数		招生数		在校生数	
	数量（人）	占比（%）	数量（人）	占比（%）	数量（人）	占比（%）
城乡规划	943	51.90	1377	52.20	3920	56.28
智慧城市管理技术	783	43.09	798	30.25	2299	33.01
村镇建设与管理	91	5.01	463	17.55	746	10.71
合计	1817	100.00	2638	100.00	6965	100.00

（2）招生数。3 个目录内专业的招生数从多到少依次为：城乡规划（1377 人，占比 52.20%）、智慧城市管理技术（798 人，占比 30.25%）、村镇建设与管理（463 人，占比 17.55%），排序与 2021 年相同。占比超过 20% 的专业有 2 个，按占比大小依次为：城乡规划专业（占比 52.20%）、智慧城市管理技术（占比 30.25%），与 2021 年相同；2 个专业合计占比为 82.45%，较 2021 年减少了 10.03%。与 2021 年比较，招生数增加的专业有 2 个，按增幅大小依次为：村镇建设与管理（增加 291 人，增幅 169.19%）、城乡规划（增加 169 人，增幅 13.99%）；较 2021 年减少的专业有 1 个：智慧城市管理技术（减少 111 人，减幅 12.21%）。

（3）在校生数。3 个目录内专业的在校生数从多到少依次为：城乡规划（3920 人，占比 56.28%）、智慧城市管理技术（2299 人，占比 33.01%）、村镇建设与管理（746 人，占比 10.71%），排序与 2021 年相同。占比超过 20% 的专业有 2 个专业，按占比大小依次为：城乡规划专业（56.28%）、智慧城市管理技术（33.01%），与 2021 年相同；2 个专业的合计占比为 89.29%，较 2021 年减少了 4.57%。与 2021 年比较，3 个专业在校生数均增加，按增幅大小依次为：村镇建设与管理（增加 369 人，增幅 97.88%）、城乡规划（增加 429 人，增幅 12.29%）、智慧城市管理技术（增加 21 人，增幅 0.92%）。

综上分析，城乡规划和智慧城市管理技术是城乡规划与管理类专业的主体专业，2 个专业的毕业生数、招生数、在校生数合计分别占总数的 94.99%、82.45%、89.29%。但是，不论是毕业生数、招生数，还是在校生数均呈现大幅度起落态势，表明这类专业发展尚不成熟。

3. 土建施工类专业

2022 年全国高等建设职业教育土建施工类专业学生培养情况见表 1-9。2022 年，6 个目录内专业均有院校开设。

全国高等建设职业教育土建施工类专业学生培养情况 表 1-9

专业名称	毕业生数		招生数		在校生数	
	数量（人）	占比（%）	数量（人）	占比（%）	数量（人）	占比（%）
建筑工程技术	100324	94.06	104198	89.82	325986	92.78
装配式建筑工程技术	74	0.07	1870	1.61	2505	0.713
建筑钢结构工程技术	733	0.69	1081	0.93	3071	0.874
智能建造技术	0	0	2546	2.19	3173	0.903
地下与隧道工程技术	2557	2.40	2499	2.15	6614	1.882
土木工程检测技术	2968	2.78	3810	3.28	10007	2.848
合计	106656	100.00	116004	100.00	351356	100.00

（1）毕业生数。6 个目录内专业的毕业生数从多到少依次为：建筑工程技术（100324 人，占比 94.06%）、土木工程检测技术（2968 人，占比 2.78%）、地下与隧道工程技术（2557 人，占比 2.40%）、建筑钢结构工程技术（733 人，占比 0.69%）、装配式建筑工程技术（74 人，占比 0.07%），智能建造技术没有毕业生，毕业生数排序较 2021 年有变化。2021 年毕业生数排序为：建筑工程技术、地下与隧道工程技术、土木工程检测技术、建筑钢结构工程技术、装配式建筑工程技术，智能建造技术没有毕业生。占比超过 20% 的专业只有建筑工程技术专业（94.06%），与 2021 年相同，但占比较 2021 年增加了 2.53%。与 2021 年比较，除智能建造技术专业无毕业生外，其余 5 个专业毕业生数增加的专业有 3 个，按增幅大小依次为：建筑工程技术（增加 35056 人，增幅 53.71%）、土木工程检测技术（增加 642 人，增幅 27.60%）、装配式建筑工程技术增加 74 人，2021 年无毕业生；毕业生数减少的专业有 2 个，按

减幅大小依次为：建筑钢结构工程技术（减少46人，减幅5.91%）、地下与隧道工程技术（减少152人，减幅5.61%）。

（2）招生数。6个目录内专业的招生数从多到少依次为：建筑工程技术（104198人，占比89.82%）、土木工程检测技术（3810人，占比3.28%）、智能建造技术（2546人，占比2.19%）、地下与隧道工程技术（2499人，占比2.15%）、装配式建筑工程技术（1870人，占比1.61%）、建筑钢结构工程技术（1081人，占比0.93%）。招生数排序较2021年发生了变化。2021年招生数排序为：建筑工程技术、土木工程检测技术、地下与隧道工程技术、建筑钢结构工程技术、智能建造技术、装配式建筑工程技术。占比超过20%的专业只有建筑工程技术（89.82%），与2021年相同，但占比较2021年减少了2.72%。与2021年比较，招生数增加的专业有4个，按增幅大小依次为：智能建造技术（增加1905人，增幅297.19%）、装配式建筑工程技术（增加1265人，增幅209.09%）、土木工程检测技术（增加330人，增幅9.48%）、建筑钢结构工程技术（增加38人，增幅3.64%）；招生数减少的专业有2个，按减幅大小依次为：建筑工程技术（减少7621人，减幅6.82%）、地下与隧道工程技术（减少160人，减幅6.02%）。

（3）在校生数。6个目录内专业的在校生数从多到少依次为：建筑工程技术（325986人，占比92.78%）、土木工程检测技术（10007人，占比2.848%）、地下与隧道工程技术（6614人，占比1.882%）、智能建造技术（3173人，占比0.903%）、建筑钢结构工程技术（3071人，占比0.874%）、装配式建筑工程技术（2505人，占比0.713%）。在校生数排序较2021年发生了变化。2021年在校生数排序为：建筑工程技术、土木工程检测技术、地下与隧道工程技术、建筑钢结构工程技术、装配式建筑工程技术、智能建造技术。占比超过20%的专业只有建筑工程技术（92.78%），与2021年相同，但占比较2021年减少了0.71%。与2021年比较，在校生数增加的专业有5个，按增幅大小依次为：智能建造技术（增加2532人，增幅395.01%）、装配式建筑工程技术（增加1901人，增幅314.74%）、建筑钢结构工程技术（增加407人，增幅15.28%）、土木工程检测技术（增加132人，增幅1.34%）、建筑工程技术（增加1095人，增幅0.34%）；在校生数减少的专业1个：地下与隧道工程技术（减少1150人，减幅14.81%）。

综上分析，土建施工类6个专业分布极不均衡，建筑工程技术专业毕业生数、招生数、在校生数占比分别为94.06%、89.82%、92.78%，呈一专业独大格局。

4. 建筑设备类专业

2022年全国高等建设职业教育建筑设备类专业学生培养情况见表1-10。2022年，6个目录内专业均有院校开设。

全国高等建设职业教育建筑设备类专业学生培养情况　　　　　表 1-10

专业名称	毕业生数		招生数		在校生数	
	数量（人）	占比（%）	数量（人）	占比（%）	数量（人）	占比（%）
建筑设备工程技术	2814	13.52	3307	12.48	9183	11.59
建筑电气工程技术	2534	12.18	2810	10.60	7943	10.03
供热通风与空调工程技术	1851	8.90	2304	8.69	6170	7.79
建筑智能化工程技术	7780	37.39	8275	31.21	23702	29.93
工业设备安装工程技术	220	1.06	154	0.58	641	0.81
建筑消防技术	5607	26.95	9661	36.44	31560	39.85
合计	20806	100.00	26511	100.00	79199	100.00

（1）毕业生数。6个目录内专业的毕业生数从多到少依次为：建筑智能化工程技术（7780人，占比37.39%）、建筑消防技术（5607人，占比26.95%）、建筑设备工程技术（2814人，占比13.52%）、建筑电气工程技术（2534人，占比12.18%）、供热通风与空调工程技术（1851人，占比8.90%）、工业设备安装工程技术（220人，占比1.06%），排序与2021年相同。占比超过20%的专业有2个，按占比大小依次为建筑智能化工程技术（占比37.39%）、建筑消防技术（占比26.95%），2个专业合计占比为64.34%，2021年毕业生数占比超过20%的专业只有建筑智能化工程技术（占比41.35%）。与2021年比较，6个专业毕业生数均增加，按增幅大小依次为：建筑消防技术（增加4389人，增幅360.34%）、建筑智能化工程技术（增加1947人，增幅33.78%）、建筑电气工程技术（增加501人，增幅24.64%）、建筑设备工程技术（增加553人，增幅24.46%）、供热通风与空调工程技术（增加217人，增幅13.28%）、工业设备安装工程技术（增加18人，增幅8.91%）。

（2）招生数。6个目录内专业的招生数从多到少依次为：建筑消防技术（9661人，占比36.44%）、建筑智能化工程技术（8275人，占比31.21%）、建筑设备工程技术（3307人，占比12.48%）、建筑电气工程技术（2810人，占比10.60%）、供热通风与空调工程技术（2304 人，占比 8.69%）、工业设备安装工程技术（154 人，占比 0.58%），排序与 2021 年相同。占比超过 20% 的专业有 2 个，分别是：建筑消防技术（36.44%）、建筑智能化工程技术（占比 31.21%），与 2021 年相同；2 个专业的合计占比为 67.65%，较 2021 年减少了 2.03%。与 2021 年比较，招生数增加的专业有 4 个，按增幅大小依次为：供热通风与空调工程技术（增加 211 人，增幅 10.08%）、建筑电气工程技术（增加 246 人，增幅 9.59%）、建筑设备工程技术（增加 151 人，增幅 4.78%）、建筑智能化工程技术（增加 276 人，增幅 3.45%）；毕业生数减少的专业有 2 个，按减幅大小依次为：工业设备安装工程技术（减少 80 人，减幅 34.19%）、建筑消防技术（减少 1533 人，减幅 13.69%）。

（3）在校生数。6 个目录内专业的在校生数从多到少依次为：建筑消防技术（31560 人，占比 39.85%）、建筑智能化工程技术（23702 人，占比 29.93%）、建筑设备工程技术（9183 人，占比 11.59%）、建筑电气工程技术（7943 人，占比 10.03%）、供热通风与空调工程技术（6170 人，占比 7.79%）、工业设备安装工程技术（641 人，占比 0.81%），排序和 2021 年相同。占比超过 20% 的专业有 2 个，分别是：建筑消防技术（占比 39.85%）、建筑智能化工程技术（占比 29.93%），与 2021 年相同；2 个专业的合计占比为 69.78%，较 2021 年增加了 3.03%。与 2021 年比较，在校生数增加的专业有 5 个，按增幅大小依次为：建筑消防技术（增加 4188 人，增幅 15.30%）、供热通风与空调工程技术（增加 431 人，增幅 7.51%）、建筑设备工程技术（增加 344 人，增幅 3.89%）、建筑电气工程技术（增加 289 人，增幅 3.78%）、建筑智能化工程技术（增加 238 人，增幅 1.01%）；在校生数减少的专业 1 个：工业设备安装工程技术（减少 88 人，减幅 12.07%）。

综上分析，建筑设备类专业分布较为均衡，建筑智能化工程技术专业、建筑消防技术专业是该类专业的主体专业。2 个专业毕业生数、招生数、在校生数的合计占比依次为 64.34%、67.65%、69.78%。

5. 建设工程管理类专业

2022 年全国高等建设职业教育建设工程管理类专业学生培养情况见表 1-11。2022 年，4 个目录内专业均有院校开设。

（1）毕业生数。4 个目录内专业的毕业生数从多到少依次为：工程造价（104908 人，占比 75.08%）、建设工程管理（26584 人，占比 19.02%）、建设工程监理（5307

人，占比3.80%）、建筑经济信息化管理（2937人，占比2.10%），排序与2021年相同。占比超过20%的专业只有工程造价专业（占比75.08%），与2021年相同，但占比减少了0.36%。与2021年比较，4个专业毕业生数均增加，按增幅大小依次为：建设工程管理（增加9345人，增幅54.21%）、工程造价（增加22956人，增幅28.01%）、建筑经济信息化管理（增加307人，增幅11.67%）、建设工程监理（增加518人，增幅10.82%）。

全国高等建设职业教育建设工程管理类专业学生培养情况　　表1-11

专业名称	毕业生数		招生数		在校生数	
	数量（人）	占比（%）	数量（人）	占比（%）	数量（人）	占比（%）
工程造价	104908	75.08	110831	75.98	342977	73.10
建设工程管理	26584	19.02	26874	18.42	98713	21.04
建筑经济信息化管理	2937	2.10	2338	1.60	8053	1.72
建设工程监理	5307	3.80	5838	4.00	19450	4.14
合计	139736	100	145881	100	469193	100

（2）招生数。4个目录内专业的招生数从多到少依次为：工程造价（110831人，占比75.98%）、建设工程管理（26874人，占比18.42%）、建设工程监理（5838人，占比4.00%）、建筑经济信息化管理（2338人，占比1.60%），排序与2021年相同。占比超过20%的专业只有工程造价专业（占比75.98%）。2021年占比超过20%的专业有2个专业，分别是工程造价专业（占比71.28%）、建设工程管理（占比21.68%），2个专业的合计占比为92.96%。与2021年比较，4个专业招生数均减少，按减幅大小依次为：建设工程管理（减少7032人，减幅20.74%）、建筑经济信息化管理（减少203人，减幅7.99%）、建设工程监理（减少80人，减幅1.35%）、工程造价（减少640人，减幅0.57%）。

（3）在校生数。4个目录内专业的在校生数从多到少依次为：工程造价（342977人，占比73.10%）、建设工程管理（98713人，占比21.04%）、建设工程监理（19450人，占比4.14%）、建筑经济信息化管理（8053人，占比1.72%），排序与2021年相同。占比超过20%的专业有2个，即工程造价专业（占比73.10%）、建设工程管理（占比21.04%），与2021年相同；2个专业的合计占比为94.14%，较2021年增加了1.31%。与2021年比较，在校生数增加的专业有2个，按增幅大小依次为：建设工程监理（增加 1513 人，增幅 8.44%）、工程造价（增加 8501 人，增幅 2.54%）；在校生数减少的专业有 2 个，按减幅大小依次为：建筑经济信息化管理（减少 535 人，减幅 6.23%）、建设工程管理（减少 1440 人，减幅 1.44%）。

综上分析，工程造价专业是建设工程管理类专业的主体专业，2 个专业毕业生数、招生数、在校生数的合计占比依次为 94.10%、94.40%、94.14%。其中工程造价专业的毕业生数、招生数、在校生数的占比依次为 75.08%、75.98%、73.10%，表明建设工程管理类专业的分布不平衡，工程造价专业所占比例偏高。

6. 市政工程类专业

2022 年全国高等建设职业教育市政工程类专业学生培养情况见表 1-12。2022 年，5 个目录内专业均有院校开设。

全国高等建设职业教育市政工程类专业学生培养情况　　　　表 1-12

专业名称	毕业生数		招生数		在校生数	
	数量（人）	占比（%）	数量（人）	占比（%）	数量（人）	占比（%）
市政工程技术	6835	67.69	9102	69.40	25761	69.98
给排水工程技术	2507	24.83	3001	22.88	8608	23.38
城市燃气工程技术	755	7.48	827	6.31	2151	5.84
市政管网智能检测与维护	0	0	40	0.30	100	0.27
城市环境工程技术	0	0	146	1.11	193	0.53
合计	10097	100.00	13116	100.00	36813	100.00

（1）毕业生数。5 个目录内专业的毕业生数从多到少依次为：市政工程技术（6835 人，占比 67.69%）、给排水工程技术（2507 人，占比 24.83%）、城市燃气工程技术（755 人，占比 7.48%），城市环境工程技术、市政管网智能检测与维护专业无毕业生，排序与 2021 年相同。占比超过 20% 的专业有 2 个，即市政工程技术（占比 67.69%）、给排水工程技术（占比 24.83%），与 2021 年相同；2 个专业的合计占比为 92.52%，较 2021 年增加了 3.23%。与 2021 年比较，除城市环境工程技术、市政管网智能检测与维护专业无毕业生外，其余 3 个专业的毕业生数增加的专业 2 个，按增幅大小依次为：市政工程技术（增加 1419 人，增幅 26.20%）、给排水工程技术（增加 311 人，增幅 14.16%）；毕业生数减少的专业 1 个：城市燃气工程技术（减少 119 人，减幅 13.62%）。

（2）招生数。5个目录内专业的招生数从多到少依次为：市政工程技术（9102人，占比69.40%）、给排水工程技术（3001人，占比22.88%）、城市燃气工程技术（827人，占比6.31%）、城市环境工程技术（146人，1.11%）、市政管网智能检测与维护（40人，0.30%），排序较2021年发生了变化。2022年排序为：市政工程技术、给排水工程技术、城市燃气工程技术、市政管网智能检测与维护、城市环境工程技术。占比超过20%的专业有2个，即市政工程技术（占比69.40%）、给排水工程技术（占比22.88%），与2021年相同；2个专业的合计占比为92.28%，较2021年增加了1.24%。与2021年比较，招生数增加的专业有4个，按增幅大小依次为：城市环境工程技术（增加99人，增幅210.64%）、市政工程技术（增加965人，增幅11.86%）、城市燃气工程技术（增加57人，增幅7.40%）、给排水工程技术（增加202人，增幅7.22%）；招生数减少的专业1个：市政管网智能检测与维护（减少21人，减幅34.43%）。

（3）在校生数。5个目录内专业的在校生数从多到少依次为：市政工程技术（25761人，占比69.98%）、给排水工程技术（8608人，占比23.38%）、城市燃气工程技术（2151人，占比5.84%）、城市环境工程技术（193人，0.53%）、市政管网智能检测与维护（100人，0.27%）。专业排序较2021年不同。2021年排序为市政工程技术、给排水工程技术、城市燃气工程技术、市政管网智能检测与维护、城市环境工程技术。占比超过20%的专业有2个，即市政工程技术（占比69.98%）、给排水工程技术（占比23.38%），与2021年相同；2个专业的合计占比为93.36%，较2021年增加了6.65%。与2021年比较，5个专业在校生数均增加，按增幅大小依次为：城市环境工程技术（增加146人，增幅310.64%）、市政管网智能检测与维护（增加40人，增幅66.67%）、市政工程技术（增加1650人，增幅6.84%）、给排水工程技术（增加251人，增幅3.00%）、城市燃气工程技术（增加53人，增幅2.53%）。

综上分析，市政工程技术和给排水工程技术专业是该类专业的主体专业，2个专业的毕业生数、招生数、在校生数合计分别占总数的92.52%、92.28%、93.36%。

7. 房地产类专业

2022年全国高等建设职业教育房地产类专业学生培养情况见表1-13。2022年，3个目录内专业均有院校开设。

全国高等建设职业教育房地产类专业学生培养情况　　表 1-13

专业名称	毕业生数		招生数		在校生数	
	数量（人）	占比（%）	数量（人）	占比（%）	数量（人）	占比（%）
房地产经营与管理	3463	36.13	2671	28.48	8309	28.48
房地产智能检测与估价	310	3.24	293	3.13	909	3.12
现代物业管理	5811	60.63	6413	68.39	19953	68.40
合计	9584	100	9377	100	29171	100

（1）毕业生数。3 个目录内专业的毕业生数从多到少依次为：现代物业管理（5811 人，占比 60.63%）、房地产经营与管理（3463 人，占比 36.13%）、房地产智能检测与估价（310 人，占比 3.24%），排序与 2021 年相同。占比超过 20% 的专业有 2 个，即现代物业管理（占比 60.63%）、房地产经营与管理（占比 36.13%），与 2021 年相同；2 个专业的合计占比为 96.76%，较 2021 年增加了 2.41%。与 2021 年比较，有 2 个专业的毕业生数增加，按增幅大小依次为：现代物业管理（增加 1131 人，增幅 24.17%）、房地产经营与管理（增加 6 人，增幅 0.17%）；有 1 个专业的毕业生数减少：房地产智能检测与估价（减少 34 人，减幅 9.88%）。

（2）招生数。3 个目录内专业的招生数从多到少依次为：现代物业管理（6413 人，占比 68.39%）、房地产经营与管理（2671 人，占比 28.48%）、房地产智能检测与估价（293 人，占比 3.13%），排序与 2021 年相同。占比超过 20% 的专业有 2 个，即现代物业管理（占比 68.39%）、房地产经营与管理（占比 28.48%），与 2021 年相同；2 个专业的合计占比为 96.87%，较 2021 年增加了 0.06%。与 2021 年比较，3 个专业的招生数均减少，按减幅大小依次为：现代物业管理（减少 1317 人，减幅 17.04%）、房地产智能检测与估价（减少 28 人，减幅 8.72%）、房地产经营与管理（减少 98 人，减幅 3.54%）。

（3）在校生数。3 个目录内专业的在校生数从多到少依次为：现代物业管理（19953 人，占比 68.40%）、房地产经营与管理（8309 人，占比 28.48%）、房地产智能检测与估价（909 人，占比 3.12%），排序与 2021 年相同。占比超过 20% 的专业有 2 个，即现代物业管理（占比 68.40%）、房地产经营与管理（占比 28.48%），与 2021 年相同；2 个专业的合计占比为 96.88%，较 2021 年增加了 0.23%。与 2021 年比较，3 个专业的在校生数均减少，按减幅大小依次为：房地产经营与管理（减少 1104 人，减幅 11.73%）、现代物业管理（减少 1830 人，减幅 8.40%）、房地产智能检测与估价（减少 46 人，减幅 4.82%）。

综上分析，房地产经营与管理和现代物业管理是房地产类专业的主体专业，2 个专业的毕业生数、招生数、在校生数合计分别占总数的 96.76%、96.87%、96.88%。

1.3.2 建设类专业高等职业教育发展的成绩与经验

1.3.2.1 根据行业和城市发展需要优化专业设置，传统专业招生规模得到有效控制，专业大类在校生规模稳健上升

2022 年是《职业教育专业目录（2021 年）》颁布实施的第二年。各院校以新专业目录实施为契机，调整专业设置，优化专业结构，主动适应行业和城市发展新需求，有效冲抵了近年来房地市场和建筑行业波动带来的不利影响，实现了在校生数连续 5 年增加，2022 年土木建筑大类专业在校生数较 2021 年增加了 1.25%。其具体体现如下：

（1）专业目录中有关工业化、数字化、智能化、绿色化的新专业，如智慧城市管理技术、装配式建筑工程技术、智能建造技术、建筑消防技术、市政管网智能检测与维护、城市环境工程技术等，都有院校开设，并且招生规模较 2021 年大幅增加，而传统专业的规模得到控制。从专业类看，招生规模较 2021 年增加的是城乡规划与管理类（增幅 15.25%）、市政工程类（增幅 9.19%）、建筑设计类（增幅 2.26%），而招生规模减小的是房地产类（减幅 13.34%）、建设工程管理类（减幅 6.72%）、土建施工类（减幅 4.00%）、建筑设备类（减幅 3.75%）。从专业看，装配式建筑工程技术、智能建造技术专业的招生数分别较 2021 年增加了 209.09%、297.19%；智慧城市管理技术专业的招生数、在校生数分别占城乡规划与管理类专业的 30.25%、33.01%；建筑消防技术已跃升为建筑设备类专业的最大专业，其招生数、在校生数分别占建筑设备类专业的 36.44%、39.85%。

（2）对建设工程管理类、房地产类所有专业招生规模进行了有效控制，均较 2021 年减少，其中建设工程管理专业减少 20.74%、建筑经济信息化管理专业减少 7.99%、现代物业管理专业减少 17.04%、房地产智能检测与估价专业减少 8.72%。此外，其他专业类减幅较大的专业有：工业设备安装工程技术专业 34.19%、城乡规划专业 13.99%、建筑工程技术专业 6.82%、地下与隧道工程技术专业 6.02%。

1.3.2.2　以"双高计划"引领院校和专业建设，内涵式高质量发展势头初步显现

"双高计划"即中国特色高水平高职学校和专业建设计划，是落实《国家职业教育改革实施方案》的重要举措和职业教育"下好一盘大棋"的重要支柱之一，围绕办好新时代职业教育的新要求，集中力量建设一批高水平高职学校和高水平专业群，打造技术技能人才培养高地和技术技能创新服务平台，支撑国家重点产业和区域支柱产业发展，引领新时代职业教育实现高质量发展。在 2019 年教育部、财政部立项建设的 197 所高职院校中，四川建筑职业技术学院、黑龙江建筑职业技术学院、江苏建筑职业技术学院、内蒙古建筑职业技术学院、浙江建设职业技术学院、广西建设职业技术学院 6 所建设类院校入选。2022 年，教育部、财政部组织进行了中期验收，6 所院校的验收结果均为"优秀"级。

在"双高计划"引领下，各院校狠抓内涵建设，不断提升院校办学能力，推动院校高质量发展，2022 年，建设类高职院校在各方面均有不俗表现 [统计数据来源于《高职发展智库》]：

（1）在 2022 年职业教育国家级教学成果奖授奖成果中，共有 7 所建设类高职院校获奖 9 项。其中，四川建筑职业技术学院获得一等奖 1 项、二等奖 1 项，广西建设职业技术学院获得二等奖 2 项，广州城建职业学院、湖南城建职业技术学院、江苏建筑职业技术学院、上海城建职业学院、重庆建筑工程职业学院各获得二等奖 1 项。

（2）在三大国际级竞赛（三大国际级竞赛包括：世界技能大赛、世界职业院校技能大赛、金砖国家职业技能大赛）中，共有 4 所建设类院校获奖 5 项。其中，重庆建筑科技职业技术学院、辽宁建筑职业学院分别获得首届世界职业院校技能大赛奖 2 项和 1 项，广州城建职业学院、江苏建筑职业技术学院在金砖国家职业技能大赛中各获奖 1 项。

（3）在由教育部启动建设、认定的国家级教育教学改革项目和成果 [2022 年，由教育部启动建设、认定的教育教学改革项目和成果有：国家级职业教育"双师型"教师培训基地、国家级职教创新团队建设典型案例、国家精品在线开放课程、国家级创新创业学院（实践基地）、中德先进职业教育合作项目试点院校、产教融合校企合作典型案例、供需对接就业育人项目、党建思政项目（包括第三批全国党建工作示范高校、标杆院系、样板支部培育创建单位、思政工作精品项目、高校思想政治工作创新发展中心、"大思政课"实践教学基地、高校"一站式"学生社区风采

展示活动优秀案例）] 中，共有 25 所建设类院校获奖 104 项。其中，四川建筑职业技术学院 13 项，江苏建筑职业技术学院 12 项，内蒙古建筑职业技术学院、辽宁建筑职业学院各 8 项。

（4）高职院校国际化发展（高职院校国际化发展项目包括：世界职教院校联盟卓越奖、国际合作项目、国际科研课题、坦桑尼亚国家职业标准开发项目、国际中文教育课题等）中，共有 8 所院校获得 23 个项目。其中，江苏建筑职业技术学院 5 个，广东建设职业技术学院、广州城建职业学院各 4 个，黑龙江建筑职业技术学院 3 个，上海城建职业学院、广西建设职业技术学院、四川建筑职业技术学院各 2 个，天津城市建设管理职业技术学院 1 个。

1.3.3 建设类专业高等职业教育发展面临的问题

在肯定成绩的同时我们也清醒地看到，对照我国住房和城乡建设事业高质量发展对建设类专业高等职业教育的需求，对照人民群众对"上大学、上好学"的美好期盼，对照高等职业教育自身高质量发展的要求，我国建设类专业高等职业教育还存在一定的差距。

1.3.3.1 建设行业转型升级高质量发展形势

（1）从宏观环境来看，面临重大战略机遇。当今世界正经历百年未有之大变局，新一轮科技革命和产业变革势不可挡，"万物互联"的数字化时代正在到来，经济全球化遭遇逆流，提振经济、加快发展已成为世界各国面临的当务之急。我国已进入全面建设社会主义现代化国家的新征程，已转向高质量发展阶段，制度优势显著，经济长期向好，发展韧性强劲，市场空间广阔，以人为核心的新型城镇化在加速推进，继续发展具有多方面优势和条件。

（2）从历史时期来看，行业发展走向新路。"十四五"时期是新发展阶段的开局起步期，是实施城市更新行动、推进新型城镇化建设的机遇期，也是加快建筑业转型发展的关键期。一方面，建筑市场作为我国超大规模市场的重要组成部分，是构建新发展格局的重要阵地，在与先进制造业、新一代信息技术深度融合发展方面有着巨大的潜力和发展空间。另一方面，我国城市发展由大规模增量建设转为存量提质改造和增量结构调整并重，人民群众对住房的要求从有没有转向追求好不好，将为建筑业提供难得的转型发展机遇。建筑业迫切需要树立新发展思路，将扩大内需与转变发展方式有机结合起来，同步推进，从追求高速增长转向追求高质量发展，从"量"的扩张转向"质"的提升，走向一条内涵集约式发展新路。

（3）从发展形势来看，市场容量依然巨大。国家保持稳中求进工作总基调不变，固定资产投资与经济增长基本同步。在国家构建以国内大循环为主体、国内国际双循环相互促进的新发展格局背景下，京津冀协同发展、长三角一体化、粤港澳大湾区建设、雄安新区建设、城市更新、乡村振兴等国家高质量发展新动力源正在协同推进，"两新一重"（新型基础设施建设、新型城镇化建设和交通水利等重大工程建设）、租赁住房、市政管网、乡村基础设施等重点领域扩内需补短板正在全面开启，"一带一路"、区域全面经济伙伴关系等多边协定的深入落实为建筑业加快跨出国门、拓展海外市场带来新机会，建筑业市场前景广阔。

（4）从行业趋势来看，需要积极应对挑战。在组织方式上，工程总承包、全过程咨询、投建运一体化等风口不断形成，给传统建筑企业的产业链融合、资源要素整合、组织运营体系、技术和人才支撑等综合竞争能力提出严峻挑战。在建造方式上，绿色建造、智能建造、新型建筑工业化、装配化装修以及 BIM、大数据、人工智能、5G、城市信息模型等新技术不断成为建筑业践行新发展理念的热点。在发展环境上，经济发展换挡、市场竞争准入、服务方式转型、安全质量监管、资质新政、造价改革等，将给建筑企业带来挑战。在行业治理上，社会转型和人口老龄化趋势明显，对建设产业队伍建设提出新要求；碳达峰和碳中和承诺给高能耗低效率的传统建筑业治理体系和治理能力带来新冲击。

（5）从人才支撑来看，新型人才需求急迫。装配式建筑人才需求巨大。据估计，到 2025 年，我国对装配式建筑技术人员的需求将可能超过 100 万人；现场吊装人员、预制构件生产一线工人、装配施工管理人员就更为匮乏。建筑信息化人才需求巨大，据人力资源和社会保障部发布的《新职业——建筑信息模型技术员就业景气现状分析报告》显示，未来五年我国各类企业对 BIM 技术人才的需求总量将达到 130 万；四川、湖北、浙江、江苏等地区的工程建筑专业人才上涨幅度更为显著。建筑业国际化人才需求巨大。"一带一路"给我国建筑业国际化提供了新机遇，建筑业国际化需要大量既懂技术，又通商务、熟悉外语，具有国际视野、国际思维和国际素养、经验丰富的复合型的国际商务及项目管理人才，现有复合型高素质人才的数量和质量无法满足建筑业国际化需求。"十四五"期间，我国要努力实现"建设世界建造强国"的目标，到 2035 年，建筑业发展质量和效益大幅提升，建筑工业化全面实现，建筑品质显著提升，企业创新能力大幅提高，高素质人才队伍全面建立，产业整体优势明显增强，"中国建造"核心竞争力世界领先，迈入智能建造世界强国行列，全面服务社会主义现代化强国建设。但从目前我国建设行业人才队伍建设来看，依然存在着人才队伍整体素质不高、专业人才队伍总量不足、复合型外向型人才比较缺乏、人才队伍结构性矛盾突出等问题，人才需求缺口很大。要促进建筑业转型升级，大力提高我国城镇化水平，关键在人才、在技术，这将为建设类专业高等职业教育和建设行业各类企业的共赢共荣、共同发展提供更大的空间和机遇。

1.3.3.2 建设类专业高等职业教育存在问题

（1）政策配套层面："支持度"仍需进一步落地。以习近平同志为核心的党中央高度重视职业教育，习近平总书记亲自主持中央深改委会议，审议《国家职业教育改革实施方案》，明确了职业教育改革的重大制度设计和政策举措。国务院出台的《国家职业教育改革实施方案》明确提出"职业教育与普通教育是两种不同教育类型，具有同等重要地位"，整体搭建职业教育体制机制改革的"四梁八柱"，集中释放了一批含金量高的政策红利。2019 年，教育部、财政部印发了《关于实施中国特色高水平高职学校和专业建设计划的意见》，集中力量建设一批引领改革、支撑发展、中国特色、世界水平的高职学校和专业群，带动高等职业教育高水平、高质量发展。2020 年，教育部等九部门印发《职业教育提质培优行动计划（2020—2023 年）》进一步确立国家宏观管理、省级统筹保障、学校自主实施的工作机制。31 个省份和新疆生产建设兵团的 4562 所学校和有关单位承接任务，计划投入 3075 亿元。2021 年，国务院召开了全国职业教育大会，习近平总书记对职业教育工作作出重要指示，强调加快构建现代职业教育体系，培养更多高素质技术技能人才、能工巧匠、大国工匠。但是，当前在促进政策和理论"落地与发挥实效"上仍然存在短板，相关配套政策和具体实施细则相对滞后，在推进制度与机制建设方面力度还不够大，在统筹协调方面没有形成合力，仍然没有形成"多家参与、多方协力、齐抓共管"的机制，尚存在"想法多、做法少"等问题。尤其在行业企业参与职业教育办学、校企深度融合制度建立与机制形成、调动企业参与人才培养积极性的配套激励政策、校外实训基地建设的体制机制、学生获取职业岗位证书有效途径、企业专家参与学校专业设计及教学活动的模式与激励制度、企业专家真正介入日常专业教学等方面，仍存在政府部门之间协调力度不够，教育行政部门出台的政策得不到真正贯彻落实等问题。为此，当务之急是要真正构建完善各部门间的协同推进机制，在政策层面积极推进，在机制层面认真设计，在协同层面有所突破，在措施层面狠抓落实，构建完善现代职业教育体系。同时，通过制定由政府、行业、企业、院校齐抓共管的职业教育制度，支持、倡导、鼓励多元主体参与各建设类高等职业院校办学，形成职业教育良性发展的氛围，实现国家、社会、行业、企业、家长、学生对建设类专业高等职业教育的期望。

（2）职教类型层面："特色度"仍需进一步凸显。2021 年，中共中央办公厅、国务院办公厅印发《关于推动现代职业教育高质量发展的意见》，系统梳理中国职业教育改革实践经验，从巩固职业教育类型定位、推进不同层次职业教育纵向贯通、促进不同类型教育横向融通三个方面强化职业教育类型特色。2022 年 5 月 1 日，新修订的《中华人民共和国职业教育法》正式实施，明确"职业教育是与普通教育具有同等重要地位的教育类型，是国民教育体系和人力资源开发的重要组成部分，是培养多样化人才、传承技术技能、促进就业创业的重要途径"，标志着现代职业教育体系建设进入新的法治化进程，也意味着职业教育"类型"地位在法理上得到保障。但是，当前建设类专业高等职业教育的职业教育"类型"特色尚不明显，尤其在建设类专业高等职业教育的教育评价方面仍未凸显职业教育"类型"特色。教育评价是教育的"指挥棒"，事关教育发展方向；有什么样的评价"指挥棒"，就有什么样的办学导向。经过多年的发展，我国建设类专业高等职业教育取得了一系列成就，但是各地区、各建设类高等职业院校间的发展还不够均衡，还存在着诸多薄弱环节。这些问题和薄弱环节的存在，关键在于建设类专业高等职业教育的招生考试、人才培养、师资队伍、毕业就业等环节的科学评价体系没有真正确立起来，学生的思想道德、职业技能、职业素养、综合能力等方面的教育评价还缺少职业教育"类型"特征，"唯分数、唯升学、唯文凭、唯论文、唯帽子"的"五唯"顽瘴痼疾在各高职院校中还不同程度地存在。为此，当前各建设类高等职业院校要深入贯彻落实《深化新时代教育评价改革总体方案》，构建引导学生德智体美劳全面发展的考试内容体系，改变相对固化的试题形式，增强试题开放性，减少死记硬背和"机械刷题"现象，加快完善初、高中学生综合素质档案建设和使用办法，逐步转变简单以考试成绩为唯一标准的招生模式，完善建设类专业高等职业教育"文化素质＋职业技能"

考试招生办法，探索建立学分银行制度，推动多种形式学习成果的认定、积累和转换，实现不同类型教育、学历与非学历教育、校内与校外教育之间互通衔接，畅通终身学习和人才成长渠道。

（3）人才培养层面："满意度"仍需进一步提高。当前，我国产业升级和经济转型处于关键时期，建设行业的转型升级，亟需大量高素质新型技能人才，需要建设类专业高等职业教育的同步发展作为支撑。目前，我国建筑业从业人员技能素质偏低等问题仍很突出，建筑业各类从业人员总量虽逐年增长，但高层次建设类人才依旧短缺，与建设行业转型升级需求还存在一定差距。建设类专业高等职业教育应以就业为导向，需要着力培养大批满足产业结构转型升级和区域经济社会发展需要的高素质技术技能型人才。但是，与之不相匹配的是建设类专业高等职业教育人才培养和质量有待进一步提升。建设类专业高等职业教育人才培养体系跟不上建设行业转型升级的需求，学历教育与技术技能要求还没有很好地对接。建设类专业高等职业教育师资队伍建设仍然是一块短板，也成为制约人才培养质量的重要因素。受人员配备、体制机制和相关分配政策限制，建设类高等职业院校面向社会开展职业培训等社会服务的意识不强、动力不足、能力不够，离育训并重并举的要求还有很大差距。

（4）双师团队层面："创新度"仍需进一步提升。教师队伍是发展职业教育的第一资源，是支撑新时代国家职业教育改革的关键力量，教师团队建设也是建设类专业高等职业教育发展最重要的基础。建设高素质"双师型"教师队伍是加快推进建设类专业高等职业教育现代化的基础性工作。改革开放以来特别是党的十八大以来，建设类专业高等职业教育教师培养培训体系基本建成，教师管理制度逐步健全，教师地位待遇稳步提高，教师素质能力显著提升，为建设类专业高等职业教育改革发展提供了有力的人才保障和智力支持。近年来，教育部也印发了《深化新时代职业教育"双师型"教师队伍建设改革实施方案》《关于印发〈全国职业院校教师教学创新团队建设方案〉的通知》等文件，启动实施国家级职业教育教师教学创新团队建设及科研研究工作。但是，在整体形势向好的同时，建设类专业高等职业教育的高精尖师资队伍面临新挑战，尤其是建设行业进入转型升级关键时期，新技术、新材料、新工艺，建筑业工业化、信息化、国际化发展，对高水平师资队伍提出新要求。当前，各建设类高等职业院校对接建设行业高端的高水平专业群带头人仍然不足，急需引培一批建设行业有权威、国际有影响的专业群建设带头人，带动一批能够解决建设行业关键技术难题的骨干教师及技术能手，推动建设类专业高等职业教育师资队伍整体水平提升。

（5）专业建设层面："成效度"仍需进一步加大。建设行业市场化、工业化、信息化、国际化发展趋势，建筑业技术创新、管理创新和业态创新，传统建筑业与先进制造技术、信息技术、节能技术的融合，绿色建筑和绿色建材、建筑节能减排等一系列行业发展最新要求，急切需要严谨专注、敬业专业、精益求精、追求卓越的"鲁班巧匠"。培养具有一专多能、工匠精神的高素质技术技能人才，推动人才培养高质量发展，是建设类专业高等职业教育人才培养工作面临的新挑战。但是，与建设行业大发展形势不相适应的是，建设类专业高等职业教育的专业结构不尽合理，面向建设行业转型升级、建筑"走出去"的高新技术类、技术应用类专业没有得到充分发展，面向建设行业新技术的技术应用性和复合型人才比较缺乏。同时，目前建设类专业高等职业教育的专业发展水平不够均衡，专业前沿跟踪不够紧密，专业集群效应不够明显，专业行业影响力有待提高；部分专业招生录取分数线和就业质量有待进一步提升。此外，建设类相关传统专业改造力度不够，一些传统的专业无论是课程体系，还是教学内容和教学手段都已不适应当今科学技术飞速发展的需要。因此，必须加大使用信息科学等现代科学技术，提升、改造传统专业的力度，实现传统专业新的发展。

（6）课堂教学层面："魅力度"仍需进一步深化。《国家职业教育改革实施方案》把职业教育，尤其是高等职业教育的改革和发展，提到了前所未有的历史高度。其中，实施方案提出完善教育教学相关标准和开展"三教"改革的任务，要求促进职业院校加强专业建设、深化课程改革、增强实训内容、提高师资水平，全面提升教育教学质量；2019 年，教育部启动"双高计划"建设。在新的人才观、教学观和质量观的要求下，"三教"改革已然成为推进"双高计划"技术技能人才培养高地建设的重要抓手。但是，目前课堂教学改革还存在一些问题，譬如，课程资源不够，特别是特色课程、优质课程资源比较缺乏。课程建设尚在进行中，教学大纲、教材管理都尚待进一步规范和完善；教师教学基本规范还有待加强，教学能力有待进一步提升。课堂教学改革与创新急需深化，许多教师还是使用传统的"灌输式"教学方法，启发式、研讨式等新型教学方式运用不足。形成性评价存在考核项目少、考核记录不规范和随意性大等问题。为此，各建设类高等职业院校应进一步深入贯彻"工学结合、知行合一"的人才培养理念，全面对接建设行业高端发展优化专业结构、构建学历教育与职业培训并举的现代职业教育体系；坚持立德树人、德技并修，畅通建设行业技术技能人才成长通道；以职业需求为导向，以实践能力培养为重点，深化"三教"改革，优化"双师"结构、创新特色教材、打造"金课"，培养建设行业急需的下得去、用得上、留得住、有后劲的德智体美劳全面发展的"鲁班工匠"。

（7）校企合作层面："融合度"仍需进一步关注。产教融合、校企合作是职业教育办学的基本模式，也是办好职业教育的关键所在。长期以来，职业教育的产教融而不合、校企合作不深不实是痛点，也是堵点。同样，当前建设类专业高等职业教育的校企深度融合也面临着新挑战，部分建筑业企业由于受到企业经营理念、经营成本等因素考量，最新技术、最新设备较难与教学资源深度融合，需要深度推进产教融合、校企合作，充分发挥建设行业、建筑业企业的技术、场地、设备等资源优势，推进各建设类高等职业院校和建设行业、建筑业企业在人才培养、技术服务、成果转化等方面资源共享、优势互补，构建校企深度合作新机制。但是，目前各建设类高等职业院校与建设行业、建筑业企业的深度融合还存在诸多瓶颈。产教融合就是要让建设行业、建筑业企业真正成为人才培养的重要主体。当前推动产教融合、校企合作的政策文件不少，但产生良好效果的并不太多，一些好的支持政策未能真正落地，直接影响建设行业、建筑业企业参与建设类专业高等职业教育的积极性。譬如，国企资源进入职业教育办学存在政策障碍，发展股份制、混合所有制职业院校和各类职业培训机构还处于初步探索阶段，缺少具体的措施办法和适宜的操作路径，等等。

（8）服务行业层面："贡献度"仍需进一步彰显。"十四五"时期是我国经济发展进入新常态的战略期，是我国新型城市化提质发展的机遇期，也是建设行业转型升级、高质量发展的关键期，更是高水平全面建成小康社会的决胜期。《"十四五"建筑业发展规划》指出要"以推动建筑业高质量发展为主题，以深化供给侧结构性改革为主线，以推动智能建造与新型建筑工业化协同发展为动力，加快建筑业转型升级，实现绿色低碳发展，切实提高发展质量和效益，不断满足人民群众对美好生活的需要，为开启全面建设社会主义现代化国家新征程奠定坚实基础"，并规划了推动智能建造与新型建筑工业化、推进建筑节能与绿色建筑发展、发展建筑产业工人队伍等转型升级任务，为建设类专业高等职业教育发展提供了强大的行业机遇。但是，立足当前国际形势分析，全球处在金融危机后的深度调整期，世界多极化、经济全球化、文化多样化、社会信息化加快发展，新一轮科技革命蓬勃兴起，经济增速放缓但增量可观，气候变化、能源安全等问题突出，为我国工业化与城市化发展带来机遇挑战。同时，随着建筑"走出去"战略的不断深入，国外众多建筑企业纷纷进入国内寻求发展，需要更多具有较强实践应用能力和国际视野的建筑人才。立足当前国内形势分析，我国经济发展方式加快转型且增长动力多元，消费结构升级，新技术新业态新模式涌现，"一带一路"、长江经济带等国家战略与国土空间规划、海绵城市、地下综合管廊、装配式建筑等试点推进，简政放权进一步释放市场活力，中央城市工作会议及《中共中央国务院关于进一步加强城市规划建设管理工作的若干意见》《中共中央国务院关于深入推进城市执法体制改革改进城市管理工作的指导意见》均对建设行业转型升级、高质量发展与规划建设转型提出了更高要求，但供给滞后需求、发展不平衡的问题仍然突出，去产能、去库存、去杠杆、降成本、补短板的任务艰巨。因此，与上述国际国内的复杂形势和艰巨任务相比，各建设类高等职业院校围绕、紧贴、扎根建设行业办学仍有一定差距。专业结构布局不够均衡、人才培养质量不够显著、校企合作成效不够突出、技术研发能力不够强劲、行业服务水平不够有效等问题还比较明显，仍有一部分院校还在依靠传统的思维方式和手段办法，仍然沉浸在"以不变应万变"的办学状态中，这在一定程度上制约了建设类专业高等职业教育的可持续、高质量发展。

（9）国际合作层面："开放度"仍需进一步突破。职业教育已经成为我国国际交流合作的重要内容，在许多重要国际会议上不断提出职业教育合作新举措。例如，中国同东盟加强职业教育、学历互认等合作；实施"未来非洲—中非职业教育合作计划"，继续同非洲国家合作设立"鲁班工坊"；倡议建立金砖国家职业教育联盟，举办职业技能大赛，为五国职业院校和企业搭建交流合作平台；举办世界职业技术教育发展大会，成立世界职业技术教育发展联盟，为职业教育国际交流合作指明了方向，职业教育成为构建人类命运共同体的重要助力。但是，目前建设类专业高等职业教育的国际合作教育面临着诸多挑战。全面服务"一带一路"倡议，服务建设行业、建筑业企业"走出去"，拓展国际建筑市场工作，服务建筑业企业在高速铁路、公路、电力、港口、机场、油气长输管道、高层建筑等工程建设、服务打造"中国建造"品牌，需要加快构建全面开放的国际合作教育格局，全面加强相关中央企业、地方企业、大型企业的合作，联合企业有效利用当地资源，实现更高程度的本土化国际人才培养，探索新型国际合作教育模式。

（10）数字教育层面："应用度"仍需进一步加强。教育信息化作为教育系统性变革的内生变量，支撑引领教育现代化发展，推动教育理念更新、模式变革、体系重构。党的十八大以来，我国教育信息化事业实现了前所未有的快速发展，取得了全方位、历史性成就，实现了"三通两平台"建设与应用快速推进、教师信息技术应用能力明显提升、信息化技术水平显著提高、信息化对教育改革发展的推动作用大幅提升、国际影响力显著增强等"五大进展"，在构建教育信息化应用模式建立全社会参与的推进机制、探索符合国情的教育信息化发展路子上实现了"三大突破"，为新时代教育信息化的进一步发展奠定了坚实的基础。但是，建设类专业高等职业教育的信息化建设还存在一些问题。一是教育信息化建设的思想认识问题。部分建设类高等职业院校尚未认清教育信息化发展的国际形势和国家在教育信息化服务社会经济发展中的战略部署，信息化基础设施的"为建而建"现象还存在，数字化资源和设备在教学和管理中的创新应用意识不足，信息化技术在服务学生的全面发展和培养创新人才中的认知不足，网络信息和教育基础数据的安全意识不足。二是信息化基础设施建设与运维问题。宽带资费成本高、运行速度低，部分建设类高等职业院校新型信息化教学与管理设备缺乏，老旧设备运维困难，更新资金不到位，淘汰机制不健全。三是优质教育资源建设与共享问题。数字教育资源海量化，但优质教育资源依旧不足，区域间、校际间的优质资源建设标准不统一、共享渠道不畅通、共享机制不健全，资源平台重复建设现象严重，线上教育资源知识产权保护机制亟待建立。四是信息技术对教学模式与学习方式的支撑问题。部分建设类高等职业院校息化教学与学习方式仍停留在初级阶段，单纯用电子白板取代黑板，优秀的信息化教学模式缺乏推广，对信息技术在日常教学中的应用探索有待加深。

1.3.4　促进建设类专业高等职业教育发展的对策建议

围绕打造建设类专业高等职业教育"金名片"，打造高等职业教育高质量发展高地，更加突出类型定位，以提升技术技能人才培养层次和适应性为目标，以促进高质量就业创业和适应建设行业发展需求为导向，以强化政策供给和顶层设计为着力点，进一步完善建设类专业现代职业教育体系，将建设类专业高等职业教育摆入"中国建造"战略建设，形成与住房和城乡建设事业发展紧密结合的建设类专业高等职业教育发展新格局。

1.3.4.1　总体思路

（1）立足于服务人的全面发展，成为建设人才培养"蓄水池"。促进物的全面丰富与人的全面发展，是全面建设社会主义现代化国家的根本要求，建设类专业高等职业教育承担着培养高素质和技术技能水平的建设人才的重任，为打造"大国工匠"和"中国建造"，推进中国式现代化担负着重要的职责。同时，建设类高等职业院校承担学校教育和继续教育的双重职能，对我国建设技术人员和职工的整体素质提升，起到十分重要的作用。

（2）立足于服务社会经济发展，成为行业转型升级"助推器"。高质量发展是全面建设社会主义现代化国家的首要任务，建设现代化产业体系是中国式现代化的核心要求。当前经济结构、体系构建、提档升级等要求建设类高等职业教育紧盯产业转型、市场需求、技术变革、服务提档、管理升级等方面，为"中国智造""中国建造"提供强有力的支撑。近年来，住房和城乡建设系统重点任务包括保障房地产市场（支柱产业）平稳发展、实施城市有机更新行动、"绿色建造"低碳转型、城市精细化管理等，对建设类专业高等职业教育的专业设置优化、人才培养、师资等都提出了更高要求。

（3）立足于服务高质量就业创业，成为中国式现代化的"动力源"。就业是最大民生，促进高质量充分就业是全面建设社会主义现代化国家的优先战略。建设类专业高等职业教育要从"能就业"转向"好就业""就好业"，提高专业对口度、满意度，真正做到一人就好业、富了一家人，惠及一个村、带动一个乡，扩大对退役军人、新农人、产业工人等新就业主体的培训与能力提升，实现更加充分、更加体面、更高质量就业，同时为打造"共同富裕现代化基本单元"标志性成果贡献新力量。

（4）立足于服务高品质生活打造，成为人与自然共生的"引领者"。尊重自然、顺应自然、保护自然是全面建设社会主义现代化国家的内在要求。产业生态化，尤其对耗能大户建设产业尤为关键。建设类专业高等职业教育要开设绿色专业课程，提高绿色技能，有效提升绿色低碳技术技能人才供给，培养绿色环保意识，开展绿色实践行动，真正成为绿色生态的引领者。

（5）立足于服务国家发展战略，成为职教价值力量的"贡献者"。立足服务科教兴国战略、服务人才强国战略和服务创新驱动发展战略的"三服务"，建设全民终身学习的学习型社会、学习型大国，培养更多的大国工匠和高技能人才，贡献职教的"国家战略人才力量"。同时，坚定实施"走出去"战略，推动与中国企业"走出去"，在引进内化先进理念、标准、经验等基础上，输出中国职教经验、样本与标准，推广中国职教智慧。

1.3.4.2 对策建议

（1）强化顶层设计，着力打造关键政策落地新格局。加快构建与建设类专业高等职业教育办学规模、培养成本、办学质量等相适应的投入机制，确保政策、项目、资金、人员、技术向建设类专业高等职业教育倾斜。落实建设类专业高等职业教育产教融合、校企合作的各项激励政策，调动建设行业、建筑业企业和社会各方举办或参与建设类专业高等职业教育的积极性。建立健全建设类高等职业院校绩效激励机制，提升公办建设类高等职业院校开展建设行业相关社会化培训等社会公共服务的积极性。将支持建设类专业高等职业教育发展相关政策落实情况纳入对地方行业主管部门履行教育职责的重要内容，确保政策在基层落地落实。

（2）注重贯通融通，着力打造职业教育发展新体系。打破建设类专业职业教育学历"天花板"，完善建设类专业职业教育"育人链"，畅通建设类专业学生成长成才通道，提升建设类专业职业教育人才培养质量和自身吸引力。夯实建设类专业中等职业教育基础地位，强化文化基础和技术技能综合素养培育，提高中职学校人才培养质量。巩固建设类专业高等职业教育主体地位，扩大人才培养规模，实现建设类专业高等职业教育愿学尽学。有序推进建设类专业中职与高职、高职与职业教育本科贯通培养，逐步扩大一体化设计、长学制培养学生的比例。积极推动建设类专业职业教育向本科层次延展，并作为关键环节予以突破，使学生在建设类专业职业教育体系内就可以无缝衔接进入高一级职业院校学习。深入推进普职融通，拓宽建设类专业职业教育与普通教育的人才培养通道和相互转学通道，建立普通高中与建设类中等职业学校、建设类高等职业院校与应用型大学合作机制。

（3）聚焦行业发展，着力打造专业结构体系新布局。根据建设行业发展趋势和行业企业需求，对各建设类高等职业院校现有专业结构体系进行优化调整；在专业优化、撤并、新增的基础上，深化各专业的建设发展、课程改革、师资培养、绩效考核。做精品牌专业，将现有优势专业打造成在全国同领域具有较强影响力和竞争力的国内品牌专业；每个品牌专业拥有在全国有影响的专业带头人，形成标志性教学成果，建成共享型专业教学资源库。做强特色专业，将一批鲜明行业特色的专业建设成为产教深度融合、全国一流的特色专业；每个特色专业拥有有影响的专业带头人，形成特色教学成果，建成校本专业教学资源库；发挥专业特长，服务建设行业企业自主技术创新。做大特需专业，服务军民融合发展战略、服务乡村振兴战略、落实中央城市工作要求，大力建设好城市管理信息化、物业服务、村镇建设与管理等急需专业。做新传统专业，对传统专业进行"互联网 +"、国际化、工业化转型升级。

（4）厚植立德树人，着力打造建设人才培养新高地。以实现"高水平建设类专业高等职业教育"和培养"专业基础厚实，实践适应能力较强的高素质建设类技术技能人才"为根本目标，努力形成具有建设类专业特色的教学内容体系，将人才培养目标落到实处。不断改革创新，及时更新教学内容，改革教学方法及手段，形成基本教学规范和课程标准，提升教育教学质量和水平。每门课程都必须遵循教育教学规律，构建"三位一体"课程内容体系。大力推进课程的标准化建设，实现情感态度和社会主义核心价值观、教学过程和教学方法、知识结构和专业技能的相统一，形成建设类专业高等职业教育的课程标准。以学生发展为中心，通过教学改革促进学习革命，积极推广小班化教学、混合式教学、翻转课堂，推进智慧教室建设，构建线上线下相结合的教学模式。因课制宜选择课堂教学方式方法，科学设计课程考核内容和方式，不断提高课堂教学质量。积极引导学生自我管理、主动学习，激发求知欲望，提高学习效率，提升自主学习能力。积极推进课程在线平台建设和智慧教室的建设，以满足课堂教学改革的需求。

（5）坚持质量为上，着力打造双师团队发展新生态。将师资队伍建设作为打造"高水平建设类专业高等职业教育"的重中之重，把好师资队伍"入口关"和"培育关"，不断强化外部保障，激发内生动力，提升师资队伍整体水平。加强师德师风建设，引导教师教书育人和自我修养相结合，做到以德立身、以德立学、以德施教，更好担当起学生健康成长指导者和引路人的责任；建立激励约束机制，师德建设与业务考核并重，将师德综合评价作为教师聘任、晋升、晋级的重要依据。积极开展教学名师和优秀教学教师培育工程，树立教书育人先进典型，促进优良教风形成，以教风建设带动学风建设。充分发挥教师教学发展中心作用，构建研究、培训、咨询、评价、服务一体化的教学服务平台，满足教师个性化发展需求，提升教师的专业水平和教学能力。完善教研室（教研组）、教学团队等基层教学组织，加强教学研究和教改实践，进一步增强教学的学术意识。健全老中青教师传帮带机制，健全完善助教制度。鼓励地方先行先试，实施现代产业导师特聘岗位计划，打造一批建设类专业高等职业教育领军人才和顶尖团队。

（6）推进融合为要，着力打造合作发展共赢新样本。强化行业指导，充分发挥全国住房和城乡建设职业教育教学指导委员会作用，对专业设置、人才培养、教材编写和培训工作提供专业咨询、指导和服务。深化产教对接，推进建设类专业与行业产业对接、课程与职业能力标准对接、教学与生产过程对接、实训基地与工作岗位对接、师资与行业企业对接，实现校企双元专业共建、教材共编、标准共融、教学共育、基地共享、师资共培。同时，深入推进现代学徒制和企业新型学徒制人才培养模式改革，推动企业深度参与协同育人。深化职业教育供给侧结构性改革，建立职业教育与产业集群联动发展机制，研究制定职业教育产教对接谱系图，引导职业精准对接产业人才需求。

（7）服务贡献价值，着力打造技能型社会新助力。坚持育训并举并重，支持各建设类高等职业院校面向全体社会成员开展职业培训，开发一批产业发展急需、行业特色鲜明、层次类型多样的培训项目、课程和教材，实现需求端与供给端有效匹配。支持各建设类高等职业院校与企业合作建设各种类型的培训平台，组织好企业在职员工的提升培训。强化职业院校技术技能积累，整合社会资源建设创新平台，推动创新成果应用；进一步提升高水平专业群配套服务能力，高水平服务产业发展能级提升。围绕构建终身教育体系和学习型社会，鼓励各建设类高等职业院校举办老年大学（学堂），为老年人提供就近、便捷的教育服务。加强职业体验中心建设，推进中小学生职业启蒙、职业认知、职业体验教育，广泛开展中小学职业体验日活动。

（8）加快开放共享，着力打造国际合作办学新名片。坚持开放合作、互利共赢，创新共享开放理念，以国际视野兼容并蓄，以国际胸怀开放合作，深度融入世界职业教育改革发展潮流，积极构建国际化交流平台。服务国家"一带一路"倡议，围绕人才培养国际化需求和建设类专业高等职业教育国际化需求，以人才培养国际化、专业建设国际化、课程设置国际化、师资队伍国际化、技术合作国际化为重点，深化国际交流合作，建成高水平的国际建设人才培养基地和建设职教资源输出基地，打造建设职教国际品牌。不断加大与"一带一路"合作伙伴、东盟成员国、澜湄流域、非洲国家的合作，聚焦智能建造、绿色建筑、建筑节能等领域，构建建设类专业高等职业教育服务国际建设事业合作框架，实施建设类专业高等职业教育服务国际建设事业合作行动，有序优化建设类专业高等职业教育资源投放精准性，积极探索中国建筑业企业与各建设类高等职业院校合作开展海外办学，推动建设类专业高等职业教育与中国建筑业企业一道"走出去"，团结世界各国合力应对人类共同挑战，为促进产教融合、拉动就业、减贫脱贫提供系统性、高质量的中国职教方案。

（9）提升数字赋能，着力打造数字智慧职教新范式。积极深化各建设类高等职业院校内部治理体系和运行机制改革，健全党委领导下的决策与统筹机制、以校长负责制为核心的执行与责任机制、以学术委员会为主体的教授治学机制、以教职工代表大会为依托的民主管理机制、以六方四层发展构架为基础的社会参与与监督机制，全面提升学院"党委领导、校长负责、教授治学、民主管理、社会参与"的依法治理体系和治理能力现代化，全面保障学院高水平、可持续发展。以各建设类高等职业院校章程为依托，健全各建设类高等职业院校内部管理体系，完善党委领导下的校长负责制、教职工代表大会制度、学术委员会制度、学院校企合作理事会章程和学院内部控制等制度。以二级学院建设标准为重点，明确二级学院责权利，激发二级学院活力。改革完善部门（系部）目标考核办法、绩效分配方案。以高职院校诊改试点工作为依托，积极开展诊断实施工作，构建内部质量保证体系，建立数字化信息管理支撑平台。

（10）建设智慧校园，着力打造平安绿色智慧新校园。贯彻落实《教育信息化 2.0 行动计划》，以《职业院校数字校园建设规范》为底线，打造符合各建设类高等职业院校高水平特色发展的"感知型智慧校园"，提高信息化智能化对教学改革、学校治理、科学决策的服务力和引领力，提升学生、教师、家长、企业、社会"五类用户"的获得感和幸福感，为实现高质量发展增添新动力，推进建设类专业高等职业教育现代化发展。实施"智慧 +"服务教学工程，打造课程教学与应用服务有机结合的新一代专业群教学资源库和开放课程大平台。实施"智慧 +"服务学生工程，建立学生成长社区平台，为在校生构建包括第二课堂、成长记载、生活需求、校内办事、企业选聘、家长互动、毕业服务于一体的学生移动服务网，全方位、全过程沉淀学生成长大数据。实施"智慧 +"服务管理工程，以师生 2 个管理闭环为视域，建章立标，完善全校统一的流程互通平台和网上办事大厅平台，全面开展业务流程的重组和再造，探索开展"刷脸办""远程办"，做深做实"掌上办"，打造流程化管理模式，提供"办事一站式服务"。实施"智慧+"服务产业工程，建立建设类行业人员继续教育网络培训平台，采用云服务模式，结合优质教学资源，实现建设类从业人员从报名、缴费、培训、考试、物流到下次注册培训提醒的一站式公共服务平台，实现"教学小资源"向"行业大资源"的转变，更好地服务于行业发展和区域经济。

当前我国住房和城乡建设事业已进入新发展阶段，新发展格局构建和人才供给侧结构性改革将对建设类专业高等职业教育发展提出全新挑战，人口趋势变化、"技能中国""中国建造"深入推进将深刻影响建设类专业高等职业教育与经济社会发展、建设行业转型升级的互动模式及教育内部结构，建设类专业高等职业教育在整个高等职业教育体系和经济体系中的作用将日益突出。坚持问题导向，进一步深化改革，加快深化发展建设类专业高等职业教育，已成为一项迫在眉睫的任务。

1.4 2022 年中等建设职业教育发展状况分析

1.4.1 中等建设职业教育发展的总体状况

1. 中等职业教育总体情况

国家统计局 2022 年统计数据显示，全国共有中等职业学校 7201 所，比 2021 年减少 93 所，减少 1.28%。

2022 年，中等职业教育招生 484.78 万人，比 2021 年减少 4.21 万人，减少 0.86%；在校生 1339.29 万人，比 2021 年增加 2.75 万人，增长 2.09%；毕业生 399.27 万人，比 2021 年增加 2.39 万人，增长 6.36%。

2. 中等建设职业教育学生培养情况

2022 年，全国中等建设职业教育毕业生 118545 人，比 2021 年增加 18342 人，占全国中职毕业生数的 2.97%，同比增长 0.30 个百分点；中等建设职业教育招生 141129 人，比 2021 年减少 7482 人，占全国中职招生数的 2.91%，同比下降 0.13 个百分点；中等建设职业教育在校生 392039 人，比 2021 年增加 12593 人，占全国中职在校生数的 2.93%，同比增长 0.03 个百分点。图 1-12 示出了 2014～2022 年全国中等建设职业教育学生培养情况。

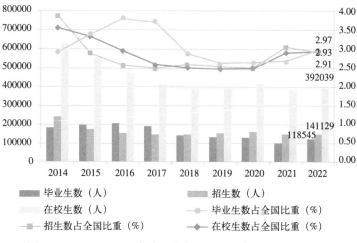

图 1-12   2014～2022 年全国中等建设职业教育学生培养情况

1.4.2   中等建设职业教育统计分析

中等建设职业教育以《中等职业教育专业目录（2021 年修订）》土木建筑大类设置的建筑工程施工等 18 个专业为主，并包括各省级行政区开设专业目录外的土木水利类专业或专业（技能）方向。2022 年中等建设职业教育学生按专业分布情况见表 1-14。

（1）毕业生数超过万人的共 3 个专业，依次是：建筑工程施工毕业生数为 70571 人、建筑装饰技术毕业生数为 19780 人、建筑工程造价毕业生数为 16700 人。毕业生数排后续三位的专业依次是：供热通风与空调施工运行毕业生数为 33 人、装配式建筑施工毕业生数为 33 人、建筑项目材料管理毕业生数为 53 人。

（2）招生数超过万人的共 3 个专业，依次是：建筑工程施工招生数为 85072 人、建筑装饰技术招生数为 22603 人、建筑工程造价招生数为 21727 人。招生数排后续三位的专业依次是：供热通风与空调施工运行招生数为 89 人、房地产营销招生数为 115 人、建筑项目材料管理招生数为 235 人。

2022 年中等建设职业教育学生按专业分布情况　　　　表 1-14

序号	专业名称	毕业生数（人）	招生数（人）	在校生数（人）
1	建筑表现	624	939	2619
2	建筑装饰技术	19780	22603	67710
3	古建筑修缮	419	379	1034
4	园林景观施工与维护	619	295	993
5	城镇建设	410	829	1968
6	建筑工程施工	70571	85072	226360
7	装配式建筑施工	33	1003	2444
8	建筑工程检测	1541	801	2620
9	建筑智能化设备安装与运维	2167	2476	6783
10	建筑水电设备安装与运维	997	1083	3249
11	供热通风与空调施工运行	33	89	173
12	建筑工程造价	16700	21727	62866
13	建设项目材料管理	53	235	591
14	市政工程施工	1135	1346	4424
15	给排水工程施工与运行	322	400	1092
16	城市燃气智能输配与应用	866	529	1981
17	房地产营销	430	115	729
18	物业服务	1845	1208	4403

（3）在校生数超过万人的共 3 个专业，依次是：建筑工程施工在校生数为226360 人、建筑装饰技术在校生数为 67710 人、建筑工程造价在校生数为 62866 人。在校生数较少的专业是供热通风与空调施工运行在校生数为 173 人、建设项目材料管理在校生数为 591 人。

（4）招生数较毕业生数的增幅，有 12 个目录内专业为正值，即招生数大于毕业生数，按增幅大小依次为：装配式建筑施工（2939.39%）、建设项目材料管理（343.40%）、供热通风与空调施工运行（169.70%）、城镇建设（102.20%）、建筑表现（50.48%）、建筑工程造价（30.10%）、给排水工程施工与运行（24.22%）、建筑工程施工（20.55%）、市政工程施工（18.59%）、建筑装饰技术（14.27%）、建筑智能化设备安装与运维（14.26%）、建筑水电设备安装与运维（8.63%）。

招生数较毕业生数的增幅为负值，即招生数小于毕业生数的目录内专业，按降幅大小依次为：房地产营销（−73.26%）、园林景观施工与维护（−52.34%）、建筑工程检测（−48.02%）、城市燃气智能输配与应用（−38.91%）、物业服务（−34.53%）、古建筑修缮（−9.55%）。

依据 2022 年按专业分布的数据统计可以看出，建筑工程施工、建筑装饰技术、建筑工程造价专业的毕业生数、招生数和在校生数，继续分别排列前三位。三个专业的毕业生数合计 107051 人，占 90.30%；招生数合计 129402 人，占 91.69%；在校生数合计 356936 人，占 91.05%。

与 2021 年相比，2022 年中等建设职业教育学生按专业分布情况的变化如下：

（1）建筑表现专业：2022 年毕业生数、招生数、在校生数的数值变化依次为减少 8 人（−1.27%）、增加 197 人（26.55%）、增加 554 人（26.83%）。

（2）建筑装饰技术专业：2022 年毕业生数、招生数、在校生数的数值变化依次为增加 2 人（0.01%）、减少 2540 人（−10.10%）、减少 311 人（−0.46%）。

（3）古建筑修缮专业：2022 年毕业生数、招生数、在校生数的数值变化依次为增加 282 人（205.84%）、增加 11 人（2.99%）、减少 28 人（−2.64%）。

（4）城镇建设专业：2022 年毕业生数、招生数、在校生数的数值变化依次为增加 66 人（19.19%）、减少 1 人（−0.12%）、增加 240 人（13.89%）。

（5）园林景观施工与维护专业：2022 年毕业生数、招生数、在校生数的数值变化依次为增加 516 人（500.97%）、增加 136 人（85.53%）、增加 203 人（25.7%）。

（6）装配式建筑施工专业：2022 年毕业生数、招生数、在校生数的数值变化依次为增加 8 人（32%）、减少 701 人（−41.14%）、增加 631 人（34.8%）。

（7）房地产营销专业：2022 年毕业生数、招生数、在校生数的数值变化依次为增加 7 人（1.65%）、减少 231 人（−66.76%）、减少 272 人（−27.17%）。

（8）物业服务专业：2022 年毕业生数、招生数、在校生数的数值变化依次为增加 426 人（30.02%）、减少 444 人（−26.88%）、减少 417 人（−8.65%）。

（9）建设项目材料管理专业：2022 年毕业生数、招生数、在校生数的数值变化依次为增加 53 人、增加 130 人（123.81%）、增加 486 人（462.86%）。

（10）建筑工程施工专业：2022 年毕业生数、招生数、在校生数的数值变化依次为增加 12573 人（21.86%）、减少 1220 人（−1.41%）、增加 7658 人（3.5%）。

（11）建筑工程检测专业：2022 年毕业生数、招生数、在校生数的数值变化依次为增加 1002 人（185.9%）、减少 810 人（−50.28%）、减少 587 人（−18.3%）。

（12）建筑智能化设备安装与运维专业：2022 年毕业生数、招生数、在校生数的数值变化依次为增加 386 人（21.67%）、增加 447 人（22.03%）、增加 775 人（12.9%）。

（13）建筑水电设备安装与运维专业：2022 年毕业生数、招生数、在校生数的数值变化依次为增加 339 人（51.52%）、增加 77 人（7.65%）、减少 31 人（−0.95%）。

（14）供热通风与空调施工运行专业：2022 年毕业生数、招生数、在校生数的数值变化依次为增加 23 人（230%）、增加 29 人（48.33%）、增加 51 人（41.8%）。

（15）建筑工程造价专业：2022 年毕业生数、招生数、在校生数的数值变化依次为增加 2489 人（17.51%）、减少 1871 人（−7.93%）、增加 3914 人（6.64%）。

（16）市政工程施工专业：2022 年毕业生数、招生数、在校生数的数值变化依次为增加 64 人（5.98%）、减少 534 人（−28.4%）、减少 96 人（−2.12%）。

（17）给排水工程施工与运行专业：2022 年毕业生数、招生数、在校生数的数值变化依次为增加 6 人（1.9%）、增加 45 人（12.68%）、增加 169 人（18.31%）。

（18）城市燃气智能输配与应用专业：2022 年毕业生数、招生数、在校生数的数值变化依次为增加 108 人（14.25%）、减少 202 人（−27.63%）、减少 346 人（−14.87%）。

1.4.3　中等建设职业教育发展面临的问题

1.4.3.1　部分专业规模减少

与 2021 年相比，2022 年中等建设职业教育学生建筑装饰技术专业招生数、在校生数依次减少 2540 人（−10.1%）、减少 311 人（−0.46%）；建筑工程检测专业在招生数、在校生数依次减少 810 人（−50.28%）、587 人（−18.30%）；市政工程施工专业招生数、在校数分别减少 534 人（−28.4%）、减少 96 人（−2.12%）；城市燃气智能输配与应用专业招生数、在校生数分别减少 202 人（−27.63%）、减少 346 人（−14.87%）；房地产营销专业招生数、在校生数依次减少 231 人（−66.76%）、减少 272 人（−27.17%）；物业服务专业招生数、在校生数依次减少 444 人（−26.88%）、减少 417 人（−8.65%）；装配式建筑施工专业招生数减少 701 人（−41.14%）；建筑工程造价专业招生数减少 1871 人（−7.93%）；建筑工程施工专业招生数减少减少 1220

人（-1.41%）。

1.4.3.2　应对建筑行业智能化转型不足

目前，智能建筑成为新兴建筑产业，关键是综合运用现代高科技，进行规范化、标准化、集约化的开发与设计，既充分利用现有资源，又不破坏周边环境，向"绿色建筑"的方向发展，才能实现智能建筑的可持续发展。建设类专业中等职业教育面临的问题是市场需求的快速变化，随着科技和社会的不断进步，建设行业的需求也在不断发展和变化，中等建设职业教育专业中毕业生数、招生数、在校生数均过万的为建筑工程施工专业、建筑装饰技术专业、建筑工程造价专业等传统建筑行业，应对建筑行业智能化转型不足。

1.4.3.3　融合创新教育的方法不足

中等建设职业教育在融合创新教育方法的不足，一定程度制约了学生的学习效果和能力培养。学校虽然意识到对学生开展创新教育的必要性，不断探索建立培养创新人才的机制。但是目前创新教育工作仍缺乏系统性和连续性，创新教育没有融入日常的教学计划中。创新教育的方式不多，多数学校主要是通过举办创新知识讲座、创新创业大赛等方式对学生开展创新教育活动。同时，传统的教学评价体系主要是依据以期末考试的卷面分数来评定学生的期评成绩，难以发现和发展学生多方面的潜能，难以起到促进学生素质提高的作用，从而缺乏对学生的主动性培养和创新能力的培养。

1.4.4　促进中等建设职业教育发展的对策建议

随着全球城市化的增长，建筑行业将参与智能城市项目，包括智能交通、智能建筑、智能能源管理等同步升级。同时伴随国家区域战略发展的进程，以及可持续性和绿色建筑发展，新型建筑技术的行业发展趋势显现。这些趋势将持续塑造建筑行业，使其适应不断变化的社会、经济和环境需求。中等建筑职业教育应该洞察现状，及时发现和审视存在的问题，提高建筑行业职业教育核心竞争力。针对上述中等职业教育专业建设中存在的问题，各级教育行政部门和学校要在不同的层面，采取相应措施加以解决。

1.4.4.1　提供资金支持 制定激励政策

政府可以增加对中等建设职业教育的资金投入，用于改善设施、更新教学设施和提高师资水平。根据建筑行业新的发展需求，政府应制定相关政策和标准，以确保教育质量和行业需求的匹配，同时鼓励学校提供多样化的课程。政府可以制定激励措施，鼓励学校和行业合作，例如提供奖学金等以支持学生在智能建筑领域的学习和培训。

1.4.4.2　更新教学内容　培养综合素质人才

针对建筑行业的智能化和创新趋势，学校应更新课程，包括数字化设计、自动化施工技术和可持续建筑方法。加强新的课程，如 BIM（建筑信息建模）和智能建造技术，以使学生熟悉最新的工具和方法。培养学生综合素质，使学生不仅具备技术技能，还提高团队合作、解决问题的能力，以适应建筑行业的复杂性。学校可以建立创新实训室、实验室，提供学生一个实验和探索新技术和材料的空间。提供最新的工具和设备，以支持学生的创新项目和实践。

1.4.4.3　密切校企合作　保持与行业同步趋势

学校可以与建筑施工企业和技术供应商建立紧密的校企合作关系，提供学生实际项目经验和培训机会。行业可以与学校合作，提供学生实习和工作机会，帮助他们获得实际工作经验。教师参与行业研讨会和培训，以保持与行业趋势的同步，企业参与课程教学与设计，确保教育内容与实际工作需求相符。企业提供额外的技能培训，帮助学生获得特定的认证或技能，增加他们的就业机会。

综合考虑这些对策，政府、学校和行业之间的协作是促进中等建设职业教育发展的关键因素，以确保学生毕业后能够胜任行业需求。

第 2 章　2022 年建设继续教育和执（职）业培训发展状况分析

2.1　2022 年建设行业执业人员继续教育与培训发展状况分析

2.1.1　建设行业执业人员继续教育与培训的总体状况

执（职）业资格是指政府对某些责任较大、社会通用性强、关系到国家和公众利益的专业（工种）实行的准入控制，规定专业技术人员从事某一特定专业（工种）的学识、技术和能力的必备标准。我国住房城乡建设领域执（职）业资格制度自 20 世纪 80 年代末开始建立，国务院建设行政主管部门及其他有关部门在事关国家公众生命财产安全的工程建设领域相继设立了监理工程师、勘察设计注册工程师、注册建筑师、建造师、注册城市规划师、造价工程师、房地产估价师、房地产经纪人和物业管理师（根据国发〔2015〕11 号文，国务院决定取消物业管理师注册执业资格认定；根据人社部发〔2015〕47 号文，房地产经纪人相关资格证书调整为水平评价类）9 项执（职）业资格制度，实现了对工程建设与房屋管理不同专业领域的基本覆盖，形成了较为完善的执（职）业资格制度体系，有效保障了建设工程质量与人民生命财产安全。

2.1.1.1　执业人员考试与注册情况

1. 执业人员考试情况

执（职）业资格考试是对执业人员实际工作能力的一种考核，是人才选拔的过程，也是知识水平和综合素质提高的过程。随着经济社会的飞速发展，住房城乡建设领域对于执业人员的要求也在不断更迭，住房和城乡建设部等相关部门、有关行业学（协）会高度重视执（职）业资格制度改革与考试考务相关工作，各类执（职）

业资格考试相关制度也在不断进行着适应性调整。

（1）根据行业发展实际情况，深化落实各类资格考试研究成果落地转化。为不断提升城乡建筑品质和设计水平，适应新的城乡建设发展理念，加强新时期注册建筑师队伍建设，进一步提高二级注册建筑师执业能力和水平，全国注册建筑师管理委员会印发了《全国二级注册建筑师资格考试大纲（2022年版）》，并发布了与之配套的《全国二级注册建筑师资格考试大纲新旧考试科目成绩认定衔接办法》，旨在助力新旧考试大纲平稳衔接。

（2）持续推进简政放权、放管结合改革，不断优化公共服务水平，进一步推动降低就业创业门槛。经国务院同意，人力资源和社会保障部发布相关通知，降低或取消了监理工程师、造价工程师（一级）、建造师（一级）、注册安全工程师（中级）等13项准入类职业资格考试工作年限要求，为更多相关从业人员参与职业资格考试、从事相关岗位工作提供了更加便利的条件。

（3）深化职业资格考试标准化建设，在2021年针对17项专业技术人员职业资格考试实行相对固定合格标准基础上，进一步增加至33项，涵盖了注册建筑师、监理工程师、造价工程师（一级）、建造师（一级）、注册安全工程师（中级）等多项住房城乡建设领域职业资格，在提高职业资格考试工作效率的同时，更有效保障了职业资格考试工作的公正、公平。

（4）多方配合，全力统筹做好疫情防控和职业资格考试组织实施工作。为做好疫情防控工作，切实保障广大考生和考务工作人员身体健康、生命安全，各职业资格考试有关部门统筹协调，结合疫情防控工作实际，针对多项住房城乡建设领域职业资格考试时间进行了调整，并视疫情发展情况在部分考区增加了补考，及时回应广大社会考生关切。

2.执业人员注册情况

2022年，住房和城乡建设部相关机构及各省（市、区）住房和城乡建设主管部门严格依据《中华人民共和国行政许可法》和各执（职）业资格注册管理有关规定，按照"高效、便民、透明"的原则，进一步梳理注册审批管理流程，着力简化审批流程与申报材料，大幅提高了工作效率和服务水平。

（1）为贯彻落实"放管服"改革要求，办好便民惠民"关键小事"，进一步优化政务服务水平，住房和城乡建设部执业资格注册中心明确自2022年12月20日起正式开通一级建造师注册业务"掌上办"办理渠道。注册人员可通过微信、支付宝小程序办理一级建造师注册申报、注册进度查询、个人信息修改等业务；全国注册建筑师管理委员会秘书处明确自 2022 年 12 月 19 日起正式开通一级注册建筑师注册业务"掌上办"办理渠道，注册人员可通过微信小程序（支付宝小程序自 2023 年 1 月 3 日起开通），办理一级注册建筑师注册申报、注册进度查询、个人信息修改等业务。

（2）关停假冒网站，严肃治理"山寨证书"，切实维护考生合法权益。2022 年 3 月，人力资源和社会保障部印发《人力资源社会保障部关于开展技术技能类"山寨证书"专项治理工作的通知》（人社部函〔2022〕25 号），对面向社会开展的与技能人员和专业技术人员相关的技术技能类培训评价发证活动进行专项治理，将违纪违规培训机构和评价机构纳入"黑名单"，切实维护广大群众合法权益和社会诚信，保障国家职业资格和职业技能等级制度体系规范运行。

（3）严格依照各执（职）业资格注册管理规定，持续开展工程建设领域专业技术人员职业资格"挂证"查处工作，维护建筑市场秩序，促进建筑业持续健康发展。加强对投诉举报情况的受理、核查工作，落实相关惩处措施。住房和城乡建设部在 2022 年度共查处工程建设领域专业技术人员执（职）业资格"挂证"问题 89 起。

2.1.1.2　执业人员继续教育情况

面对国内新冠肺炎疫情反复出现、多点散发的客观压力，各省（市、区）住房城乡建设主管部门及相关执（职）业资格管理机构主动作为，结合"放管服"提出的为基层减负要求，适时调整了培训组织管理方式，致力于在保障人民群众生命财产安全的前提下，为注册执业人员提供便捷、高效、优质的继续教育服务，放管结合，持续优化服务。

2022 年，在住房和城乡建设部的领导下，部执业资格注册中心、全国各省（市、区）有关单位、行业学（协）会积极筹措，主动担当，在完善顶层制度设计、落实师资队伍建设、强化课程内容建设，以及精准施策助力城乡建设等方面作了有益的探索。

（1）完善顶层设计，明确标准规范培训活动。各级住房城乡建设主管部门及相关机构持续推进"放管服"改革要求，积极转变继续教育工作管理模式，在标准体系建设方面出力气、下功夫，为规范开展继续教育活动奠定基础。全国注册建筑师管理委员会为提高注册建筑师职业素质，推进注册建筑师继续教育的科学化、制度化和规范化，进一步提高注册建筑师执业能力和知识水平，制定并印发了《注册建筑师继续教育标准》，对注册建筑师继续教育的内容、学习方式、学习时长、学时认定规则等进行了明确，将参与规范性文件制定、参加专业学术会议、发表学术论文、出版专著、参与基层志愿、扶贫、援建实践活动等全面纳入继续教育学时认定范畴。山东省建设培训与执业资格注册中心于2022年12月组织召开了第五注册期二级注册建造师继续教育教学大纲编制项目评审工作，对建筑工程、公路工程、市政公用工程、水利水电工程、机电和矿业工程等6个专业的继续教育教学大纲进行了审定，为后续开展相关领域从业人员继续教育培训工作，培养适应住建行业新形势需要的高素质人才奠定了基础。

（2）落实师资培训，育师先行保障培训质量。各级住房城乡建设主管部门高度重视执业人员继续教育的师资保障工作，严格贯彻落实《国务院办公厅关于促进建筑业持续健康发展的意见》（国办发〔2017〕19号）精神，以培养高水平的师资队伍为保证继续教育质量的抓手，持续推动继续教育成为拓展、提高从业人员专业知识和业务技能的关键环节。全国注册建筑师管理委员会秘书处于2022年4月发布了《关于印发〈全国注册建筑师继续教育必修教材（之十三）教学计划〉的通知》（注建秘〔2022〕6号），明确采用《通用无障碍设计》一书作为注册建筑师第十三周期继续教育必修课教材。中国建设科技有限公司作为教材主编单位之一积极组织开展了师资培训活动，围绕教材的重点、难点，以及教学中的有关具体要求，通过邀请教材作者亲自授课、咨询答疑、研讨交流等方式，为提升教师授课水平，进一步全面开展注册建筑师继续教育培训工作打下了坚实基础。

（3）强化内容建设，知识赋能助力高质量发展。各级继续教育管理和培训机构扎实推进课程内容建设，围绕中央、住房和城乡建设部相关政策精神，精心设计2022年度注册建筑师、勘察设计注册工程师、建造师等注册人员继续教育培训课程，为有效推动工程建设领域注册人员知识更新提供了良好条件。全国市长研修学院（住房和城乡建设部干部学院）围绕"十四五"时期住房城乡建设重点工作，将城乡建设绿色低碳发展、城市更新行动、建筑业转型升级等内容纳入学习范畴，增加了北京冬奥工程绿色建造创新实践、实施城市更新行动推动城市高质量发展、智能建造与建筑工业化应用、企业数字化转型等重点课程。广东省注册建筑师协会围绕绿色建筑与建筑智能科技、城市更新与传承创新主题，在2022年度注册建筑师继续教育选修课中开设了包括《继承弘扬传统文化提升人居环境品质》《从绿色建筑走向健康建筑》《碳中和时代下的绿色建筑》等相关课程，着力强化工程建设领域注册人员在新发展理念引导下，更好服务城乡建设高质量发展的能力。

（4）聚焦问题导向，精准施策助力城乡建设。各级住房城乡建设主管部门从服务城乡建设高质量发展角度出发，积极回应社会关切，聚焦经济社会发展典型问题，精准施策着力解决影响城乡建设高质量发展的核心矛盾。根据《关于组织动员工程建设类注册执业人员服务各地自建房安全专项整治工作的通知》（建司局函市〔2022〕81 号）有关精神，山东省住房和城乡建设厅明确对积极响应号召参加自建房安全专项整治工作的注册执业人员，其工作时间可作为继续教育必修课或选修课学时。西安市住房和城乡建设局根据上述通知精神，明确对积极响应号召参加专项整治工作的注册执业人员，凭相关证明可冲抵部分继续教育学时，对参与专项整治工作 7 日以上的注册执业人员可冲抵 60 学时的必修课或选修课学时，不足 7 日的按每日 8 学时冲抵必修课或选修课学时。

2.1.2　建设行业执业人员继续教育与培训存在的问题

2022 年，住房和城乡建设领域执业人员继续教育与培训工作在内涵建设方面深耕细作，在师资保障与课程质量领域实现了较大突破。但随着经济社会的迅速发展，知识更新的周期也在不断缩短，提供适应行业发展需要的高质量继续教育培训仍存在不少问题和困难，需要各方进一步加强研究。

（1）顶层制度建设尚不健全，有待完善。受顶层制度建设制约，各级继续教育管理机构开展培训监管缺乏依据。作为行业发展的中坚力量，执业人员的执业能力水平，直接关乎行业的平稳健康发展，通过优质的继续教育培训活动持续更新其知识能力至关重要。以全国注册建筑师管理委员会印发的《注册建筑师继续教育标准》为例，其对培训内容、学时认定等提出了明确要求，在一定程度上对相关领域的继续教育工作提出了较好的指导。但该标准暂未涉及培训管理有关方面，相关管理机构仍无法针对培训活动开展有针对性的事中、事后监管。

（2）知识体系框架略显滞后，有待更新。住房城乡建设领域各职业资格的继续教育大多仍采取必修课在固定周期内选定单一教材的学习组织模式，该方式虽然对于解决建设行业当前所面临的热点问题具有较好的效果，但其更新周期长、学习内容固化等问题仍不可忽视，不利于适应行业高速发展的现状与注册人员个性化的学习需求。多数现有课程虽然能够满足普及和提高执业人员专业知识的需求，但在技术革新逐步提速的今天，从构建创新型社会的实际需求角度出发，缺乏统筹和体系化的继续教育培训活动不利于系统提升执业人员能力，与个体自主创新的能力提升和企业高质量发展的需求仍存在客观差距。

（3）工学矛盾问题仍然突出，有待改善。继续教育培训所涉工学矛盾依旧存在，多方联动激励机制有待健全。现阶段，继续教育与涉及执业人员切身利益的职称评定、评优评先、年度考核、福利待遇等尚未形成联动机制，未建立起可有效约束、激励执业人员参与继续教育培训的评估和运行机制。同时，部分执业人员自身对继续教育学习的重视程度也不够，认为参加培训是在浪费时间，因而借口工学矛盾不参加学习，或对继续教育的认识仍停留在完成规定动作即可，而非在业务能力方面能够获得真正的提升，学习积极性和主动性不高，一定程度上影响着继续教育工作的整体推进与深入开展。

（4）教育培训组织模式固化，有待丰富。继续教育培训的组织模式固化，多元化的教育培训模式有待丰富。一方面执业人员继续教育培训活动较为封闭，与其他相关继续教育培训的融合度不高，与专业技术人员继续教育尚未实现一体化贯通学习，部分执业人员存在需要多头、重复参与不同类别继续教育学习的客观情况。教育系统通行的诸如学分银行、学分互换、社会化学习等行之有效的体制机制也尚未引入，教育培训模式过于单一。此外，继续教育的学习方式与方法仍以视频、教材为主，实操性、情景化课程与教学活动的融合度不高，课程的互动性、趣味性不强，学习过程中易产生疲劳。

（5）诚信管理体系尚未形成，有待建设。随着注册建筑师、勘察设计注册工程师等部分职（执）业资格注册管理模式改革持续深化，在前一阶段取消省级初审环节的基础上，2022年进一步将继续教育信息核验调整为个人承诺制，执业人员在注册申报时以"个人诚信"为依托，无需提供任何继续教育证明材料。相关举措在简化注册申请材料、优化工作流程、便利注册人员的同时，对相关注册管理机构及时开展数据比对、信息核查、诚信惩戒等注册监管工作也提出了更高的要求。在个人诚信综合管理、继续教育数据归集等相关信息系统尚未完成体系化建设，与注册管理系统未建立有效衔接前，相关注册管理模式会对管理机构实施监管工作产生不利影响。

2.1.3　促进建设行业执业人员继续教育与培训发展的对策建议

发展继续教育是国家现代化进程中建设教育强国的一个重要战略任务，也是提升执业人员专业能力的重要过程，现行的继续教育体系仍需不断优化，在监管机制、知识体系、激励机制、培训模式和诚信管理上继续探索、精准施策，以继续教育促进人才培养，以人才培养促进社会发展，为 2035 年基本实现社会主义现代化提供人才支撑，为 2050 年全面建成社会主义现代化强国打好人才基础。

（1）建立监督管理机制，完善顶层制度建设。持续推进顶层制度建设，强化相关职业资格管理机构对继续教育培训的宏观管理职能，明确继续教育监督管理的基本原则和具体措施方式。通过"双随机、一公开"、调研走访、机构资质动态考核等多种方法，强化管理机构对继续教育施训活动的动态监管，确保培训机构依规施训。建立继续教育信息化管理服务平台，充分借力互联网信息化手段，不定期开展信息化远程督导，如采取线上学习随机动态身份核验、远程视频听课、培训数据比对等技术手段，以管促学，持续提高继续教育培训施训效果。

（2）搭建知识体系框架，强化培训内容建设。以提高执业人员专业技能、知识水平、工作能力为目标，结合执业人员自身特点、社会发展需要和国（境）外成熟经验做法，积极推进继续教育知识体系框架建设，动态调整、不断充实培训课程及相关学术资源，推动终身学习理念落地生根。在具体学习过程中，加强个性化课程及学术资源组合配置模式，以执业人员的差异化实际需求为靶向，以知识体系框架为依据，自行组合配置学习资源，最大限度地满足具备不同工作年限、执业经历，或有特殊执业情景需求相关人员的知识更新需要，因材施教，为执业人员营造"量身定制"的学习体验。

（3）建立联动激励机制，强化主动学习意识。利用多种渠道和媒介，加强对继续教育培训工作的宣传与推广。结合住房城乡建设领域热点、重点问题或工作，有针对性地向广大用人单位和执业人员推送优质继续教育学习资源，着力强化各方对主动参与继续教育学习重要性的认识，逐步建立起"以培促产、终身进步"的正确学习观，增强用人单位主动送培与执业人员主动参训的自觉意识。同时，还应系统梳理建立多方联动激励机制的政策与社会效益可行性，探索建立继续教育培训与岗位任职资格、职务聘任等挂钩的长效激励机制，多措并施，培养相关人员的主动学习意识。

（4）创新教育培训模式，优化参训学习体验。深化"互联网 +"与继续教育培训工作的深度融合，适应教育现代化的实际情况，推动建设多样化的继续教育培训模式。针对涉及法律、法规、政策、标准、规范的更新调整，热点、典型案例或问题的案例剖析，相关管理机构可充分利用"学习强国""支部工作"等平台，通过"线下宣贯 + 线上直播"的授课模式，提高相关知识的普及度，深化继续教育活动的社会效益。针对涉及"四新"领域的相关知识，可酌情增加现场实践类的实操、观摩学习，提高课程的可参与性与互动性。针对建筑行业设计场景化实际操作较多的特点，在继续教育培训活动中还可强化对情景化教学模式的运用，适当增加动画、操作视频等场景类教学演示，调整优化文本类教学活动与各类新模式教学活动在培训过程中的占比，避免照本宣科式的枯燥教学，提升教学活动的趣味性、生动性。

（5）构建诚信管理体系，形成注册监管闭环。积极推动个人诚信综合管理服务平台建设，与继续教育信息化管理服务平台、注册管理平台等信息系统形成数据共享机制，形成执业人员个人诚信档案，完整记录包括注册登记、项目业绩、继续教育学习、所获奖惩等个人执业相关信息。以系统平台数据信息为基础，以"个人诚信记录"为依托，以失信行为惩处为手段，进一步明确失信行为认定、惩处方式等相关标准，切实提升个人承诺制的管理效能，推动执业人员注册管理事中事后监管工作。

2.2　2022 年建设行业专业技术人员继续教育与培训发展状况分析

2.2.1　建设行业专业技术人员继续教育与培训的总体状况

2022 年，建筑行业受到了疫情防护、项目停滞、劳动力短缺、供应链断裂和市场需求下降等多方面挑战，在党和国家的坚强领导下，建筑行业积极应对，采取了一系列措施，通过加强防疫措施，推动项目复工，解决劳动力短缺，协调供应链和拓展市场，建筑业逐渐恢复了正常的生产和经营秩序。由于建设行业发展放缓，对于专业技术人员的需求也逐步降低，参加培训人数持续下降。各地建设行政管理部门不断出台各项政策，鼓励企业复工复产，支持企业开展各级各类人才培养。各地行业培训机构也在前几年取得经验的基础上，继续优化网络培训平台，提升面授及网络课程水平，不断融入新内容，不断根据行业和从业人员的实际需求调整授课、考核模式，全面推行电子化证书。各地均较好地完成了专业技术人员培训和继续教育工作。

2.2.1.1　专业技术人员培训情况

截至 2022 年年底，各省上报培训机构数量共 1006 家。2022 年累计参训人数 62 万余人，其中施工员 19.2 万人，质量员 15.8 万人，材料员 7.0 万人，机械员 4.0 万人，劳务员 5.2 万人，资料员 8.2 万人，标准员 3.2 万人。

2.2.1.2　证书发放情况

2022 年共生成施工现场专业人员职业培训电子合格证 79 万余本，其中，施工员 23.9 万本，质量员 19.9 万本，材料员 9.7 万本，机械员 5.2 万本，劳务员 6.4 万本，资料员 11.2 万本，标准员 3.5 万本。

2.2.1.3　专业技术人员培训管理情况

各地继续落实住房和城乡建设部《关于改进住房和城乡建设领域施工现场专业人员职业培训工作的指导意见》（建人〔2019〕9 号）、《关于推进住房和城乡建设领域施工现场专业人员职业培训工作的通知》（建办人函〔2019〕384 号）文件要求，根据行业新需求，在调整管理模式、升级服务平台、优化服务流程，健全监督机制等方面作了大量尝试，取得了显著效果。各地在之前工作的基础上，积极落实企业主体责任，探索校企合作新模式，提升课程实用性，建立可追溯体系，开展质量评估等方面进行了深入探索。

（1）健全制度体系。在住房和城乡建设部相关政策文件的指导下，各地积极配合专业技术人员培训工作，纷纷出台配套政策或文件。安徽省住房和城乡建设厅出台了《关于开展全省住房和城乡建设领域施工现场专业人员职业培训工作的通知》，北京市住房和城乡建设委员会出台了《关于推进住房和城乡建设领域施工现场专业人员职业培训试点工作的通知》，河南省住房和城乡建设厅出台了《河南省住房和城乡建设厅关于进一步规范住房城乡建设领域施工现场专业人员培训工作的通知》，等等。

（2）建立培训就业服务模式。各地积极推进建设类专业的在校学生学习施工现场专业技术人员课程，推动建设行业与相关院校的职普融通工作深度开展，提升高校毕业生的就业能力，促进毕业生就业和创新创业。对于在职人员的培训过程中，提供行业紧缺岗位信息，提升训后就业成功率。

（3）培训平台系统更新迭代。各地充分总结前几年网络平台管理经验，分析市场实际需求，调整相关业务板块，增加相应服务功能。通过不断优化工作程序，提升网络响应速度，解决了网络拥挤，视频不畅等问题，搭建了新一代集销售、培训、服务为一体的新型智慧学习平台，为学员提供更加优质的网络学习体验。

（4）课程体系不断细化。各地结合建设行业不同专业及岗位专技人员知识更新需求，对培训课程进一步细分，提供了包括建筑工程、市政道路桥梁、建筑机电安装、工程造价、城市园林、建筑学、勘测等专业课程包供专技人员选择学习。

（5）课件质量不断提高。建设行业全面贯彻新发展理念，推动建筑业工业化、数字化、绿色化转型升级，服务新发展格局、推动高质量发展。高质量培训需要高品质课程，打造精品课程是提升职业培训质量之根本，在线培训课程的品质关系到学员学习的积极性、持久性和获得感。各地以学习党的二十大精神为引领，以住房和城乡建设事业高质量发展对人才的需求为动力，创新课程开发模式，开展课程培训标准等系列研究，出现了一批专业人员培训的精品化课程，为后续课程开发和高质量培训奠定了基础。

（6）试题数量不断提升。2019年住房和城乡建设部组织开发了全国统一培训测试题库，并依据试运行情况，对系统和题库进行了完善，供各地免费使用，取得了较好效果。2022年各地继续完善更新试题库，从切实提高培训对于工程实践的指导作用出发，特别强调试题的科学性、有效性和实用性。

（7）职业标准修订工作。住房和城乡建设部组织有关单位对《建筑与市政工程施工现场专业人员职业标准》JGJ/T 250—2011进行了修订，根据行业发展对专业技术人员的新要求，扩充了岗位数量。当前修订标准正在审核过程中。

（8）加强全过程质量管理。各地住房和城乡建设主管部门对申请开展施工现场专业人员职业培训的培训机构严格审核把关，确保培训机构具备开展相应岗位职业培训的能力。加强培训过程监督指导，组织开展不定期实地抽查。加强动态核查，抓牢抓实培训全过程。加大对培训全过程巡查，畅通社会监督渠道，有效杜绝培训测试过程中的不规范行为,确保培训不打折扣、过程不流于形式,测试结果公正公平。

2.2.1.4　专业技术人员继续教育情况

各地专业技术人员继续教育工作开展顺利,课程资源建设已初见成效,主要完成了以下五项工作。

(1) 提高课程资源质量。各地根据行业转型升级需求,不断提高课程质量和开发效率,注重课程内容创新,突出时代性和创新性,丰富课程制作形式,加入短视频或其他类型课程,调动学员学习积极性。

(2) 多地联合开展继续教育工作。河南建设教育协会牵头搭建了课程共建平台,吸引更多行业组织加入,增强课程共建整体实力,扩大课程共建优势。

(3) 推进统一平台建立。转型升级课程共建共享模式,由广东省建设教育协会负责建立课程资源共建共享平台,联合成立协调机构,统一工作部署和管理,整合优化课程资源。

(4) 共建课程评价机制。通过学员直接评价及各协会之间互相评价等方式,充分了解课程效果,探索课程建设开发方向,不断提高课程资源质量。

(5) 扩大课程适用范围。各单位依据自身情况,将共建共享课程范围延伸至施工管理人员、建造师岗前培训、企业技能提升培训等其他领域,共同打造多领域、全方位、一体化的课程资源体系。

2.2.2　建设行业专业技术人员培训与继续教育存在的问题

2022 年,建设行业在完成疫情防控任务的前提下,积极推进行业转型升级,在专业技术人员培训和继续教育方面优化服务流程,更新服务平台,丰富培训课程,很好地完成了人才培养任务,保障了行业健康稳定发展,但也存在一些问题和不足。

(1) 全国证书不统一。各地使用证书情况不统一,有住房和城乡建设部颁发的证书,有全国性社会组织颁发的证书,有省级住房城乡建设部门颁发的证书,查询平台多样。造成行业从业人员跨省工作难度加大,需要反复学习,增加其学习负担。

(2) 缺少培训标准。目前各地培训建设行业专业技术人员按照《建筑与市政工程施工现场专业人员职业标准》JGJ/T 250—2011 执行,在培训过程中,各地差异较大,在培训内容、培训时长、课程案例等方面缺少统一培训标准。

(3) 培训质量差异大。各地培训机构水平参差不齐,还存在个别的培训过程简单化、走过场等不良现象，学习效果和预期目的不尽如人意。

（4）课程内容相对陈旧。2020年新冠疫情暴发后，各地积极开展线上培训，开发了一批网络课件，极大地满足了当时的培训需求。近几年，建设行业加速转型升级，特别是在建筑装配化、智能建造、绿色施工等领域发展迅速。现有培训课程内容已不能完全满足培训需求，需要更新升级。

（5）教育平台重复建设。疫情期间为了做好专业技术人员培训工作，各地均开发了功能相近的网络教育平台，投入了较大的人力物力，一定程度上造成了资源和资金的浪费。

（6）继续教育课程缺乏。各地继续教育课程数量有限，内容也不能紧跟住建行业发展趋势，缺少绿色建筑、智能建造等内容，还不能完全满足住建行业各专业方向专业技术人员继续教育的学习需求。

（7）相关标准亟待更新。《建筑与市政工程施工现场专业人员职业标准》JGJ/T 250—2011已执行十余年，建设行业专业技术人员的岗位内涵发生了一定的变化，特别是一些新岗位的出现也需要有对应的职业标准，各地均等待标准能及时更新。

2.2.3 促进建设行业专业技术人员继续教育与培训发展的对策建议

2022年各地建设行政主管部门和培训机构不断增强履职能力，创新发展思路，拓展服务领域，开展多样化的专业技术人员培训和继续教育工作，把贯彻新发展理念融入工作实践中，为行业培养了大量基层管理人员。

（1）推动证书统一、互认工作。积极推动各地使用统一证书或建立互认机制，搭建统一查询平台，做到数据互通互认，提升持证人员使用便捷性。

（2）编制培训标准。各地根据实际情况编制操作性强的培训标准或培训过程控制指导性文件，规范培训行为，明确培训过程中的各节点详细要求，减少各地培训效果差异。

（3）持续提升培训质量。各地应充分运用信息化手段，对专业技术人员培训过程进行全方位监督管理，畅通社会监督渠道，有效杜绝培训测试过程中的不规范行为，确保培训不打折扣、过程不流于形式，测试结果公正公平。组织各培训单位积极探索符合行业发展和从业人员实际的培训措施和办法，通过树立典型，以点带面，全面提升培训质量。

（4）更新完善课程体系。各地应根据行业转型升级特点，增加建筑节能、招标投标、BIM 技术、法律法规、安全生产、装配式技术、市政工程、建筑工程、城市设计、人工智能、绿色建筑、海绵城市、超高层建筑等内容，不断更新完善课程体系和内容。

（5）提高课程资源质量。各地应严格执行课程计划和课程标准，提高课程质量和开发效率，注重课程内容创新，结合行业发展趋势，突出时代性和创新性，丰富课程制作形式，加入短视频或其他类型课程，调动学员学习积极性。

（6）建立共享机制。充分调动行业组织积极性，在达成共识的基础上，探索共建共享模式，建立课程资源共建共享平台，联合成立协调机构，统一工作部署和管理，整合优化课程资源。

（7）更新系列职业标准。积极向行政主管部门反映行业需求，推动以《建筑与市政工程施工现场专业人员职业标准》JGJ/T 250—2011 为主的系列职业标准的更新工作，保障专业技术人员培训和继续教育工作健康发展。

2.3　2022 年建设行业技能人员培训发展状况分析

2.3.1　建设行业技能人员培训的总体状况

2022 年全国农民工总量 29562 万人，比 2021 年增加 311 万人，增长 1.1%。其中，本地农民工 12372 万人，比 2021 年增加 293 万人，增长 2.4%；外出农民工 17190 万人，比 2021 年增加 18 万人，增长 0.1%。但从事建筑业的农民工比重为 17.7%，比 2021 年下降 1.3 个百分点。农民工平均年龄 42.3 岁，比 2021 年提高 0.6 岁，建筑业工人的"老龄化"更加严重，建筑业中 50 岁以上的劳务工人占 39%，其次是 40～49 岁占比 27%，30～39 岁占比 23%，低于 30 岁的建筑工人仅占 11%。在全部农民工中，未上过学的占 0.7%，小学文化程度占 13.4%，初中文化程度占 55.2%，高中文化程度占 17.0%，大专及以上占 13.7%。大专及以上文化程度农民工所占比重比 2021 年提高 1.1 个百分点。

2022 年建筑业技能人员有 83 万余人经培训取得证书，按等级划分，其中普工 4.8

万人，初级工 13.3 万人，中级工 49.7 万人，高级工 14.6 万人，技师与高级技师 0.2 万人；按类别划分，其中建筑类 75.9 万人，市政类 3.2 万人，其他类 4.4 万人。尽管近年来我国政府出台了各种扶持政策，鼓励和促进农民工的培训和技能提升，但在实际操作中，仍然存在一个重要问题，即培训机构和培训内容的不足之处。部分农民工因其文化程度相对较低，对于参加培训班的要求比较低。但是，目前很多培训机构存在着教育水平不高、师资力量不足的问题，培训的内容不够实用，不符合市场需求和企业实际情况，培训的效果难以得到保障。因此，虽然农民工培训班数量不断增加，但实际效果并不明显，农民工的职业技能提升并没有得到很大的发展。

2.3.2 建设行业技能人员培训的成绩与经验

技能是立身之本、就业之基。为进一步推进建筑业农民工职业技能和创业能力，加快建设知识型、技能型、创新型劳动者大军，全国建筑业持续鼓励农民工参加职业技能培训，使建筑业农民工逐渐向技能人才转变。

职业技能培训是有效提升农民工技能水平，促进农民工就业稳定，助力高质量发展的有效手段。针对建筑业农民工普遍存在的技能水平偏低、就业地分散等情况，建筑行业通过开展有针对性的职业技能培训，加强宣传引导，鼓励支持农民工主动参加职业技能培训。目前全国可以参加建筑业农民工职业技能培训的常用工种有 53 个，培训内容包括理论知识和实际操作，理论知识一周课时，实际操作可将农民工上岗务工时间纳入。完成培训并考核合格的农民工，可取得住房和城乡建设行业技能人员职业培训合格证。

另外，结合住建行业特性，部分省住建厅、省人社厅、省财政厅联合出台了建筑业农民工培训课时和补贴标准，例如陕西省侧重开展培训周期短、重实操、易考核的培训项目，明确对符合条件的农民工进行免费培训，进一步提高建筑业从业农民工学习积极性，加快培养高素质建筑业技术技能人才和新型产业工人。

上海市不断加强技能人才培养培训体系建设，逐步构建了以行业企业为主体、职业院校为基础、职业培训机构为补充的高技能人才培养培训组织实施体系。

（1）深化产教融合培养模式，提升技能人才培养成效。上海市人社局会同相关部门积极组织行业企业和职业院校开展校企合作、产教融合技能人才培养模式探索创新，推动建立产教协同育人机制，出台了《上海市产教融合型城市试点方案》，目前已有 179 家企业被确定为上海市产教融合型试点企业。市教委印发《上海市深化产教融合协同育人行动计划（2021—2025 年）》，系统谋划加快构建产教融合协同育人体系。市人社局等五部门制定发布《关于推动本市新型技师学院建设加快高技能人才培养工作的实施意见》，提出在本市优质院校、龙头企业中挂牌发展一批新型技师学院，通过加大制度创新、政策供给、投入力度，探索构建校企协同的高技能人才培养机制。

（2）发挥首席技师、技能大师工作室作用，形成产业高技能人才培养梯度。上海市进一步扩大首席技师、技能大师工作室遴选范围，为民营企业、制造业"专精特新"企业高技能人才申报相关资助项目提供有效渠道，培育一批技艺精湛的"上海师傅"。

（3）加强高技能人才培养基地建设，提高技能人才培训实效。上海市依托大型企业、产业园区等建设高技能人才培养基地 82 家。涵盖了集成电路、生物医药软件、物联网、工业互联网、智能制造、新材料等重点产业领域，持续开展专业职业能力、新技能、企业新型学徒制等培训，每年培训技能人才逾 3 万人次。

成都市则是坚持"以技能为导向，以考核为核心"的培育理念，遵循"以考促训、训考分离、评用衔接"的总体原则，按照"互联网＋产业工人"的工作思路，统筹利用政、企、社优质资源，创新打造专业化、系统化、标准化的建筑产业工人技能形成体系，建立行业引导激励机制，形成建筑产业工人培育"成都模式"，加快推动传统建筑劳务从业者向现代化建筑产业工人转型，提升工程建设品质，打响"成都建造"优质品牌。

2.3.3　建设行业技能人员培训面临的问题

虽然大量农民工转移就业、进城务工，相继融入城市建设和生活中，但根据统计，我国农村现有富余劳动力中，85% 以上的文化程度在初中及以下，真正受过专业技能培训、掌握一技之长的人员占比不容乐观。全国人大代表、重庆建工第三建筑有限责任公司劳务班组长刘钟俊呼吁，应当可持续性地提高农民工职业技能培训，以适应经济社会发展的需要。

在经济结构的调整过程中，大部分用人单位对劳动力的素质要求不断提高，而农村富余劳动力的教育水平和技能水平低下，难以满足现代化生产的需求，成为制约农民工就业的重要因素。尤其是劳动密集型的建筑业，做好职业技能培训，对促进农民工有效转移和稳定就业有极大推动作用。

（1）虽然国家各级部门采取了多种培训方式，促进建筑业农民工的文化素质和职业技能，但仍有不少问题急需解决。首先农民工对职业技能培训认识不足，部分农民工思想观念比较陈旧落后，意识不到提高技能对于提高收入的重要性，不愿参加职业技能培训。即使是免费的职业培训，部分农民工还是认为参加培训耽搁了"活路"，要让他们放下工作来参加培训不现实。

（2）农民工培训基地、鉴定机构数量和规模还很局限，限制了农民工受训机会。据统计，建筑业从业人数超过5000万人，农民工占比超过80%，年人均培训次数不到0.4次，多个工种"一证定终身"，取证以后再未进行过继续教育。而作为农民培训的辅助机构——农民工业余学校，绝大部分形同虚设，未能起到相应的辅助作用。另外，对农民工职业技能培训监管力度不够，使一些培训流于形式。有些企业领导对从业人员的重视程度不够，只知用人，不管育人。

2.3.4 促进建设行业技能人员培训发展的对策建议

政府和行业组织可以采取以下措施来促进建筑行业技能人才的培养和发展：

（1）建立完善的教育体系。政府可以加大对建筑工程技能人员相关专业的教育投入，提供更多的教育资源和培训机会。行业组织可以与教育机构合作，制定相关课程和培训计划，确保培养出符合行业需求的人才。

（2）建立可持续性的农民工培训制度，有效提高技能。农民工培训是一个长期性、持续性的工作。为提高农民工培训的有效性，真正让农民工学以致用、学以致富。国家有关部委重视农民工群体的职业技能培训工作，转变农民工职业培训的观念。依托大众传媒和新媒体进行宣传，进行调查举办讲座，使广大农民工获取信息，转变观念，认识到技能培训的重要性；把是否持证、技能水平高低、做工质量好坏与计时或计件综合考虑确定薪酬，充分用经济调动农民工主动参与培训的积极性。要充分发挥农民工实名入库的作用，在数据库中对其持证情况、技能水平情况进行公示，让持证上岗、技能水平高、做工质量好的农民工在择业时拥有更多、更好的就业机会。

（3）建议校企"联姻"，增强农民工技能培训。新增培训基地、鉴定机构，扩大培训规模，让有实力、有资质的社会培训机构分担部分培训任务，通过校企"联姻"，让施工企业定向培养、定向使用。通过政府职能部门监督抽查，在各大施工现场配备农民工业余学校，并定期组织多种形式的农民工培训。甚至可把农民工持证的继续教育培训工作分散到各大型施工企业，在施工现场完成继续教育培训，充分发挥农民工业余学校的辅助作用，同时减轻政府培训基地的培训压力。要加大对各职能部门的监管，避免无序竞争，一证多考，造成资源闲置及浪费。另一方面针对农民工培训监管，逐级明确责任人，确立问责制，形成评价指标体系，加强评估和社会监督。同时利用网络技术手段，建立远程监控平台和农民工电子档案，以便实时掌握全国各地的农民工培训情况，避免弄虚作假，杜绝"拿钱领证"的现象，确保培训的有效性。

（4）提供职业发展和晋升机会。政府和行业组织可以提供更多的职业发展和晋升机会，设立专业技术岗位和管理岗位，鼓励建筑人才不断提升自己的能力和知识，实现个人职业的成长和发展。

这些措施的实施需要政府、行业组织和建筑企业的共同努力和合作。各企业负责人是技能人员培训发展的第一责任人，各项培训措施不落实的，应追究其领导责任，监管部门要强化检查监督责任。通过建立完善的教育体系、加强职业技能培训、提供实践机会、建立导师制度、加强行业交流和合作以及提供职业发展机会，可以为建筑行业技能人才的培养和发展提供更好的支持和保障。

第 3 章　案例分析

3.1　学校教育案例分析

3.1.1　数字化赋能"两平台一系统"构建产教融合人才培养新模式

随着新科技革命的到来，数字化赋能高校转型成为高等教育改革的必经之路，也是促进科技发展、人才提升的重要抓手。数字化赋能的关键在于数字理念、技术、要素全面参与高等教育，推进高校系统性变革和生态性重构。数字化赋能的核心是知识与数据双驱动，关键是协同共享。优质教育教学平台和管理系统在学校的广泛普及，是数据运用的基础；平台与系统的有效链接是实现教育数字化全生态转型、全方位转型、全过程转型的有效路径。

目前，河北建筑工程学院正加快教育数字化转型，通过加强"两平台一系统"建设，构建了具有鲜明学校特色的产教融合模式，推动学校教育、科技、人才协同联动，全面提高人才培养质量和产业适切性，提高科技创新能力。按照"学校布局、学院牵头、团队推进"的模式，学校各部门"优势互补、成果共享、共同发展"，培养和锻炼了学生解决复杂工程问题的能力，推动科研成果有效转化落地，促进学校高质量发展。

3.1.1.1　智慧校园平台推动相关专业产教融合一体化人才培养

1.整合平台资源促进协同创新

平台是数字化的基础，平台的互通性在很大程度上决定了教育资源的整合度。产教融合平台本质上就是"产"与"教"两大类协同创新平台的形成，因此产教融合的基础是平台的搭建与互通。河北建筑工程学院作为以土木建筑类学科为主的高校，各专业的应用性特征十分明显。其不仅可以服务于国家社会建设，也可应用于学校自身发展。该校充分发挥能源工程系、市政与环境工程系等二级院系、校园安全与后勤管理处等基础设施建设及物质生产部门的各自优势，整合优化焓差实验室、表冷器热工性能试验台、暖通综合性能试验台、调节阀综合性能试验台等重点实验室，校园实习基地园区、可再生能源展示中心、新能源培训中心、固体蓄热锅炉实验中心等分平台资源，加强不同平台数字化应用互通性建设，形成了集科研创新、成果孵化、人才培养于一体的全链条数字化综合性协同创新平台。平台的建设加强了学校供热工程、环境工程等相关学科科技成果转化力度，提高了成果应用的产业化水平，也为学生提供了生产、学习、科研、实践四位一体的人才培养创新基地。依托该平台学校打造了可再生能源（风电）供暖示范项目、中水利用等一批具有较强应用性的重点项目。

2. 面向国家战略推动供热创新

河北省张家口可再生能源示范区成立于 2015 年 7 月，是由国务院批复同意设立的全国首个、也是唯一一个国家级可再生能源示范区，这一规划对示范区的可再生能源利用率提出了明确的指标要求。该校紧密结合国家发展战略，面向国家需求开展科技攻关，发挥数字赋能科教协同机制作用，以专业优势服务区域绿色发展。2017 年开始建设的可再生能源（风电）供暖示范项目，采用 10kV 高压风电为能源，通过 16MW 电极锅炉液体蓄热技术、6MW 固体蓄热技术及低温空气源热泵供热技术，利用张北地区风力发电为学校 28 万平方米建筑供热。项目采用政行企校、产学研用相互融合的形式实施，除安装了相关设施设备外，该校师生还研发了高压风电电极锅炉液体蓄热供热技术、固体储能供热技术、空气源热泵供热技术等，实现了按需供热、节能运行、性能优化的目标。学生深度参与项目实施各环节，有利于将分散、独立的知识有机结合，形成系统完整的知识体系。通过实践实操，打破了传统实验室的局限，学生对生产流程及集中供热系统的运行过程有了完整、清晰的认识和了解，弥补了实践教学仿真性不足的问题，极大地促进了教学水平的提升。

2019 年校区完全采用可再生能源（风电）供热，实现了校内供热零污染，每年节约供暖费用约 400 万元，累计节约已超千余万元，产生了可观的经济效益。项目的实施还起到了良好的示范效应，完善了储能供热数据链，为风电供暖技术奠定了坚实的技术基础。依托该项目，学校获批了国家、省、市等多个科普基地，为可再生能源供热知识的普及提供了良好的条件，推动了可再生能源示范区建设，为双碳目标的实现贡献了该校的力量。值得一提的是，可再生能源供热中心在北京冬奥会期间服务冬奥赛场，并作为展示张家口可再生能源供热的窗口接待冬奥记者团采访，被《CHINA DAILY》、人民日报客户端等多家媒体报道，受到广泛好评。

3. 促进绿色发展实现节水创新

2019 年 9 月，国家发展改革委、河北省人民政府正式印发了《张家口首都水源涵养功能区和生态环境支撑区建设规划（2019—2035 年）》，进一步对张家口市绿色高质量发展提出了新的要求。为贯彻两区建设规划，学校加大力度推行节水型高校建设，发挥相关专业优势，优化给水系统，最大化利用水资源，投资 700 余万元建成中水站，设计日处理能力 1400 吨，用于各楼宇清洁和绿化喷灌，每年可节省水费 40 余万元。学校利用校内闲置河渠实施雨水集蓄综合利用项目，每年可集蓄雨水 28 万余立方米，喷灌覆盖绿化面积 10 万平方米，每年节约水费百万余元。为了实现自动化、精确化管控校内用水量，该校在地下管网分三级安装流量计，自动计算监测点水流流量，通过大数据与云计算技术，分析管网状态，实现管网测漏等功能。学校被先后授予张家口市"节水单位""节水示范单位""百佳绿化示范校园"荣誉称号。学生广泛参与节水校园建设，部分环节实现独立操作运转，相关场所、设施作为教学实践的"前沿阵地"成为相关专业实验实训、生产实习的最佳选择。

3.1.1.2　智能建造平台推进相关学科产教融合全过程人才培养

1. 推动建筑制造相关学科智能转型

智能建造是土木建筑行业发展的未来趋势，智能建造的基础是数字化。学校一方面大力发展数字实验室，另一方面积极推升原有实验室数字化升级，促进相关专业信息技术与制造技术融合发展，推动学校新工科数字化转型。围绕土木工程、机械设计制造、电子自动化、工程管理等相关学科开展复合型应用技术培训，提升学生数字化智能建造学习及应用能力，促进校内外成果转化和产业服务，实现从数字化产业研究到数字化课程落地，以模块化形式融入现有专业课程群，致力于培养掌握数字化、智能化的多学科交叉人才。

2. 建设智能建造产教融合创新基地

学校结合建筑类相关行业特点，以新工科及智能制造人才培养发展要求为导向，应用 BIM、VR、AR、AI、IoT 等数字技术，打造具有基础认知和技能实训区、先进制造和信息技术实训区、智能制造（产线）综合实训区"三区合一"的智能制造实验实训综合基地。基地以功能多元、特色鲜明、示范引领为目标，以数字设计、智能制造、智慧施工智慧运维为主线，进行"智能建造、绿色建筑、装配式建筑、数字技术深度应用"等领域的科学技术研究，并基于科研成果，大力拓展社会服务的领域和能力，将智能建造系统平台建成集"研、服、课、训、赛、观"为一体的开放、共享的科研平台。平台重点强化实践环节，构造层级式教学、高真实度的运作环境，为学生工程实践能力培养提供先进、创新、密切联系工业生产实际的工程实践平台。通过直接实操工业应用型装备，促进学生理论知识与实践能力相结合，加深学生学科理解，拓宽学科视野，打破学科壁垒，强化跨学科研究，探索面向智能建造、绿色建筑方向的新兴学科，帮助学生逐步掌握智能建造前沿技术，成长为应用型、技能型及综合型工科人才。

3. 构建虚实结合人机互动教学模式

运用沉浸式虚拟现实显示系统、CAVE 空间大屏交互系统、VR 交互系统、光学跟踪系统、综合控制台等向学生全方位立体化展示现代智能建造过程。虚为实用、以虚补实，通过可视化仿真交互技术和 BIM 技术相结合，以直观的 3D 场景进行虚拟智能建造实验，以身临其境的方式在虚拟工程项目中进行专业知识讲授，完成从图纸设计、BIM 建模、工程造价、施工建造、过程管理到运维管理的全生命周期整体流程培训，达到二维与三维的结合，抽象与形象的互动，理论与实践的互通。

3.1.1.3 综合管控系统提升相关领域产教融合系统化人才培养

1. 打破数据孤岛促进信息共享

学校以物联网、云计算以及移动互联网等新一代信息技术为依托，把先进技术手段融入学校建设管理各方面。通过整合现有资源，建设先进、高效、实用的网络基础设施，打造"全网络、全连接、全融合"的信息综合管控系统，实现无线局域网络系统、水系统、暖系统、电系统、视频监控系统、电子巡更系统全联通。建设绿色、便捷、集约的大数据中心和多云模式，克服"数据孤岛""应用孤岛""硬件孤岛""资源孤岛"等"孤岛架构"，为学生、老师、其他工作人员提供了更好的学习、科研、工作、生活等网络信息环境。

2. 利用管控中心强化场景教学

积极利用数字化技术，建设管控中心云集成平台，为人才培养提供生动的案例。管控中心建设包括建筑主体装修、控制系统搭建、展板画面制作等，以多元化的呈现方式，创造出崭新的参观与操作体验，打造舒适、高效、多元化的物理与网络交互空间。通过数字化赋能，提升了管控中心的智能化程度，在对视频、音频、动画、图片、文字等媒体组合应用的基础上，促进学生视觉、听觉及其他感官和行为的配合。这种集展示、宣传、应用、教学于一体的现代化产教融合应用场所，也促进了学生对信息化时代智能建设行业发展趋势的深刻理解，有助于学生综合管理能力的培养。

数字化应用是高等教育创新发展的重大主题，产教融合的根本目的是提升人才自主培养能力。在构建高质量教育体系的过程中，学校推动多部门联动，并积极寻求对外合作，主动与政府、企业、行业、社会建立创新联合体，形成数字化合力，系统总结、不断完善教育数字化的新路径、新范式、新成果。在教育现代化建设的新征程上，该校拟更加紧密地结合国家战略和行业需求，发挥数字技术引领创新、驱动转型、塑造优势的先导力量，推动传统学科更新迭代，在现有的"两平台一系统"的基础之上，不断充实产教融合建院模式，将平安型、节约型、品质型、智慧型、文化型、阳光型的学校生产建设与现代化、智能化、信息化、一体化、可视化、操作化的教育教学体系相结合，推动新时代创新人才培养。

3.1.2 产教融合 科教融汇 校企研联合打造产业学院建设新模式

为进一步探索产业学院的建设运行模式以及基于产业学院的校企深度融合路径，促使校企研多方适应产教融合新理念、革新合作模式，淡化以往校企合作"两张皮"和短视思想，促进职业教育健康发展，山西工程科技职业大学以传统特色古建筑专业群为主体，对接山西古建筑与石窟文化特色产业链，与山西省古建筑与彩塑壁画保护研究院以及地方行业龙头企业（山西一建集团有限公司、山西建投临汾建筑产业有限公司、中外建工程设计与顾问有限公司、舜天规划设计集团（山西）有限公司、山西省榆社县古建筑集团有限责任公司）多元共建古建筑产业学院。

古建筑产业学院通过产教融合协同育人基地（项目实战中心、技能培训中心以及双师实践流动站）、研学基地（古建筑文化展厅、非遗大师工作室、实验室、检测研究中心、教育培训中心）古建筑构件标本库以及技术技能创新服务平台等的建设，充分发挥产业优势，深化产教融合，打造人才培养、科学研究、技术创新、企业服务、学生创业等功能于一体的示范性人才培养实体，创新人才培养模式，搭建产学研创服务平台，完善管理体制机制，为新时代古建文物事业高质量发展提供源源不断的人才支撑和智力保障。

3.1.2.1 实施背景

党的十八大以来，习近平总书记多次莅临山西考察调研，每次都对保护文化遗产、传承中华文明作出重要指示、提出明确要求，高质量推进古建筑产业学院建设是全面落实习近平总书记视察山西重要讲话和文物工作重要论述、重要指示批示精神的具体举措。近年来，国家出台了系列加强职业教育的文件，对教育领域的改革与创新发展提出"深化产教融合"之路，产业学院建设落实国家战略布局，是产教融合政策推动的必然要求。当前，古建筑企业一定程度上普遍存在创新性人才匮乏、科研实力薄弱，科研平台不足的短板，产业学院建设迎合市场需求，是企业创新发展的迫切需求，是实现产业转型升级、企业人才需求与学校人才培养同频共振的具体举措。2021 年，山西工程科技职业大学成功挂牌本科层次职业大学，在凸显育人高层次定位和服务社会经济发展的育人优势方面有了更高的标准和要求。为顺应学校转型发展和产业转型升级对人才转型升级的需求，产业学院建设对接人才需求，深化三教改革，助力人才培养与产业发展、市场需求同频共振，是学校古建筑专业群高质量发展举措中的重要一环，是快速提升古建筑专业竞争力的关键举措，是职业本科专业群高质量发展的内在要求。2023 年中共山西省委办公厅、山西省人民政府制定印发了《全面贯彻落实习近平总书记关于文物工作重要指示精神 奋力推动山西省文物事业高质量发展行动方案》，行动方案中明确要求山西省古建筑与彩塑壁画保护研究院与山西工程科技职业大学共建古建筑产业学院。产业学院建设积极响应了省委省政府的号召，是对行动方案的揭榜领题，是优秀传统文化传承发展的具体行动，责任重大、意义深远。

3.1.2.2 主要做法

1. 通过"两基地、一库一平台"建设，搭建产业学院实体化运行平台

产业学院的校、企、研三方通过共建产教融合协同育人基地、产教融合研学基地、古建筑标本库和技术技能创新服务平台，打造产学研用协同创新实体。

（1）产教融合协同育人基地包括培训中心和双师实践流动站，构建"产教融合"实训课程体系，开发校企合作课程。培训中心主要开展高校古建筑专业实训、古建筑传统工艺传习、国家文物修复师培训与定级（不可移动文物），建设行业标准规范体系，仿古建筑修建管理体系，为行业提供项目管理、技术能力提升、工程造价预决算、资料归档全链条项目管理模块专业人才培养及相关服务，助力行业高质量发展。双师实践流动站为企业员工培训提供师资力量和场所保障，为在校教师提供企业真实培训环境和培训内容。

（2）产教融合研学基地包括古建筑研究中心和"非遗"研学中心。古建筑研究中心开展古建筑精细化勘测（测绘、三维扫描、BIM 等）研究、材料研究、工艺研究、结构研究，阐释古建筑价值，研发基于 BIM 的古建筑保护修缮。"非遗"研学中心开展古建筑"非遗"记录、研究、传承、展示。

（3）古建筑标本库主要开展古建筑标本采集、制作、实验、分析、建档、展示；开展古建筑材料采样、检测、分析以及仿古建筑、古建筑修缮原材料质量检测和结构监测，为文物古建筑、仿古建筑设计、保护、修建提供实物标本。

（4）技术技能创新服务平台是基于企业和科研院所的技术优势，拓展学校服务企业广度和深度，促进企业和科研院所的技术创新，促进文博领域专业人才培养和古建筑传统技艺有序传承。

通过建设产教融合协同育人基地、产教融合研学基地和古建筑标本库等产学研用一体化基地的建设，实现功能集约、开放共享。

2. 创新机制体制建设，建构产业学院运行新模式

山西工程科技职业大学古建筑产业学院由山西工程科技职业大学、山西省古建筑与彩塑壁画保护研究院、山西一建集团有限公司、山西建投临汾建筑产业有限公司、中外建工程设计与顾问有限公司、舜天规划设计集团（山西）有限公司、山西省榆社县古建筑集团有限责任公司共同成立产业学院理事会，产业学院实行理事会领导下的院长负责制。产业学院组织架构如图 3-1 所示。

理事会设立理事长一人、副理事长一人，理事若干人。每一届理事会任期三年。理事会每学期至少召开一次会议。

产业学院设院长一名，执行院长一名、副院长两名，按照产业学院章程，校企共同组建产业学院管理运行机构，并配备固定的管理团队和教学团队负责产业学院具体工作，学校财务部针对古建筑产业学院单独立项，财务独立运行。

通过架构由大师领衔、学者和业界有影响力的企业家参加的组织领导机构，广泛吸纳古建筑产业链中优质企业，围绕"产教科融合共同体"和"校行企研命运共同体"的打造，以产业发展引领机制创新，不断健全产业学院长效运行机制，构建

了产业学院发展新模式，如图 3-2 所示。

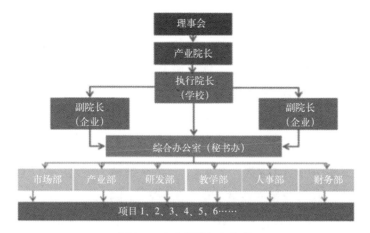

图 3-1　产业学院组织架构

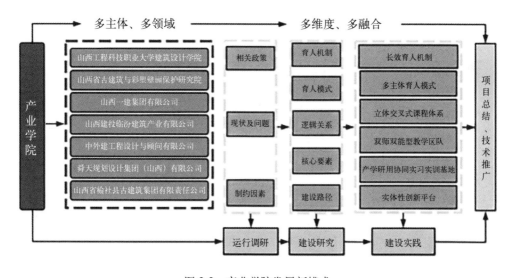

图 3-2　产业学院发展新模式

3. 依托古建筑学院的产教融合协同育人基地和古建筑标本库，创新人才培养模式

产教融合协同育人基地包括项目实战中心、技能培训中心和双师实践流动站；古建筑标本库包括"古建筑构件模型"实体库和"古建筑法式"数据库。依托产教

融合协同育人基地和古建筑标本库，产业学院积极探索"校企研协同、双核育人，多元成才"的人才培养新模式，围绕职业本科专业人才培养方案开发、课程体系构建、教学资源建用、企业生产教学实训开展、学生职业资格认证培训等，校企协同实施"专业核心能力、职业核心素质"提升，开展"双核育人"改革，按"多元培养途径、多样培养目标、分层教学、能力递进"的原则实践"多元成才"的培养途径。同时，以产业学院为平台，将教育链、产业链、创新链环环相扣，进行学科专业交叉重构，实现从学科导向转向产业导向，从专业分割到学科专业交叉融合，实现人才培养与区域经济社会发展需求的"同频共振"；将建筑产业、文旅产业的产业链进行立体交叉组合，使"旅游＋建筑""文创＋建筑""数据库＋建筑"等新型教学模式步入课堂，满足建筑产业链上中下游产业需求；围绕产业链建立技术技能人才培养体系，打破传统课程体系的束缚，按照生产工作逻辑重新编排设计课程序列，同步深化文化、技术和技能学习与训练，培养符合企业要求的高层次、复合型技术技能人才。参见图3-3。

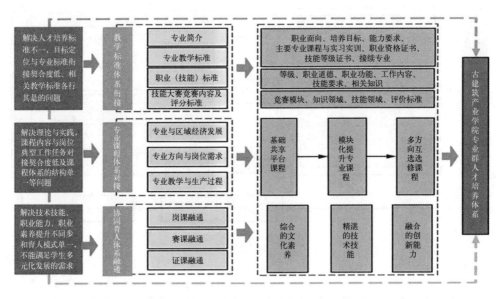

图 3-3　产业学院人才培养模式

4.依托产教融合研学基地和非遗大师工作室，实施科教融汇，打造双师型师资团队，提升产学研水平

产教融合研学基地包括古建筑研究中心和非遗研学中心。教师依托古建筑研究中心，能够开展古建筑勘测、材料、工艺、结构、历史文化等多方面的研究，通过与企业、研究机构的合作，在提升教师科技研发和创新能力的同时也为古建筑（包括仿古建筑）保护修建工程实施和质量管理提供支撑。

非遗研学中心把山西古建筑非遗大师引入校园，建立了非遗大师工作室，带领专业教师开展古建筑非遗的记录、研究、传承、展示等，提高山西古建筑类非遗保护和传承创新发展水平，聚力山西省转型发展，培育山西古建筑文化名片，推动山西特色文化输出。

综上，古建筑产业学院经过两年的持续建设，不断完善管理体制机制，打造实习实训基地，创新人才培养模式，提升专业建设质量，为培养高水平技能型职业本科人才、建设高水平师资队伍搭建起良好的产学研一体化平台。

3.1.2.3 特色与创新

1. 校企研多元共建共享模式的建构

古建筑产业学院由学校、研究所与企业共建，能够发挥学校的人才优势、研究所的科研优势和企业的产业优势，通过产教融合、科教融汇，构建融合型发展组织，达到学校、研究机构和企业互利共赢、多向赋能的目标，实现多元主体的协同发展，在经济效益和社会效益的统一中探索出"校企研共同体"新的发展路径。

产业学院的核心是围绕人才的培养和功能发挥，发挥学校、企业和研究机构的联动作用，对职业本科人才培养、师资提升、人才助力产业发展实行整体规划和建设，在共建共享中实现人才、知识的良性循环，促进学校、研究机构和企业的共同发展，达到 1+1 > 2 的效果。

利用信息化技术，搭建企业和学校之间的信息沟通平台，建立企业和学校共同开发、共同管理的古建筑产业学院信息或数据平台（如对外公开的网站、微信公众号或内部网站、数据库等），及时上传学校师资队伍、办学资源、科研成果、人才培养质量，以及企业生产经营现状、人才需求、教育资源等有关的真实信息和数据，降低双方的信息搜寻和查证成本，提高治理效能。

2. 实体化的平台建设与组织运行

古建筑产业学院实行实体化的建设和运行，有固定的场地、设施及相关工作人员。在山西工程科技职业大学的产教融合大楼和实训楼，有 5500 平方米的场地供古建筑产业学院使用。山西一建集团有限公司目前投资500万元进行产业学院建设（另有价值400万元科研仪器设备已配套到位），山西省古建筑与彩塑壁画保护研究院的古建筑构件库也正在建设中。古建筑构件库将收集大量的古建筑构件、项目工程档案等，作为科研平台的支撑，为教学和科研服务。

产业学院依托校企研联合共建的实体性平台，把山西地域特色与专业建设相结合，深度对接行业需求，产教融合协同育人，将古建筑产业学院建成融人才培养、科学研究、技术创新、企业服务、学生创业等功能于一体的示范性人才培养实体。同时，借助于产业学院平台，建立校企人才共享机制，加强与企业横向研究项目的体系建设，将产业学院建设成为技术技能人才培养和产业科研项目研发基地，促进技术成果转化，为学校高层次人才发展创设发展空间。

通过持续推进古建筑产学研联盟的实体化建设，增强学校、研究机构与企业的互相依存关系，加大各方投资力度，通过实体建设，叠加各方优势，实现资源共享，充分发挥聚合效应，打造命运共同体。

3. 开放多元持续的基地建设

产业学院在成员单位的吸纳和建设上，采纳开放多元的模式，以首批发起单位为基础，设置了"6+N"的持续纳新机制，不断甄选优质企业和相关机构加入，共建校内外实习实训基地，构建不少于50家优质企业的校外实训基地资源池，开展池内企业轮岗实训，服务学生多岗迁移发展需求。产业学院有效整合企业设备、技术和人才资源，根据人才培养的不同方向、不同需求，建设更加专业化的实训基地，助力产业学院特色化人才培养。

同时，基于企业自身的实践优势和学院产教融合的丰富经验，从教学内容及古建筑课程体系的改革、教材编写、立体化教学资源开发等专业建设等多方面与企业实现深度合作，积极探索现代学徒制等职业本科人才培养模式，促进学历证书与职业技能等级证书互通衔接。有效整合学校和企业的教育资源，拓展校企合作的内涵，使学院和企业行业在人才培养上"捆绑发展"，探索符合职业本科教育发展方向的新型教学模式。

依托基地池建设，校企双方教师、员工各取所长，相互优化提升专业能力和社会实践能力，联合建设双师实践流动站，一方面为企业员工培训提供师资力量和场所保障，另一方面为在校教师提供企业真实培训环境和培训内容。双师团队在教学的同时，建立完整的校企师资互培方案，相互提升教学、实践能力。

3.1.2.4 应用效果与推广价值

1.应用效果

（1）特色鲜明、有效衔接，成功打造了多主体共建共管共享的现代产业学院。以山西地域特色与专业建设相结合，以产教融合与科教融合为起点，深度对接行业需求，形成新型信息、人才、技术与物质资源共享，产教融合协同育人，多主体专兼教师互认共培，高等教育与产业集群联动发展的新局面，将古建筑产业学院建成融人才培养、科学研究、技术创新、企业服务、学生创业等功能于一体的示范性人才培养实体。产业学院本着开放包容、共建共治的理念，实现了办学主体共同谋划、共同治理、共享资源，打造了多主体共商、共育、共荣的新型伙伴关系，积极构建了多元主体命运共同体，2023年古建筑产业学院成功获批省级特色产业学院。

（2）突破传统、深耕内容，创新了教育链、人才链与产业链、创新链融合发展机制。2022年学校成功获批高等职业教育本科层次古建筑工程专业建设并实现首届招生，基于产业学院创新开展了贯通产业和学术发展的复合型、创新型链式人才的培养，以产业需求为引领，按照专业对接产业、课程对接岗位、教学过程对接生产过程的原则，结合企业人力资源需求，形成了以职业能力为导向的人才培养体系，借助企业产业链优势，实现了育人-就业无缝衔接。一定程度上将古建筑产业学院打造成企业的人才中心、营销中心、研发中心和学校的产业研究基地、实践实习基地、创新创业基地，从而实现了教育链、人才链与产业链、创新链融合发展。

（3）完善机制、长效合作，有序推动了古建筑产业学院持续发展。产业学院成立两年来，积极探索践行理事会治理模式，明确了产业学院的治理原则和规范，出台了产权管理制度，确定了产权归属、流通和保护机制，通过制度体系的建设明确权责边界，从各个维度规范产业学院的整体运营管理，确保其有序发展、持续发展。

（4）辐射带动作用突出，媒体报道广泛，专业品牌效应日益彰显。古建筑产业学院的建设，有效促进了学院办学理念、办学水平和办学质量的全面提升，形成了一支更高水平的"双师型"师资队伍，奠定了古建筑专业群与企业结合转型发展的基础，发挥了产业学院服务地方经济的人才孵化平台的作用，促进了专业建设的可持续发展，使得专业办学实力明显增强，赢得社会的广泛认可及良好声誉。古建筑产业学院的建设实践效果被多家媒体报道，每年接待大批同行访问交流，辐射带动作用凸显。2022 年山西卫视"转型进行时"对学校古建筑工程技术高职专业的采访报道，2023 年山西广播电视台"奋晋者说"对学校古建筑工程职业本科专业的采访报道，2023 年学院代表在第二十二届中国民族建筑研究会古建筑工程专业委员会学术年会上进行了专题交流发言，专业品牌效应日益彰显。

2. 推广价值

古建筑产业学院立足区域经济发展对技能人才的需求，积极推进校企协同研学育人，多措施扩大校企合作规模，拓宽产教融合、科教融汇渠道，充分挖掘合作潜力，把专业建在产业链上，建在需求链上，统筹融合教育和产业，巩固良性互动格局，共同努力把合作推向新的高度，达到多方互利共赢，校企研合作共育人才，协同创新共赢未来，形成了校企研多元主体共建共享、一体化整体建构、实体化项目运行的现代产业学院建设新模式。本案例的实践成果具有普适性，重点适合职业院校在实体化产教融合平台建设与运行体制机制创新、产教融合科教融汇举措渠道的拓展、校企协同人才培养改革等方面的应用推广。

3.1.3　服务建筑业国际产能合作 培养高职土建类国际化人才的探索与实践

3.1.3.1　问题的提出

2013 年，习近平总书记提出共建"一带一路"倡议，大力推动了中国与"一带一路"合作伙伴在基础设施建设方面的交流与合作；而后，"国际产能合作"理念的提出催生了国际一种全新合作模式，即产业和投资合作。国际产能合作是"一带一路"建设的重要内容和实体支撑，推动了基础设施共建与产业结构升级融合，促进了建筑业外向发展，中资建筑企业获得了更多海外发展机会。然而，由于既缺乏有国际视野、通晓国际规则的本土技术技能人才，又缺乏知晓中国文化、了解中国技术和标准的属地劳务人员，"走出去"建筑企业整体国际化水平不高。

国际化办学是职业教育发展的新主题和新增长点。《职业教育提质培优行动计划(2020-2023 年)》提出"鼓励引进国（境）外优质职业教育机构来华合作办学，促进国际经验的本土化、再创新"。培养具有国际视野、通晓国际规则的技术技能人才，助力产业和企业"走出去"，参与"一带一路"建设，是职业教育对外开放使命所在。由此，中国职业教育需在引进资源"本土化""再创新"的基础上，构建具有中国特色的职业教育国际化课程体系，供高职院校中外合作办学项目、已开展和即将开展的国（境）外合作办学及留学生教育借鉴、应用，为建筑企业在"一带一路"合作伙伴开展基础设施建设培养合适的技术技能人才。

3.1.3.2 解决方案

通过对 127 名分布在不同国家的海外建设工程项目负责人进行访谈，发现"走出去"的建筑业国际化能力不足，急需大量专业知识精、外语能力强、综合素质高、具有国际视野、善于商务谈判，能服务国际产能合作的高素质技术技能人才。而原有人才培养体系难以满足中国建筑业"走出去"企业在涉外工程上的人才需求，主要体现在四个方面：

（1）学生职业能力与涉外建筑企业对人才岗位能力需求不匹配；

（2）教学资源建设与国际工程土建领域技术发展相脱节；

（3）师资队伍素质、能力、结构与国际化教学需求不相适应；

（4）土建类国际化人才培养质量管理与评价不完善。

妥善解决以上问题将有助于提升中国建筑业的国际竞争力及服务国际产能合作的能力，四川建筑职业技术学院制定了以下解决方案。

针对学生职业能力与涉外建筑企业对人才岗位能力需求不匹配的问题，需要进行深入的企业调研，协同合作企业和合作院校，总结"走出去"中资建筑企业对一线技术人才及管理人才的岗位能力要求，确立人才培养目标，厘定能力指标，并据此构建出国际化课程体系。课程体系既涵盖中国建筑标准又囊括国际工程规范，既重视英语语言能力又强调跨文化交际能力，既看重理论知识的学习又关注实践能力的培养，响应涉外建筑企业对人才培养的多样需求。

针对教学资源建设与国际工程土建领域技术发展相脱节的问题，根据涉外建筑企业对新技术和岗位能力的要求，与企业及外方院校深度合作，编写专业特色教材，建设教学资源库，开发在线课程，翻译国际工程规范及中国建筑标准。与外方院校共建实训中心、虚拟仿真实训基地、国际工程实训室等实验实训平台，与合作企业共建海外实习基地，全面提高学生国际工程岗位适应能力。

针对师资队伍素质、能力、结构与国际化教学需求不相适应的问题，需组建适应国际化人才培养的教学团队。通过建立"内培外引 + 企业聘请"的师资队伍建设机制，开展英语、澳大利亚 TAE 培训与评估四级证书、国际汉语教学、跨文化交际等内部培训项目；引进有海外背景的高级人才，聘用涉外建筑企业高级工程师，提升教师国际化素养，优化师资结构，为国际化人才培养提供师资保障。

针对土建类国际化人才培养质量管理与评价不完善的问题，需建立内部质量保障体系，实现事前、事中、事后全过程管理：事前制定质量方针及质量目标；事中通过校内校外协同，院校、企业及第三方评价机构等多方联动，对人才培养质量进行评价；事后依据评价反馈，阶段性调整课程体系、课程标准及课程内容，持续改进，促进人才培养目标达成。

3.1.3.3　方案实施

针对涉外建筑企业国际化人才紧缺的问题，基于学院 60 余年土建专业职教办学历史及 10 年中外合作办学经验，依托省级教改项目"高职院校中外合作办学内部质量保障建设"，于 2014 年 3 月开始研究，融合 2015 年省级教育综改项目"高等职业教育中外合作办学资源优化改革试点"，2017 年 3 月形成国际化人才培养体系并用于教育实践，历程如图 3-4 所示。

图 3-4　成果的探索实践历程

根据涉外建筑企业岗位需求，提出"多元合作、共生共享"国际化人才培养理念，确立"会外语、精技术、知商务、善沟通"的培养目标，依托"境内外协同、校校企共育"合作机制，建立高职土建类国际化人才培养体系：构建"模块化、菜单式"中外融通国际化课程体系，建设对接国际工程岗位需求的教学资源，建立适应国际化人才培养的教学团队，创建国际化人才培养质量保障体系。参见图 3-5。

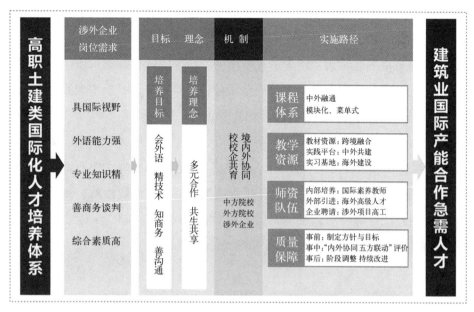

图 3-5　高职土建类国际化人才培养质量保障体系

（1）构建"模块化、菜单式"中外融通国际化课程体系。遵循成果导向教育（OBE）理念，聚焦建筑业国际产能合作一线技术及管理对人才岗位能力的要求，与国外合作院校、成果合作企业共同构建"模块化、菜单式"中外融通国际化课程体系，确立"会外语、精技术、知商务、善沟通"的国际化人才培养目标，厘定施工与管理、跨文化交际等20个职业能力要素，47个能力指标。开发120余门专业课程，分为核心、专业方向、实践、拓展、外语能力提升课程5个模块，菜单式选择与组合，强化职业能力培养，适应企业的岗位需求。参见图3-6。

（2）建设紧跟国际工程土建领域技术发展的教学资源。建设"建筑工程技术"和"工程造价"国家级专业教学资源库，开发《建筑英语》等在线课程，与企业及合作院校教师共编专业特色规划教材，编写《建筑材料》等双语活页式校本教材，翻译出版《东非土建工程标准计量法》等国际工程规范，翻译《地面工程施工规范》等中方标准。在已有功能完备的土建类实践教学体系基础上，与澳大利亚墨尔本理工学院共建装配式建筑虚拟仿真实训基地（国家级）和BIM+VR虚拟仿真实训中心（省级），建设国际工程探究性智慧实训室。在坦桑尼亚海南国际股份有限公司、四川华西海外投资建设有限公司等5家境外企业建立实习基地。实习期间，企业承担实习学生往返机票、食宿、生活补贴，负责实习指导；实习结束，企业优先录用实习学生。参见图3-7。

（3）建立适应国际化人才培养的教学团队。研究国际化师资素质能力结构，建立"内培外引＋企业聘请"国际化师资队伍建设机制。开设"土木类教师英语能力提升项目"，提升教师语言能力和国际化素养；选送教师参加"澳大利亚TAE培训与评估四级证书"培训，提高教师国际化教学水平；派遣教师赴美国、英国、澳大利亚、新西兰等国家进修，学习国外职教经验；引进拥有海外工作或留学背景的高级人才，改善师资队伍结构；聘用涉外工程高级工程师为兼职教师，讲授国际工程案例；建设国际汉语师资培训基地，提升教师对外汉语教学能力；建立教师海外工作站，搭建教师国际化素养续航平台。参见图3-8。

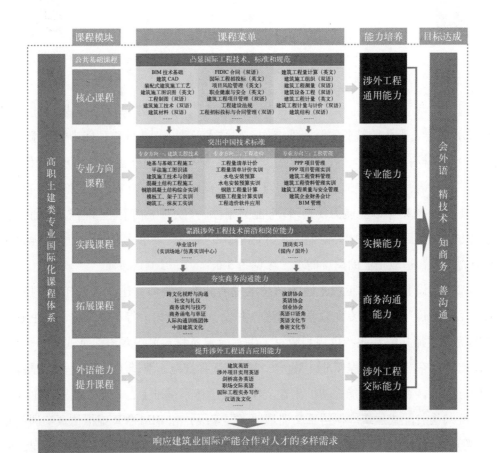

图3-6 土建类"模块化、菜单式"国际化课程体系

图 3-7　国际化教学资源建设

图 3-8　国际化教师教学团队建设

（4）创建"系统完善、持续改进"的国际化人才培养质量保障体系。根据戴明PDCA循环理论，建立内部质量保障体系：事前制定"管理规范、质量优良、持续改进、科学发展"的质量方针，确定"全面成才、着眼国际、企业满意、不断提高"的质量目标；事中通过"内外协同、五方联动"的评价体系对人才培养质量进行检验，校内与校外协同，中方院校、外方院校、企业、中国质量认证中心、第三方评价机构五方联动，对人才培养质量进行评价；事后依据评价反馈，阶段性调整课程体系、课程标准等内容，持续改进，实现人才培养目标达成。参见图3-9。

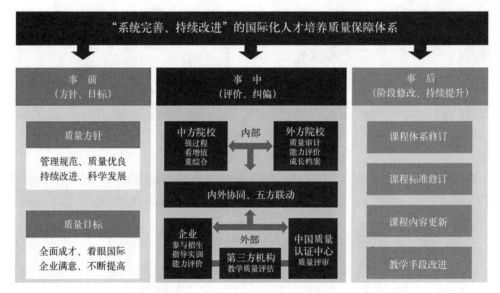

图 3-9　国际化人才培养质量保障体系

3.1.3.4　特色与创新

（1）育人理念创新：提出了"多元合作、共生共享"的国际化人才培养新理念。成果以促进教育链、人才链与产业链衔接为出发点，基于"共生理论"，提出"多元合作、共生共享"的国际化人才培养新理念。多元合作：与多所境外院校、多家涉外建筑企业合作，共建教育资源、海外实训基地，共同开展教学科研、开发特色课程，共同实施教学管理、人才质量评价；共生共享：合作方共同承担起育人责任，共享发展成果：学生全球化背景下的就业竞争力得到提升，涉外企业获得优质毕业生，院校收获国际化育人成果。该理念是"构建人类命运共同体"思想科学内涵的体现，在这一理念指导下，构建了土建类国际化人才培养体系，营造了良好的国际化人才育人环境，学生在校内学习、企业实践、境外顶岗实习，全面提升学生的综合能力，增强学生职业能力的适应性。理念为实施土建类国际化人才培养提供了理论遵循和实践范式。

（2）课程体系创新：构建"模块化、菜单式"中外融通国际化课程新体系。该体系由中方院校、外方院校、合作企业共同构建，开发土木类专业课程 120 余门，分为核心、专业方向、实践、拓展、外语能力提升课程 5 个模块。核心课程凸显国际工程技术、标准和规范；专业方向课程突出中国技术标准和中国建筑文化；实践课程紧扣涉外工程技术前沿和岗位能力；拓展课程夯实商务沟通能力；外语课程提升涉外工程语言交际能力。可根据不同的需求，菜单式选择与组合，用于学历教育、证书培训、短期培训，满足涉外建筑企业在国际产能合作中对人才的多样需求，为境外合作办学、国际学生教育和"中文 + 职业技能"项目等提供了可借鉴的中国方案。

（3）质量评价创新：创建"内外协同、五方联动"的质量评价新体系。中方院校、外方院校、企业、中国质量认证中心、第三方评价机构形成评价主体。依托信息化教学平台、学生成长档案、综合素质考核，学院评价强过程、看增值、重综合；通过参与学院自主招生、指导实训实习、配合毕业生跟踪调查，扩大企业参与评价；融入澳方院校职业能力评价、英方院校成长记录，推进中外融通评价；中国质量认证中心、第三方评价机构参与评价，保障质量评价的客观性。质量评价体系增强了人才培养改革的系统性、整体性、协同性，凸显育人的教育性和职业性，为高职院校国际化人才培养质量工程建设提供了可操作的范例。

3.1.3.5　效果分析

（1）人才培养效果好，学生综合素质高。5 年实践，成功培养中外合作办学项目学生 3137 人，规模稳定，培养量大，成才率高，在全国土建类高职院校处于领先地位。约 63% 的毕业生服务于国际产能合作土建领域，遍布东南亚、非洲、中东欧等 50 余个国家和地区，四川华西企业东非有限公司 50% 的管理人员源于该成果的培养，涌现出北京建工国际建设工程有限责任公司以色列项目执行经理徐铖、中国建筑新西兰有限公司现场经理杨儒婷等一大批海外项目管理杰出人才。培养了来自澳大利亚、土耳其、南非等 10 个国家的国际学生 247 名；在乌干达、斯里兰卡等国家培训境外中资企业员工 216 名，服务属地中资建筑企业；在乌干达举办职业技能发展与创新大赛，新华社对此进行过报道。

（2）教学团队成绩突出，教研水平显著提升。56 名专业教师获得澳大利亚 TAE 培训与评估四级证书，49 人次教师获教学能力大赛国家级二、三等奖、省级一等奖。建立了乌干达、马来西亚教师海外工作站、国际汉语师资培训基地，2 名教师赴加蓬参与中航国际职教项目企业培训。团队教师申报与成果相关省级教改课题 9 项，出版专著、译著、专业课程标准、双语教材 11 部，国家规划教材 28 部，编写双语活页校本教材 12 本，翻译行业标准 3 部，公开发表成果相关论文 43 篇（核心 6 篇），撰写研究报告 7 份。师资团队成功申报省级、国家级职业教育教师教学创新团队，并入选教育部国家级职教创新团队建设典型案例。

（3）办学质量权威认证，培养质量行业认可。2017 年，中澳合作办学项目通过中国教育国际交流协会质量认证，是西南地区唯一、全国土建类高职院校首家获得质量认证的中外合作办学项目。人才培养质量获得北京建工、中建一局、坦桑尼亚海南国际等涉外建筑企业高度认可，认为学生专业技术、管理能力、商务谈判能力、沟通能力、语言交流能力均能满足企业需求。中国教育国际交流协会、四川省中华职教社高度评价该成果，认为"该成果对其他院校的国际交流工作起到了示范作用"。

（4）成果国内外推广，相关院校借鉴应用。中国教育国际交流协会、中国建设教育协会、四川省中华职教社、（南非）中国文化和国际教育交流中心、"一带一路"国家院校和企业交流协会中方理事会等高度评价并积极推广该成果。成果被中国职业技术教育学会作为典型案例收录并在全国推广，连续 5 年被遴选参加中国国际教育成果展，应邀在印度尼西亚"魅力四川高等教育研讨会"、中国国际教育年会、"职业院校国际合作服务'一带一路'建设专题研讨会"等国际合作会议及高校作专题报告。培养成效被中国教育电视台、人民日报、光明日报等媒体报道 22 次。陕西铁路工程职业技术学院、广东建设职业技术学院、成都航空职业技术学院等多所国内院校将成果用于国际化人才培养。

3.1.4 凝聚校友力量，打造产教融合的"浙江样板"

3.1.4.1 实施背景

杭州科技职业技术学院城市建设学院（以下简称"城建学院"）具有 40 余年的中高职办学历史，为浙江省乃至全国的建筑企业累计输送人才 2 万余名；据不完全统计，在行业企业担任董事长、总经理、技术负责人职务的校友超过 1800 人。随着建筑业转型升级，城建学院在积极推进智慧建造专业群内涵建设的过程中，也面临着如何构建校企合作的长效机制、如何实现学生高质量就业等问题。充分挖掘校友资源，打造"校友型"产教融合的"浙江样板"，成为城建学院的首选途径。

3.1.4.2 主要做法

1. 重塑机制，提升"校友型"合作动能

城建学院遵循"血脉相通、骨肉相连"的校企合作理念，坚持走"校友型"产教融合校企合作之路，让校友发挥在学校人才培养、专业建设、学生实习、毕业就业等方面的积极作用。

（1）建立每年一次校友返校日机制，组织校友参观校史馆和陶行知研究馆，重温流金岁月，让校友增强服务学校人才培养的责任担当。

（2）成立全省各地市校友联盟，定期组织校友开展联谊活动，校、院领导在联盟活动中介绍学校产业、专业、人才培养发展状况，积极挖掘可用的校企合作资源。

（3）每年主办城建学院毕业生就业招聘会，邀请校友企业提前参与信息发布、企业宣讲，搭建"鲁班讲坛"、校园开放日等平台，加深毕业校友与在校学生的感情纽带，促进毕业生高质量就业，提升校企合作动能。

2. 产教融合，打造"校友型"职教联盟

聚焦城建学院建设发展，打造"校友型"职教联盟新标杆。2022 年，城建学院作为牵头单位，在杭州市城乡建设委员会的指导下，联合当地的建设主管部门、行业协会、企业及中高职业院校等 110 余家单位，按照平等自愿、资源共享、优势互补、互惠共赢、共同发展的原则，组建了杭州市建设职业教育联盟，其中由校友担任领导的企业有 80 余家。城建学院依托联盟"校友型"企业，共建校内外实训基地，共同开发教学资源，共享企业师资资源，共同开展企业员工培训，共育城建专业人才。城建学院还与浙江省建工集团有限责任公司、广联达科技股份有限公司等"校友型"龙头企业共建浙江省建筑业现代化产业学院，聚焦学院省级高水平智慧建造专业群建设，服务浙江省未来社区、轨道交通、地下管廊、装配式建筑等新型智慧城市生长点，促进产业链、教育链、人才链的有效衔接，着力培养满足智慧建造现代化产业需求的高素质、应用型、复合型、创新型、技术技能型人才。

3. 校企合作，重构"校友型"培养模式

聚焦智慧建造专业群内涵发展，围绕"五育并举"，通过访企拓岗、校友访谈、校友企业调研等多种方式，及时掌握企业技术技能新变化，深入分析建筑企业职业岗位新需求，依托杭州萧宏建设环境集团有限公司、耀华建设管理有限公司、浙江中天智汇安装工程有限公司等校友型企业，共同实施中国特色学徒制人才培养。开办了"萧宏智慧施工精英班""耀华全过程咨询多岗轮训班""中天智汇智慧运维班"等中国特色学徒制创新班，让企业的校友工程师、校友技术员、校友业务骨干等担任学生实习师傅，拉近了学生与师傅的距离，增强了学生与学长的情感，形成了"学长＋师傅"双重身份传授"知识技能＋职场经验"的教学新模式，重构新时代"校友型"人才培养新模式，提升人才培养效果。

4. 科教融汇，创建"校友型"合作品牌

聚焦校友企业需求，开展技术指导服务。依托杭州市建设职业教育联盟和科研院所，发挥学院土木工程新技术研究所优势，与校友型企业共同组建技术研发团队，参与"校友型"企业技术改造、新产品与新工艺开发、技术服务等横向课题研究。围绕科技协同创新，构建校企联合科研服务新路径，联合开展技术交流、新技术推广和教科研等活动，服务建筑行业校友企业转型升级。建立了校企合作研发激励机制、资源共享机制和成果转化推广机制，促进校企人才流动互通，全面提升学院科技创新服务能力和水平。加强与校友型企业合作，校企共同完成2021年、2022年度杭州市建筑业发展报告，为杭州市建筑业可持续发展提供政策建议。2023年，城建学院延伸校企合作领域、深化合作层次，与校友企业联合开展现场工程师培养项目，探索建筑行业现场工程师培养标准和育人模式，形成服务城建产业发展的"校友型"合作新品牌。

5. 党建联建，营造"校友型"育人文化

与校友企业党建联建，磨砺克难攻坚的标杆品质。通过支部共建打造"校友立交桥"育人联盟，探索校企互聘机制，构建学校教师＋企业导师、思政研究＋工程研究两融合的核心队伍，在企党员深度融入技能大赛、创业教育，成为城建学院育人的"校外标兵"。城建学院党总支在全省高校党建工作"标杆院系"培育创建期间，探索形成"四能四力"党建工作体系，推进党建与事业发展融合跃迁，在省内产生良好影响。与校友企业文化共建，找准人才培养的素质定位。跟踪分析校友企业文化特质，引入"红色标尺""诚信至上"等优秀校友企业文化，总结出"站起来会说，坐下来会写，蹲下去会做"的岗位素质目标，通过建设校内"勤廉课堂"和在企"劳动课堂"，着力培育城建学院学生吃苦耐劳、精益求精、爱国奉献的"新鲁班"精神。培养的毕业生获得用人企业"留得住、干得好"的赞誉。

3.1.4.3 取得成果与成效

校友是校企合作人才培养的宝贵资源，在多年的实践探索中，城建学院充分利用校友企业、校友工程师、校友技术员等资源，合作开展专业建设、人才培养和科研服务等取得显著成效。

（1）人才培养质量提升显著。学生的技术应用能力和创新能力位居省内同类专业前列，学生在全国各类竞赛中获奖 66 项，学生获专利授权达 16 项，2023 年获得全国大学生结构设计竞赛一等奖。依托校友企业合作开展人才培养等多篇文章被中国教育报等媒体多次宣传报道。

（2）专业建设取得丰硕成果。通过不断探索与实践，城建学院与校友共建市政工程技术专业国家教学资源库、浙江省"双高"专业群、浙江省智慧建造产教融合实践基地等，"地下工程智能化虚拟仿真实训基地"成功申报省级示范性虚拟仿真示范性实训基地，"双元协同、数智赋能：地下工程智能建造典型生产实践项目"成功入围国家级职业教育校企合作典型生产实践项目；校企合作完成国家自然科学基金 1 项，共同编写"十四五"职业教育国家规划教材 3 部和省级重点教材 2 部、新形态教材 10 部，共建省级课程思政示范课程 2 门和示范基层教学组织 1 个，省级精品在线开放课程 1 门。近三年，校友型企业和校友为学院实训基地捐赠仪器设备总计价值 1200 余万元。

（3）科研服务成果成效突出。城建学院与校友企业联合研发服务项目 100 余项，横向课题到款金额达 1500 万元，获得国家授权专利 120 项，其中"一种用于木结构古建筑保护的加固方法""一种用于建筑桥梁的雨水收集装置的施工方法"等 30 项技术成果分别在鼎宏荣业建设集团有限公司、浙江郎堃建设有限公司等企事业单位得到有效转化，为企业产生经济效益达 5000 万元；校企联合编写《城市综合管廊运行维护质量评价标准》等团体标准。学院教师在参与技术研发、标准制定等社会服务的过程中，有效提高了自身业务水平，学院培养的学生在市场中也更具核心竞争力和影响力。

3.1.5 以技能竞赛引领高质量发展

广州城建技工学校位于广州市从化区，是经广州市人力资源和社会保障局批准设立的一所全日制省重点技工学校。学校创办于2009年，现有在校生6000多人，设有建筑工程系、艺术设计系、经济管理系、机电信息系及思政与基础部。学校坚持"以赛促教、以赛促学、以赛促建"，不断深化校企合作、产教融合，推动专业链、人才链进一步紧密对接区域产业链，着力培养具有"高、新、专"特点的新时代"广东技工"。

学校坚持党的全面领导，坚持"学以致用·德技双馨"的办学理念，紧紧围绕"聚焦建筑、彰显特色、培育品牌"的发展思路，践行"校企双制、工学一体"的技能人才培养模式，把立德树人作为根本任务，突出特色、发挥优势，不断提高办学质量，是广州市招生工作、学生资助管理工作、学籍管理工作、技工教育高质量发展工作等方面"优秀单位""广东省人民政府'记大功'单位""广东省五一劳动奖状获得单位""广州市人民政府'记功'单位"。

学校是第45届、46届世界技能大赛混凝土建筑项目中国集训基地。作为连续支持和服务世界技能大赛（以下简称"世赛"）的国家集训基地，2019年，学校学子荣获第45届世界技能大赛混凝土建筑项目冠军。2020年，学校学子荣获中华人民共和国第一届职业技能大赛混凝土建筑项目冠军。2021年，学校学子获得广东省第二届职业技能大赛混凝土建筑项目金牌和油漆与装饰项目银牌。2023年5月，在广东省第三届职业技能大赛中，2020级建筑施工专业学子荣获混凝土建筑项目金牌；2020级室内设计专业学子荣获油漆与装饰项目银牌；建筑工程系教师荣获室内装饰设计（国赛精选）项目铜牌，参赛获奖率达到100%。

学校关注世赛集训效果和选手参赛成绩，也注重世赛成果转化，以推动学校高质量发展。学校成立了技能竞赛办公室，通过研究世赛的办赛理念、竞赛规则和项目技术文件等技术等，在教育教学改革、专业建设、社会培训、人才评价等方面积极开展竞赛成果转化工作。

3.1.5.1 以赛促教，全面提升教师职业能力

学校坚持立足于行业企业需求，在实施专业工学一体化技能人才培养模式的基础上，结合世赛标准，高质量高标准开展专业建设工作，以水平性评价的国家职业

标准和企业的综合素质要求确定人才培养目标和规格。借鉴技能竞赛评价标准，践行高技能人才培养理念，开拓创新，不断深化教师、教材、教法改革，提高技能人才培养与企业需求的匹配度。

1. 以技能竞赛推动教学团队建设

学校积极发挥教练团队、骨干教师和获奖选手的作用，本着"以学生为中心"的思想，持续深化工学一体化人才培养模式改革；以世赛成果转化为抓手，以广州市劳模和工匠创新工作室为平台，着力培养专业建设骨干队伍；根据产业、行业发展新态势不断优化专业内涵，将新技术、新工艺、新材料、新设备应用于课程教学，以精品课程建设全面深化专业建设工作。

学校现有世界技能大赛国家级专家 1 人；"全国技术能手" 4 人；"全国青年岗位能手" 2 人；"广东省技术能手" 2 人；市级专业带头人 3 人；市级课程负责人 4 人。教师申请竞赛转化的相关专利 2 项、论文 2 篇、软著登记 1 篇。学校教师参与人力资源社会保障部组织编制的《混凝土国家职业技能标准》终审，3 名教师被广州市建筑业管理服务中心遴选为产业工人培训专家库专家，参与产业工人培养标准和评价体系建设，配合开展产业工人培训工作。

技能竞赛在促进高技能人才培养质量提高的同时，也促进了教师队伍的"成长"。学校组建了以企业专家、竞赛裁判、骨干教师为主的教练团队，指导技能竞赛的集训和参赛工作，并将竞赛经验反哺专业教学，为打造"岗课赛证"四位一体的融通课程夯实基础。

通过建立健全技能竞赛管理制度和激励制度，进一步促进了学校教练团队的专业化和创新型发展。教练团队以世界技能大赛等竞赛技术文件为标准，秉承"以学生为中心""以能力为本位"的教育教学理念，在实践中不断研讨、打磨、思考、总结和提升，持续提高训练水平和教师职业能力，并在常规教学中发挥了突出效用，从而促进了技能人才培养质量的提升。

2. 以技能竞赛为依托，加强"一体化"教师队伍建设

学校以技能竞赛为依托，聘请行业专家、企业技术骨干到校任教，同时对学校教师开展岗位技能培训，促进师资队伍整体技能水平的提升。鼓励企业参与学校的课程建设，以技能竞赛为抓手，以岗位标准为依据，校企共同制定课程教学内容和标准，全面提升教师的工学一体化课程开发与教学设计的能力，从而快速培养出大

批一体化教师。

学校鼓励教师参与职业技能竞赛，不少专业教师通过参加市级以上职业技能大赛获奖或获得职业技能等级证书实现了个人成长。2022年，学校修订了《教育教学成果奖励办法》，加大对竞赛成果的奖励力度，极大地激发了师生参与职业技能竞赛的热情，提高了师生学习技能、钻研技能的兴趣，坚定了学生走技能成才、技能报国之路的信心。

3.1.5.2　以赛促学，实现更高质量就业

技能竞赛以企业相关岗位技术、技能需求为评价标准，有利于实现教学内容、竞赛内容与岗位需求的对接。竞赛的赛项内容和评价标准充分反映了行业最新政策对岗位技能的要求，相关行业、企业专业人员的参与指导训练，有利于进一步提高人才培养质量，实现更高质量就业。

1. 技能竞赛与常规教学融合

技工院校专业课程教学充分体现了"理论教学和实践教学融合统一，专业学习和工作实践学做合一，能力培养和工作岗位对接合一"的特征，要进一步实现职业技能竞赛技术文件和课程标准在内容上的融合，应保证课程标准与技术文件在规格上完成对标、标准要求上同步。同时，应将集训选手梯队培养经验和训练经验应用于常规教学中，将学生的综合素质培养目标贯穿于课前、课中、课后三阶段，以培养具有职业关键能力的应用型人才。

借鉴世赛标准，确定思政教育目标引领下的技能与素养相融合的综合评价目标，应特别注重培养学生精益求精的工匠精神，在教学评价中将工匠精神细化为能够被观测与衡量的具体目标。以建筑施工专业有关课程教学组织为例：

课前，一是要强调技能训练的安全问题，安全是开展训练的基础；二是明确职业素养要求，要求学生必须严格执行操作规范；三是训练任务的发布和引导，训练任务应来源于企业的真实工作；四是在任务的发布环节引入思政元素，引导学生充分认识并理解劳动光荣、技能宝贵、创造伟大的时代风尚。

课中，采用真实项目实训 + 工程情景模拟实训 + 虚拟仿真 VR 三管齐下的方式开展教学。如对施工一线现场认知和安全体验的实训，可采用学生亲身体验，辅以虚拟仿真 VR 等现代技术开展实训教学；对于体积较大、实训周期长的建筑构件，结合世赛混凝土建筑项目比赛流程和模块，充分利用学校公共实训中心各工种的实

操区，采用"化整为零"的方式，在工程情境中完成实物构件如外墙板、梁、楼梯的灌浆和吊装实训。同时，将竞赛选手集训的方式和方法转为教学方式方法，"以学生为主体、以教师为主导"，教师通过观察学生课堂的表现情况，有针对性地因材施教，提高学生发现问题、分析问题、解决问题的专业能力。

课后，应开展以提升学生关键能力为导向的课程综合评价，主要是学习和参考世赛项目评价标准，从工作组织与管理、交流与沟通、安全健康、环境保护等方面进行多维度考核评价，保证学生在专业技能得以提升的同时，提高社会能力、专业素质、环保与健康意识等综合能力，确保一体化教学"六步法"有目标指向并能落到实处。

技能竞赛与常规教学的融合，进一步提高了学校技能人才培养质量，得到了用人单位的一致认可，促进了学校学生的高质量就业。

2. 搭建校内竞赛平台，扩大竞赛作用范围

学校秉承"以赛促教、以赛促学"的理念，积极举办"校园技能节"活动。借鉴世赛项目办赛经验，实现了竞赛组织流程标准化、比赛题目实战化、评判标准可量化。世赛选手的选拔是精英式选拔，学校借鉴世赛选手选拔机制和经验，以"校园技能节"的形式搭建校内竞赛平台，持续提升在校生的参赛比率，建立起以竞赛促进教学、以教学带动竞赛的良性循环机制，扩大了竞赛的作用范围。

校园技能节既是学校世赛项目选手选拔的平台，也是常规教学成果的检验手段。通过参加比赛，学生能够综合运用所学理论知识和专业技能，有利于激发学生的学习热情并提高自信心，培养学生的拼搏精神、创新精神、团队合作意识和竞争意识，从而使其职业素养得到全面提升。在竞赛过程中，通过邀请企业专家担任竞赛评委，鼓励学生与企业员工同台竞技，进一步深化校企合作、协同育人的人才培养理念。

3.1.5.3　以赛促建，提高学校内涵建设水平

学校紧紧围绕"聚焦建筑、彰显特色、培育品牌"的发展思路，以技能竞赛为抓手，不断提高专业建设水平，扩大专业影响力。

1. 以技能竞赛为纽带，加强校内外实训基地的建设

（1）教学场地建设。建筑类专业相关的操作技术规程、业务流程、工艺流程、工作程序、技术要点等比较抽象，学生理解知识要点和掌握实操技能存在一定的难度。学校借鉴世赛赛场的布局，高标准、高水平、规范化地开展建筑类专业实训基

地建设，科学设计并建设了一体化课程学习工作站的不同功能分区，如教学场所、讨论区、演示区、工器具展示区、成果展示区和学生实训操作区，加强了职业环境的营造，为工学一体化教学提供良好的教学场地，解决了课堂教学的难点和痛点，进一步提高了教学质量。

（2）学习环境与学习氛围营造。学校有效利用企业资源建立校外实践基地，让学生在真实的工作环境中接受真实工作任务的训练，尽早体验一线工作，积累从业经验。学校不仅注重对学生专业知识和专业技术的培养，更加关注学生心理健康和职业素养的养成，如组织开展以"建筑魅力"为主题的系列兴趣活动；举办由学校的世赛冠军、国赛冠军主讲的"冠军精神"和"工匠精神"讲座等，为学生专业学习营造良好的氛围。

2. 以竞赛成果转化推动教育教学改革

学校通过深入研究世赛项目竞赛模块和标准，从技术标准、安全规范、质量要求和技术发展趋势四个方面开展探索和实践，结合行业需求，更精准地定位企业对人才培养目标的要求。学校立足于竞赛成果开展课程改革，将竞赛项目提炼、转化为专业课程或实训项目，选取与竞赛模块紧密相关的应知应会内容开展普及化教育，进一步提高了学生的专业关键能力水平，也赋予了专业教学新的内涵。

学校以重点专业建设和精品课程建设为切入点，有效提高内涵建设水平。目前学校有市级重点建设专业 3 个、特色建设专业 1 个；省级精品课程 1 门、市级精品课程 5 门。在工学一体化精品课程建设中，将竞赛项目的考核模块内容与企业代表性工作任务整合，转化为工学一体化参考性学习任务，将工作流程转化为教学环节，将职业能力要求转化为教学目标，并积极开发工学一体化教材和工作页。学校已开发的工学一体化教材通过创设职业工作情境，再现典型工作任务，对接真实工作过程，应用真实的设施设备和工具，融入新技术、新工艺、新规范，工作特色鲜明，突显了适用性、实践性和先进性，并配套了操作视频等数字化资源，满足了学生在线上学习技能的需求。

3. 以技能竞赛为指引，创新社会培训模式

学校深入研究世赛标准，积极探索世赛标准下的人才培养路径和培训模式。扎实进行实践创新，将世赛成果转化融入社会培训工作中，在培训中充分体现世赛相关理念、组织模式和技术路线，创新形成了"竞赛引领"的培训模式。

（1）广州市劳模和工匠人才创新工作室建设。在广州市总工会的支持下，学校成立广州市劳模和工匠人才创新工作室，积极参与乡村工匠培育，为服务美丽乡村建设提供技术支持。先后配合广州市住房和城乡建设局完成"羊城工匠"杯第四届、第五届、第六届建筑工匠大赛钢筋工、砌筑工、镶贴工、装配式建筑项目的赛前培训和裁判工作；配合从化区住房和城乡建设局完成从化区第一届乡村工匠技能竞赛，协助开展乡村工匠技艺交流和岗位练兵。工作室作为从化区乡村工匠培训主力，提高了参训人员的业务技术水平，为保障村镇建房质量安全，助力全省社会主义新农村建设和农村人居生态环境综合整治贡献了力量。

（2）校企合作和社会培训有突破。在竞赛引领下，学校进一步加强了与企业的合作和培训力度。广东奇正模架科技有限公司共享了铝合金模板系统技术，企业专家与学校教师共同完成比赛专用模板的开发，为竞赛选手的训练和参赛提供了强有力的支持；学校师生携手完成了金融城优秀项目样板构件的制作展示；学校与碧桂园集团共同打造产业学院，基于世赛项目比赛内容编制碧桂园智能建造产业技工培训教材，2021 年共培训了十期碧桂园新型产业技工，培训人数超过 500 人。

（3）双创成果建设。学校在世赛油漆与装饰项目梯队选手培养过程中，项目教练选取了油漆涂装模块进行技术转移和开发，将"油漆艺术涂鸦"应用于广州市从化区乡村振兴项目中，对美化农村居住环境、形成农村的艺术特色、助力"美丽乡村"建设起到了画龙点睛的作用，此项目于 2022 年参加广州市技工院校创业创新大赛，并获得优秀奖。

学校坚持竞赛引领，以赛促教、以赛促学、以赛促建，通过将竞赛特别是世赛的理念和标准转化为教学成果，将世赛成果引入课程、课堂、教材，推动学校深化育人模式改革、专业建设、师资队伍建设和教学改革，不断提高人才培养质量和内涵建设水平，增强学校的核心竞争力并形成品牌优势，助力学校早日实现高质量发展的目标。

3.1.6 共享世赛成果，培育大国工匠

中建五局高级技工学校（长沙建筑工程学校）（以下简称"学校"）成立于 1978 年，隶属于世界 500 强第 13 位的中建集团旗下骨干企业中国建筑第五工程局有限公司。学校是湖南省示范性（特色）中职学校，是第 43 届、44 届、45 届、46 届世界技能

大赛（以下简称"世赛"）砌筑项目中国集训基地，第45届、46届世赛抹灰与隔墙系统项目中国集训基地，第46届世赛数字建造项目中国集训基地，是人力资源和社会保障部授予的"国家技能人才培育突出贡献单位"、湖南省总工会授予的"湖湘工匠"培育和竞赛基地，是湖南省示范性（特色）学校、"十四五"湖南省楚怡优质中职学校、优质技工学校。

学校以"世赛引领、成果转化"为基本原则，成立了雷定鸣大师工作室（省级）、向卫忠大师工作室、砌筑技能工作室、测量技能工作室、BIM技能工作室、思想政治工作室、"三李"名班主任工作室。培养了以"95后"全国人大代表邹彬、世界技能大赛"金牌专家"雷定鸣、全国技术能手、世赛砌筑项目金牌三连冠获得者伍远州、全国技术能手刘宇航等为代表的一大批技能人才。

学校四次承担世界技能大赛砌筑项目集训工作，取得了三次突破。2015年8月，邹彬代表中国参加在巴西圣保罗举办的第43届世界技能大赛砌筑项目荣获优胜奖，这是中国在世界技能大赛砌筑项目夺得的第一块奖牌。2017年10月，梁智滨代表中国参加在阿联酋·阿布扎比举办的第44届世界技能大赛砌筑项目勇夺冠军，这是中国在世界技能大赛砌筑项目夺得的第一块金牌。2019年8月，陈子烽代表中国参加在俄罗斯喀山举办的第45届世界技能大赛砌筑项目再夺金牌，实现了我国在该项目的金牌蝉联。2022年11月，我校实训教师伍远州代表中国参加2022年世界技能大赛特别赛砌筑项目斩获金牌，实现三连冠。通过世赛，学校先后培养了全国技术能手14人，五一劳动奖章获得者4人。

近十年来，学校组织学生参加全国职业院校技能大赛、全国行业技能比赛，在砌筑、工程算量、建筑CAD、工程测量、BIM、施工应用等项目中获49金35银16铜（含团体），获奖率100%。

3.1.6.1 树立共享共赢理念

习近平总书记在致首届全国职业技能大赛的贺信中提到，要"激励更多劳动者特别是青年一代走技能成才、技能报国之路，培养更多高技能人才和大国工匠"。基地秉承开放、包容、共享的理念，发挥辐射引领的作用，坚持为国选才、为党育人。认真总结在世赛工作中的做法和经验，并通过开展讲座、校际交流、对口帮扶等途径，毫无保留地向全国兄弟院校介绍和推广世赛经验，让世界技能大赛成果惠及更多学生。

（1）打造典型，营造氛围。2021 年两会期间，从基地走出去的优秀毕业生邹彬作为湖南代表团唯一一位登上两会通道的代表，积极献计献策，持续为技术技能人才发声，中央主流媒体聚焦发布报道 500 余篇，受到社会各界广泛关注，为推动培养技能人才高质量发展贡献力量。

（2）交流互鉴，共享共赢。近五年学校承办了住建行业全国选拔赛、湖南省总工会"十行状元、百优工匠"砌筑项目比赛、湖南省职业技能大赛瓷砖贴面项目比赛、中建五局"超英杯"技能比武等各级各类赛事 20 余次，将世赛标准融入竞赛标准，培训竞赛裁判、教练 200 余人次。甘肃金昌技师学院、重庆建筑高级技工学校、云南省技师学院、云南省建筑技工学校、安徽黄山学院、湖南生物机电职业技术学院、湖南建筑高级技工学校等 8 所学校选派 32 名师生来校学习集训，短则 1 个星期，长则 2 个月。其中重庆建筑高级技工学校王鑫选手在学校培训 2 个月后，参加2018 年全国技能大赛砌筑项目，获得全国第 12 名的好成绩，参加 2020 年中华人民共和国第一届职业技能大赛获得第 10 名，顺利进入国家集训队。2020 年 11 月，按照中华人民共和国第一届职业技能大赛组委会的要求，基地积极承担"西部对口培训"任务，对来自西藏职业技术学院、四川交通技师学院、广西理工职业技术学院等 7 名教练及选手进行针对性培训，有效地提高了选手竞技水平。

（3）搭建平台，助力扶贫。基地充分发挥世赛项目的引领作用，积极响应国家精准扶贫战略，不断为贫困学子搭建技能提升平台。作为央企举办的职业学校，近三年来，先后接收来自贫困地区邵阳荆竹村、栗树庙村几十名学生，搭设各类平台帮助他们成长。同时，学校又从这些学生中选拔优秀代表到世赛集训队中，通过集训，切实提升了这些学生的技能水平，先后涌现出了全国人大代表邹彬、毕业三年就享"教授待遇"的欧阳瑞民、"金牌"盾构操作手邱浩，还有参加第一届国赛获得银牌的罗杰等，真正实现国家提倡的"毕业一人，脱贫一家"的扶贫号召。

3.1.6.2　构建世赛训练体系

1. 做好两个保障

（1）组织保障。从第 43 届世界技能大赛竞赛周期开始，学校就从专业教师中选拔优秀教师成立砌筑项目集训工作小组，集训工作小组由学校校长牵头，成员由教务处、办公室管理人员、教练、专业教师和外聘专家组成，并依据实际情况，动态调整教练团队成员。集训小组成员经验十分丰富，外聘专家徐贝贝为第 42 届世界技能大赛参赛选手，中建五局砌筑专家周果林、学校教师雷定鸣参与了第43届、44届、45届、46届世界技能竞赛砌筑项目集训工作，丰富的参赛经验和过硬的专业技能为比赛良好成绩的取得提供了保障。在中华人民共和国第一届职业技能大赛中，基地选派9名教师参与了5个项目的执裁工作，大大提升了团队的专业化水平。

（2）后勤保障。为保证砌筑项目集训的高质量开展，学校建设了现代化、高标准的实训楼，设置了世界技能大赛实训车间并购买了集训所需要的全套设备，按照世赛标准为集训提供实习实训场地、设备设施、工具及材料。四届世赛，学校累计投入2000余万元购买设备和完善基地训练条件，为砌筑项目集训工作开展提供了保障。同时，学校为训练团队提供一流条件的宿舍、专用学习室、体能训练室，高标准保障选手学习生活条件。

2. 强化四个意识

（1）目标意识。"凡事预则立，不预则废。"学校结合实际校情，充分发挥正激励方法，自2013年以来，每一竞赛周期，都结合实际情况制定目标，与世赛项目团队签订目标责任状，围绕目标展开训练，开发训练课程。

（2）制度意识。管理制度为基地管理设置了一道安全底线，这条底线确保了基地各类事务只要能够按照制度执行，就能够确保基地的正常运行。基地先后制定并完善了《基地日常管理规定》《基地教练管理规定》《基地集训选手日常管理规定》《基地选手训练体系》《基地选手课程体系》等系列制度，确保了基地的高效运转。

（3）创新意识。创新是提高效率、降低成本、破除体制机制障碍的有效途径。自2013年以来，基地以问题和结果为导向，对标对靶，坚持从硬实力——工具，软实力——工艺寻找创新点，提高竞赛效率与质量。8年来，先后创新了管理机制、竞赛口诀、竞赛工具。仅砌筑用皮数杆已更新三代，三代皮数杆分别跟随选手到过巴西圣保罗、阿联酋阿布扎比、俄罗斯喀山，屡创奇功。

（4）学习意识。学习是每个人的修养之本、生存之道、进取之需。每一竞赛周期基地都引导教练、选手树立学习意识，加强"规章制度、规程标准、专业知识、经典案例"四个方面学习，全面提升参赛能力与水平。为保证训练质量，提高训练效率，基地坚持"走出去"与"请进来"相结合方式开展学习。"走出去学"：先后组织教练选手赴澳大利亚、俄罗斯、西班牙等国外以及国内广东、甘肃、山东、陕西等地进行训练交流。"请进来教"：举办了中澳交流赛、中澳俄交流赛，使选手及教练能及时"睁眼看世界"，对选手的水平和训练方法有准确的判断，便于进一步优化训练方法，提高训练效率。

3. 提升四项能力

（1）系统训练法练底功。训练方法的系统性：选手的训练应该根据训练的复杂程度开展，采取渐进式训练法。基地在训练前期采用教练演示、选手学习模拟；到中期选手独立操作，教练执裁打分；再到后期模拟比赛，裁判集体打分评判的系统性训练方法。训练时间和训练内容的系统性：基地在训练选手时按清水墙、基础作品、简单作品、复杂作品、模拟比赛作品进行训练。制定严格的训练计划、时间标准，坚持系统性训练，并定期考核，夯实选手基础，练好"底功"，保证了三届世赛都取得了优异成绩。

（2）针对训练法练特功。针对选手特点、需求开展技能训练，做到标准化训练与个性化训练有机结合。使学生认同训练并自觉自愿地去学习技能，进而主动积极地去练习并运用技能。基地在训练时，每星期至少有一次教练全程旁站观摩，并将选手的错误、缺陷、失误等影响比赛效率和结果的内容一一记录在案，并依据此制定针对性训练内容，将失误内容制成训练点，选手逐一突破。针对性训练法是选手发挥优势，补齐短板，提升信心及得分的重要手段，对选手的"特功"有较大的提升。

（3）重复训练法练硬功。技能从掌握到熟练运用是一个长期的过程，指望一教就会、一会就用、一用就灵，取得立竿见影的神奇效果是不切实际的，长期的重复练习乃至适当的过度练习是习得技能不可或缺的重要条件。基地在开展训练时一直坚持"万次理论"，将选手的竞赛过程分解成若干工序，对每道工序进行重复性循环训练。通过调动训练兴趣，维持训练动机，使选手坚持对技能进行反复的练习与实践，以量变获取质变，是提高选手发挥稳定性，练就"硬功夫"唯一的同时也是最有效的方法。

（4）合作训练法练内功。心理训练是在训练中容易被忽视的环节。实际上，选手的训练需要技能教练和心理教练在训练过程中密切协作。技能教练在制定训练计划和实施训练的过程中需要向心理教练了解选手的心理状态、比赛的心理特点、该年龄段的兴趣爱好、人格特点等，积极听取心理教练的意见和建议。技能教练不仅要认可心理训练，向心理教练提供必要的帮助，而且要主动参与心理训练中去，认真学习心理训练的基本理论和操作方法，并科学运用于技能训练的过程中。只有双方密切联系、沟通交流、优势互补，才能真正提高选手训练的针对性和实效性，才能练好"内功"，保证选手正常发挥。

3.1.6.3 推进竞赛成果转化

1. 世赛标准转化为实训标准，促进教学水平提高

世界技能大赛的开展及集训基地的建立为学校培养学生技能明确了方向和标准，为教师的教学方式和方法找到了正确的切入点。学校从砌筑、抹灰与隔墙系统、瓷砖贴面等技能竞赛项目的内容角度入手，探析专业教学改革的方向，促进了教学目标的标准化，逐步推进了实践教学在内容和方法方面的改革。

根据世界技能大赛的理念，学校近年来逐步改革了校内砌筑实习、测量实习等实习课程。这些实习课程的设置均依照世赛的理念及标准，结合校内实际情况进行细化，然后设计出了与竞赛一致的教学实习实训项目或者任务，同时进一步完善了课程的训练教授方法，做到与大赛的无缝对接。课堂的教学内容就是竞赛的内容，课堂实训就是竞赛训练，技能竞赛评价标准就是课堂技能项目考核评价标准，从而推进了专业课程内容和教学方法改革。

同时学校把世赛理念的更新放在重要的位置。将"安全、规范、成本、质量、创新"理念融入教学，要求专业教师主动跟踪学习行业出现的新理念、新知识、新工艺，并把它转化为资源传递给学生。

2. 生产标准对接世赛标准，促进产品质量提高

如何将世赛成果运用到生产实践，促进行业水平提升。一方面，学校充分发挥央企优势，与中建五局总承包公司联动成立"小砌匠"工作室，邹彬担任工作室负责人，负责指导砌筑工、抹灰工培训以及质量检测。邹彬将世界技能大赛砌筑标准与技艺引入生产实践，制订施工一线砌筑标准，利用信和夜校组织劳务工人训练砌筑技能，提高生产标准与水平。另一方面，世赛团队专家及教练参与中建五局"超英杯"技能比武，通过出题和裁判将世赛标准与要求融入比赛，逐步在全局范围推广，取得了较好的效果。在湖南省总工会组织举办的"十行状元、百优工匠"砌筑项目比赛中，中建五局代表省直队参赛包揽前三名，荣获省级"五一劳动奖章"和"技术能手"称号。

立足新时代，迎接新挑战，开启新征程，基地将继续发挥特色专长，坚守初心，借力世赛平台，潜心培养大国工匠，朝着不断创新发展的"省内一流、全国知名、社会满意"的愿景执着迈进。

3.2　继续教育与职业培训案例分析

3.2.1　应运而生的中建科工网络学院

3.2.1.1　应运而生 - 背景介绍

根据《中国建筑集团有限公司关于贯彻〈2018-2022 年全国干部教育培训规划〉的意见》要求，为加强中建科工集团有限公司（以下简称"中建科工""公司"）知识管理体系建设，适应疫情背景下，员工碎片化、网格化的学习需求与学习特点，大力发展新形势下适用于公司新的培训学习方式，中建科工人力资源部于 2021 年 11 月，向中建党校（中建管理学院）申请，在"中建网络学院"在线学习平台的基础上建设"中建科工网络学院"分院，于 2021 年 12 月应运而生。

中建科工网络学院采用承接集团精品课程和内部开发特色课程相结合的运营方式，能以更多元化的方式落实公司年初的培训计划，作为基石，完善了中建科工的培训培养体系。

3.2.1.2　因使命而行 - 平台建设

线上平台的建设非一日之功，随着中建科工快速发展，新的战略、新的理念不断涌现，进而引出新的"业务培训需求"，公司人力资源部联动各系统、各单位遵循横向到边、纵向到底，分层分级培训的总原则，将科工分院的界面进行了重新布局。公司人力资源部提供平台及技术支持，总部各系统牵头抓总，落实系统培训主体责任，将内部知识进行积淀。应用平台机构首页功能，下设"科工商学院""科工党建综合系统分院""科工市场系统分院""科工科技系统分院""科工财经系统分院"及"科工生产系统分院"六大分院，并将其作为界面导引，逐步导入并展示商务系统、市场系统等六大系统的优质内部课程。

整体页面按照"一引领，两导向"的设计思路，突出"党建引领"，聚焦"战略导向与业务导向"。

围绕公司的战略方向、流程关键节点的关键能力，遵循"战什么、训什么，缺什么、补什么"的培养原则，设置系统课程、专题培训。

中建科工自身设立的"新员工入职培训""优秀青年骨干锤炼营""青年企业家'成长营'""后备干部'孵化营'""中高管培训"等多个特色培训班，在事前阶段，均多次应用中建科工网络学院开展训前特色课程学习。

除承接中建集团的 6000 多门网络课程以外，中建科工自身开发并上线了 240 余门课程。涵盖党建团委专题、企业文化专题、战略文化专题、工会宣传专题、市场营销专题、人力资源专题、商务管理专题、生产管理专题、科技管理专题、法务合规专题等多个方向。

通过中建网络学院的智慧功能，让员工们满足随时学习、反复学习的需要，同时，公司设置考试 160 余门，参考人数 16000 余次，严格落实中建科工"逢培必考，以考促学"的要求。

3.2.1.3 打造样板 - 搭建科工商学院

建筑企业的知识与经验来之不易，逐步开展各业务系统的知识管理工作，是企业培训体系健全的必经之路。

2022 年 3 月，为贯彻中建科工高质量发展理念，以实现商务系统"三个领先"为主要战略目标，进一步加深商务人员各领域技能培养实效，打造知识管理样板系统。中建科工人力资源部联动商务管理部基于中建科工网络学院搭建商务系统赋能云平台"科工商学院"。

通过对"抓住机会""解决问题""策略落地"三种直接导向业务的"硬性"需求及"变革助力""协同效能提升""关键岗位胜任"三种组织能力提升进而支持业务改善的"软性"需求的分析，根据中建科工商务系统"层级赋能"培训管控要求及整体规划，科工商学院按照"分专业、分年限、分岗位、分层级"维度，建设"三力一化"矩阵式赋能课程体系。

（1）"专业力"系列课程。根据工程建设中涉及的专业情况，设置"九大专业"，分别为钢结构、土建、机电、装饰、市政园林、投资运营、装配式、停车及其他专业。

（2）"职业力"系列课程。根据商务人员入职年限及职业发展需要，设置为"四大板块"，分别为入职 1～3 年（预算员），入职 3～5 年（预算员商务经理），入职 5 年以上（商务经理及以上）以及持证类赋能培训课程。

（3）"岗位力"系列课程。根据商务管理主要岗位需求，设置"五大岗位"，分别为投标管理、成本管理、策划管理、结算管理、采购管理。

（4）"层级化"系列课程。根据各级单位开展赋能培训需求，设置"三大层级"，分别为中建科工总部层级、二级单位层级、三级单位层级（包含项目层级）。

全面应用中建科工网络学院的专题学习、班级组建、考试设置、过程评估统计等各项功能，打造各岗位应知应会课程体系，助力商务系统提升员工基本素质。

3.2.1.4　实施成效

1. 数据成果

平台 2022~2023 年登录数据：自 2021 年年底中建科工网络学院平台上线以来，平台的登录总人数 8000 余人，平台的登录总人次达 9 万多，截至 2023 年 10 月，登录人数为 8017 人，登录人次 90473 人次。

平台学习总数据：平台总学习人数 1 万多人，学习人次达 63 万多人次，总学习时长 67 万多小时，人均学习时长 60 小时。

2. 精品项目

随着中建科工近年来业务的发展，应届毕业生的招聘数量逐年增加，相比于社招人才的成熟表现，如何让这一群优秀的青年人才快速上手岗位，成为新时期人才培养的关键问题。公司各系统应知应会课程体系建设在解决应届毕业生员工基础不牢等问题方面卓有成效，内部开发"生产系统应知应会系列课程""识图、算量基础知识培训""合同专员认证培训""金牌 HR 在线提升"等系列培训班，同时设置相应的考试用以检验学习成果。

3.2.1.5　工作展望

下一步，中建科工将继续围绕公司发展战略和新时期业务人才培养需求，逐步完善公司"3+1+N"培训培养体系，加快人才发展中心的实体化建设，形成具有科工特色的线上培训品牌。

（1）夯实理论基础，提升管理质量。系统化梳理项目履约等关键流程推进过程中的关键环节，明确各个环节的关键岗位、关键岗位所需的关键能力，关键能力涉及的关键知识，形成学习清单。对应学习清单开发应知应会知识并上传至中建科工网络学院，让各级员工随时学习、反复学习，夯实理论基础，提升基础管理质量。

（2）持续推动业务系统加强知识管理。统筹加强公司内部讲师队伍建设、内部课程开发管理、岗位练兵、技能比武的联动，通过中建科工网络学院，为业务系统赋能知识管理的方法论，提供知识管理的平台，应用考核、认证等功能，培养选拔一批优秀的内部讲师、课程开发专家、知识管理专家，同时营造线上知识管理的学习氛围。

今后，中建科工将在培训数字化转型浪潮下，进一步健全多元化培训知识赋能体系，为打造学习型组织提供坚实的体系和平台保障。

3.2.2　技能比武展风采　以赛促学育人才

为贯彻落实中共中央办公厅、国务院办公厅《关于加强新时代高技能人才队伍建设的意见》的部署，弘扬"工匠精神"，培养高技能人才，引领带动建设机械行业领域青年热爱技能、投身技能、提升技能，实现技能成才、技能报国，中国建设教育协会建设机械职业教育专业委员会在中国建设教育协会的指导下组织了"2023匠心杯、出彩杯中部片区技能比武系列活动"。

比武活动突出"技能比武磨练工匠精神，工匠精神成就出彩人生"主题，通过会员单位层层选拔参赛团队，以赛促学、以赛促训、以赛促教，引导学员在参与技能比武中感知和锻造工匠精神，以人人出彩的精湛技能展示工匠风采；引导会员单位做优技能培训促进学员就业，并在技能培训过程中培育工匠精神，传承工匠精神蕴含的职业理念和价值取向，激发全体会员在"技能强国、匠心筑梦"共同行动中的工作热情，增强行业凝聚力。

3.2.2.1　统筹策划、高效组织

1. 基本原则

本次比武以切合现场实际操作和满足可观性为宗旨，突出实训实操技能的展示与角逐，覆盖了塔式起重机、叉车、挖掘机、装载机等四大类机种。参赛小组分为教练组和学员组两类，由中部片区河南、山西等省市的会员单位进行内部选拔后报名组队。

2. 比武筹备、场地布置与技术指导

技能比武地点设在古都洛阳，洛阳市建设行业职工培训中心、洛阳新鑫职业培训学校、郑州市大博金职业培训学校等会员单位为本次活动提供了承办配合与支持服务；中国建设教育协会建设机械职业教育专业委员会（以下部分称"专委会"）教学指导部负责指导比武场地的布置；中国建筑科学研究院有限公司建筑机械化研究分院、北京建筑机械化研究院有限公司派出专家团队在技能比武整体规划、安全措

施、裁判规则、师资实训等方面进行了现场指导和技术支持。

（1）塔式起重机操作比武筹备。塔式起重机操作比武专场设置了"水箱定点停放""水箱杆道内运行""撞击物块""水桶杆内压破气球"等技术比武项目，技术支持单位对本次比武所用的中国建设教育协会专利产品平臂式教学型塔式起重机进行了维护保养和检测。

（2）叉车操作比武筹备。叉车操作比武专场布置了趣味性、专业性、观赏性突出的"T形场地搬运货物""巧绕障碍叠运托盘""穿孔扎气球"等展示项目，比武承办单位配合专委会教科研部按照项目规模和参赛人数对比武场地、用具、安全防护用品进行了规划和准备。

（3）挖掘机、装载机操作比武筹备。挖掘机操作比武专场布置了"挖掘机挖坑槽""剥砖块""过障碍""搬运乒乓球"等项目，装载机操作比武则由三个项目组成，分别是"扎气球""绕桩"和"倒车入库"，比武承办单位和专委会教科研部共同完成了设备选型及测试、场地规划和其他各项准备工作。

3. 裁判及专家组设置

中国建设教育协会建设机械职业教育专业委员会秘书处邀请了长安大学王进教授、中联重科谭勇大师、住房和城乡建设部施工安全标准化委员会赵安全教授、中国建筑科学研究院有限公司建筑机械化研究分院姚金柯研究员等7位行业专家组成了专家组，比武承办单位组织选拔资深教练和其他会员单位的技术专家一起组成比武裁判组。

3.2.2.2　以赛逐梦促提升，铆足干劲向未来

2023年7月，来自中部片区河南、山西等省市的20余家会员单位、60余名选手和代表齐聚古都洛阳，展开塔式起重机、叉车和挖掘机、装载机技能等实训项目技能展示与比武角逐，中国建设教育协会副理事长、河南省建设教育协会会长崔恩杰；中国建设教育协会远教部主任辛凤杰、会员服务部主任张晶、研究部主任傅钰等出席开幕式，亲临比武实训现场进行了精心指导。

比武现场气氛热烈，20米长的红色条幅"匠心杯、出彩杯"技能大比武—"人人出彩、技能强国、践行中国梦"悬挂在场地中央，格外醒目。建设机械职业教育专业委员会的红队旗伫立在现场四周，迎风飘扬，现场选手和学员精神抖擞、摇旗呐喊、加油助威，让炎热的天气和现场热烈的气氛融为了一体。在党的二十大精神

指引下，建机秘书处围绕以赛促教、以赛促学、以赛促训、以赛促建等特色社团服务，积极打造中国建设教育协会 4A 社团建机技能服务优质品牌，促进了各项培训服务工作高质量发展。会员单位和选手们致力传承弘扬劳模精神、劳动精神、工匠精神，努力展现自身技能，使比武活动整体赛出了风格，展示了较高训练水平。

3.2.2.3　拼技能各显身手，毫厘间彰显匠心

2023 年 7 月 8 日开始比拼的是塔式起重机操作和叉车操作，随着总裁判陈春明总监一声清脆的哨声吹起，技能比武活动拉开了大幕，考验比武选手平日学习和积累的实操技能。

塔式起重机吊装操作比武各项目的基本原则是在规定时间内通过固定路线并控制吊物同时完成相应的动作，在吊装的过程中，由起点至终点完成时间最短、触碰杆数最少的一组获胜，旨在考察选手在数十米高空，微动手柄操作塔式起重机稳、准、快的技能。

叉车操作比武各项目的基本原则是在规定时间内按指定路线，驾驶叉车完成货物叉运、倒车、出入库、曲线绕杆、上斜坡、定位放置卸货等操作，考验选手的驾驶技术及对叉运定位准确性掌控、操作熟练程度及心理素质等各个方面。

炎炎烈日下的实训场地面温度高达 42℃，教练和学员们虽然都汗流浃背，热浪下的选手们热情高涨，坚守不退，坚持高质量仔细认真地操作动作，完成所有既定项目，行云流水般的流畅动作充分展现了青年技能人才的风采。

2023 年 7 月 9 日，举办了挖掘机、装载机专场，分为基础技能操作项目和技巧操作项目，项目难度设置可谓层层递进，是速度、技术和技巧的综合较量，一方面考验选手的驾驶技术、操作技术、动作流畅性和动作配合技巧，另一方面考验参赛选手对挖掘机、装载机两类机械设备的操作细腻精准度、规范性、岗位素养、现场观察能力及心理素质。

参赛选手们各显身手沉着冷静，操作平滑，准确无误，一气呵成，在规定时间内按要求完成所有既定动作，精准、精细、精确的比拼呈现出挖掘机、装载机两类机械设备的操作之美、技能之美，学员们认真观摩实训活动，交流切磋动作要领，全面展示了较高的实训水平，良好的职业素养和过硬的技能操作水平。

"沙场秋点兵，高手任驰骋"，本次比武活动精准诠释了"技能创造职业价值，技能演绎精彩人生"的道理，比武项目结束后专委会为技能突出集体和个人举行了

"匠心杯、出彩杯"等荣誉授予仪式。

3.2.2.4　加强自身建设，提高服务水平

近年来，中国建设教育协会积极发挥 4A 全国性社会组织的平台优势，发挥横跨建设、教育领域的资源优势，紧跟建筑业高质量发展的战略需求，开展会员单位真正有需求的、专业化、差异化、个性化特色服务，融合多方资源举办特色活动，搭建服务平台，真正做到服务会员、增益社会，在履行社会责任，促进行业转型升级和可持续发展方面做出了积极努力。

技能比武是培养和发现技能人才的有效途径之一，也是技能培训服务成果的一次集中检阅。中国建设教育协会建设机械职业教育专业委员会将充分利用技能比武活动平台，持续激励引导会员提升服务水平，提高人才培养质量，让更多匠心青年发扬工匠精神，投身人人出彩、技能强国行动，以此带动提升培训服务质量，推动行业规范健康发展。在中国建设教育协会的领导支持下，中国建设教育协会建设机械职业教育专业委员会一直以来都将履行社会责任作为年度社团服务重点工作来抓，通过常委会的民主决策机制，充分依托会员和行业专家，开展会员需求调研，形成市场针对性强的特色服务抓手，提高了会员凝聚力。同时通过教科研活动，引导会员开展创新实践探索、积极推动将行业新技术、新需求与传统教学更好融合，突出人才培养与企业实践深度融合。

结合比武活动，建设机械职业教育专业委员会联合总会培训中心举办了线上与线下相结合的师资课程学习提升活动，参加教师 300 余人。协会副秘书长，教科研部傅钰教授针对会员单位充分利用协会科研平台和资源推进教师教育科研能力提升进行了课程讲授；住房和城乡建设部施工安全标准化委员会的赵安全教授针对实训安全及事故防范进行了案例讲座；建设机械职业教育专业委员会法务顾问于卫东律师结合诉讼案例为会员提供了一堂生动的法律课，使会员对市场服务中的责任主体资格及风险防控有了新的认识；长安大学机械学院王进教授围绕工程机械施工机械基本知识、工作原理、安全使用、维保注意事项等进行了课程专题讲座。

3.2.2.5　总结与展望

"质量之魂，存于匠心""工匠精神"是一种深层次的文化形态，是一种职业态度和精神理念，是职业教育的灵魂，需要在长期的价值激励中逐渐形成。2023 年"匠心杯、出彩杯"技能大比武——人人出彩、技能强国，践行中国梦活动画上了圆满

的句号，全体会员单位一致表示将继续落实好党的二十大精神及中共中央办公厅、国务院办公厅《关于加强新时代高技能人才队伍建设的意见》的部署，弘扬"工匠精神"，厚植工匠文化，积极投身技能强国实际行动，用更丰富精彩的实训成果回报社会，培育更多"大国工匠"。

3.2.3 创新工作思路 共建共享课程资源——扎实推进专业技术人员继续教育工作

3.2.3.1 问题的提出

在我国城市化进程高速扩张期结束，新一轮科技化革命加速融合的新时代背景下，建筑行业从业人员专业能力持续提升是行业转型升级、高质量发展的重要人力支撑，建筑业必定要走出一条内涵集约化的高质量发展之路。2015 年人力资源社会保障部印发的《专业技术人员继续教育规定》（人社部 25 号令）对专业技术人员提出了终身学习、继续教育的要求，但是行业、企业高质量发展需求和从业人员专业知识迭代缓慢矛盾日益突出，这也对进一步改进和优化继续教育工作服务举措，推动建筑业人才培养提出了新的挑战。

（1）立足政策制度，继续教育脱钩降低学习动机。近年来因专业技术人员继续教育与企业资质审核、员工职称评审、评优评先等工作逐步脱钩，降低了企业和员工进行继续教育的意愿度。

（2）立足平台开发，在线教育课程体系亟须完善。在线教育存在平台投入成本高，建设力度不足，课程资源分散，质量参差不齐，内容迭代快，优质资源少，同质化严重，缺少行之有效的课程资源建设标准和评价体系等问题，对专业技术人员的培养造成了较大的限制，形成了壁垒效应。

（3）立足行业发展，建筑企业降本增效迫在眉睫。建筑业作为支柱产业的地位非常稳固，但与之相对应的是从业人员规模持续降低。从 2012 年到 2022 年，我国的建筑企业单位数目持续增加，但是建筑行业的从业人员规模却经历了从急速增长到缓慢减少的过程。如何降本增效，靠更少的人解决现在的规模问题更为迫切。

（4）立足工学矛盾，线下培训形式单一，效率低下。受疫情的影响，线下培训基本无法开展，且线下培训学习效率低，费用成本高，加剧了学员工学矛盾。建设统一课程资源平台，优化课程建设，挖掘师资力量，是促进继续教育向更深层次改革发展和推动继续教育整体建设水平向前的内在动力，也是促成继续教育目标体系建设的重要推手。

3.2.3.2 解决方案

1. 打造精品课程，建设标准化全国性资源平台

为了能够积极推进专业技术人员继续教育健康发展，着力通过搭建一个全国性的课程资源共建共享平台，建立面向全国开放包容的共建共享、合作共赢的组织体制、工作机制，以标准化体系的建设推动信息平台、组织体制、工作机制、课程资源的高质量发展，实现课程资源质量高、师资力量整合优、课程种类专业覆盖全的坚实工作基础，从而推动专业技术人员继续教育工作的高质量发展。

2. 形成共享模式，统一管理优化资源运用模式

为了解决课程资源同质化问题，避免各地区在专业技术人员继续教育课程质量中存在差异，在本省内可以通过优化资源运用模式，主要采用三步骤策略实现：

（1）建立课程资源组织架构。成立课程资源建设组织协调机构，由各合作参与单位指定专人负责日常联系、会议召集、专家协调、资源配置等工作。同时安排专人对已开展的专业技术人员课程资源建设情况进行详细的统计，如各合作参与单位现有课程的专业类别、视频格式、录制形式、时长统计等情况，借鉴其中优秀经验，梳理出一套普遍适合各省继续教育工作的课程录制标准。

（2）有效整合课程资源内容。对已制作完成的课程资源则由牵头单位统一协调，各合作参与单位可根据参与制作课程的数量，共享同等数量的课程资源，超出部分与相应制作方协商使用。

（3）拓宽思路明确建设方向。为了能够进一步满足学员需求，首先面向全国遴选技术实力雄厚的第三方服务企业参与课程资源的建设和推广，通过市场运作实现课程资源利用最大化，实现已完成课程资源的增值。其次要以课程资源建设组织协调机构为依托，定期举行课程资源建设的线上或线下研讨活动，商讨确定课程建设的相关事宜，充分结合当下市场热点、前沿科技及学员需求，制定课程录制方向，确定课程资源建设目录并进行合理分配。

3.2.3.3 方案实施

（1）强化组织保障，七省共建做好基础工作。2020年12月，在河南省建设教育协会的倡议下，住房和城乡建设领域专业技术人员课程资源共建研讨会议在海口举行，湖南、海南、江苏、湖北、广东、四川、河南共 7 家协会参加，会议明确了自愿参与、优势互补、共建共享的原则。会议围绕课程资源共建工作进行了深度研讨，着重围绕课程资源共建的组织形式、实施路径、实施方法、课程资源共享的方式方法、课程资源建设的标准和重点建设的资源内容达成了初步的意见。会议确立了由河南省建设教育协会担任组长单位，负责会议组织、安排及统筹协调。广东省建设教育协会担任副组长单位负责网络平台建设、日常维护、资源配置等。会议确定课程资源的建设及年度更新内容主要围绕住建行业新技术、新工艺、新法规、新材料等"六新"内容以及住建行业年度中心工作等方面，课程案例可根据当地典型项目或事例制作，各省组织专业技术人员高级研修班的课程也可作为课程资源的建设内容。会议的成功举办使各参与省单位统一了思想，明确了目标，达成了共识，实现了专业技术人员继续教育工作的同频共振。

（2）加强制度保障，推动共建共享平台建设工作。2021 年 4 月，在成都召开了第二次课程资源共建研讨会议，在第一次会议的基础上，对课程共建内容、共建方式方法、课程标准等内容进行明确。围绕课程资源、教师队伍、课程模板、课程形式和课程内容进行了全面分析，再次明确要加快推动建立全国统一平台，并共商四项制度机制作为平台建立的保障内容：一是将共享范围扩展到课程资源、师资专家等多个方面；二是统一课件的质量标准及模板，对课程画面模式、课程画面表现形式以及组合方式、视频时长、视频格式、画面尺寸、分辨率、内容排序、配套习题等都作了详细规定；三是鼓励各参与单位注重课程形式的创新，除了标准课程以外，可加入其他类型的课程，如现场教学、现场采访、访谈等录制形式，充分调动学员学习的积极性；四是提出建立统一平台，对课程进行统一管理的初步设想。

（3）增强机制保障，建立平台标准体系。经过两年多的实践探索与发展，课程资源共建共享工作初见成效，各参与单位通过整合优势资源，建立共享平台，宣传课程资源共建工作的重要性和实际意义，吸引了更多的省级单位参与进来，充分发挥了各地方不同优势。同时，进一步规范了工作规程，明确工作愿景使命以及工作机制任务，制定课程建设与评价标准以及成员单位的权利与义务，申请加入和退出的条件以及平台运营保障标准，带动课程资源共建平台建设。现阶段课程资源的建设规模比开展共建工作前能够更好地满足各地区继续教育工作的需求。

（4）提高资源保障，设立课程资源共享管理中心。设立课程资源共享管理中心

（以下简称中心），在按照课程资源共建共享，满足保障各参与单位充分使用的基础上，以市场化形式和方法开展课程资源的市场化运作。中心由各参与共建工作的成员单位指定人员和平台的负责人参加，具体负责课程资源共享运营服务与管理工作，负责课程资源的统筹与发布，课程指导价的发布，推荐优质课程及优秀教师和工作简报的推送。

（5）规范评价机制，打造优质资源共享格局。通过统一管理，务实高效的课程资源运营模式的建立，为课程资源共建共享搭建一个统一部署、统一管理、统一展示、市场化运作的资源整合平台。同时建立了一套系统、科学、全面，实用性和操作性强的课程评价体系，通过学员直接评价及各参与单位之间互相评价等方式，充分把握课程质量，在课程资源共享过程当中发挥导向和质量监控作用，不断探索课程建设开发的新方向，共同打造多领域、全方位、一体化的课程资源体系，不断提高课程资源质量。

3.2.3.4 特色与创新

1. 加强省域合作，形成特色打破"各自为政"局面

（1）专业技术人员继续教育课程资源共建共享是各省自发参与的新型课程资源开发模式，打破了以往"各自为战"的局面，实现了"大家建设资源，大家享有资源，大家善用资源"，减少了课程资源建设投入，初步形成了满足不同岗位专业技术人员所需的课程资源库，初步实现了各地方课程资源的有机整合。

（2）以开展专业技术人员继续教育课程资源共建工作为抓手，不断加强各省市协会之间的沟通与交流，形成合力，紧紧围绕住房城乡建设领域的中心工作，研究专业技术人员继续教育工作的顶层规划设计，以提高专业技术人员综合素质和自主创新能力为核心，大力提升专业技术人员知识水平和能力素质。

（3）逐步形成优秀专家共享，优秀经验共享，优秀资源共享的工作格局，为住房城乡建设事业发展提供有力的人才保证和智力支撑。

2. 共建资源共享，打造"共商共用"模式效果初显

（1）课程涵盖了以新技术、新标准、新政策、新法规、新理论、新方法为主的住建行业专业技术人员继续教育专业课程，以"六新"内容为核心，包括安全生产、法律法规、典型案例、新工艺、新材料、新技术、绿色建筑、智慧城市、BIM 技术、装配式建筑等多个方面和专业。

（2）各省按照共建共享机制进行课程建设，不仅减少了各省课程资源建设投入，减轻了各地课程研发的压力，并初步形成了满足不同岗位专业技术人员所需的课程资源库，逐步实现各地方课程资源的有机整合。

（3）课程资源质量获得极大提升，专业技术人员继续教育课程资源共建工作已初见成效。2021年共有6家单位共建共享继续教育课程总时长达13129分钟，2022年新增共建共享继续教育课程4908分钟，至2023年共建共享课程总计18037分钟。

3.统一标准体系，推动多维度"开发共享"进程

（1）各省推荐的专家在行业内都有一定的知名度和影响力，在内容上充分体现先进性和前瞻性，对专业技术人员开拓视野、明确课程资源建设方向有很大的帮助。

（2）在录制手段上，分别采用高清访谈等新形式，给学员带来耳目一新的感觉，收到了较好的效果。通过建设和运用课程资源库统一课程资源平台，实现课程、师资数据的整合与共享，为专业技术人员继续教育提供多样化、多维度、全方位的教学信息环境。

（3）极大程度解决各省线下教学资源不足的问题，从形式和实质上推动继续教育模式的改革和创新。同时通过统一的管理和调配，可以及时下架不适应时代、不契合需求的线上课程，及时增补与时俱进的课程，使线上继续教育这一形式惠及更多专业技术人员。

4.优化评估机制，建立市场导向"评价联动"标准

（1）以学员需求为导向，以市场规则为牵引，制定平台服务运营标准，建立激励与约束机制，对课程和讲师进行全面、系统、客观、准确的评估。在课程资源共享过程当中发挥导向和质量监控作用，确保评价结果的客观性和公正性，对更好地评估课程质量，保证学员学习质量，具有较强的实用性和操作性。

（2）在课程资源共建共享工作过程中，及时评价可以使课程更符合共建目标的要求，更切合专业技术人员继续教育的需要。

（3）各参与单位通过课程评价促进线上教育教学的改进，促进课程质量的提升，在评价过程中发现不足和问题，及时反馈至平台，以保证课程质量的稳定。

3.2.3.5 效果分析

（1）扩大组织规模，发挥自身优势整合课程资源。近几年，各省市对课程资源共建共享有了越来越深刻的认识和了解，意识到了此项工作的重要性和紧迫性，同

时通过对课程资源共建共享工作的持续宣传，参与共建工作的单位从 2019 年的 7 个发展到 2023 年的 13 个。各参与单位充分发挥自身优势，全方位整合课程资源，积极探索课程资源共建共享新模式，取得了显著成效。

（2）提升课程质量，规范管理突出"六新"培训特色。课程资源共建共享工作开展以来，各参与单位共同围绕专业技术人员继续教育培训工作，开展跨领域、多专业、全方位的专业技术人员继续教育课程资源建设工作，满足专业技术人员继续教育在线培训的需要，突出"六新"培训特色，并结合住房城乡建设工作实际需要培养人才，提高课程资源的针对性、实用性和先进性，同时细化课程录制标准、对师资团队和课程目录规范管理，实现了课程质量的整体提升。

（3）丰富课程内容，与时俱进紧跟行业发展进程。三年来，围绕课程资源共建工作，各省开展了丰富的课程研发交流和自主开发课程资源交流活动，涵盖安全生产管理、海绵城市、土木工程等十余个议题。内容之多，涵盖之广，使课程资源共建共享工作实现了"1+1 ＞ 2"的效果。每年围绕住建领域"六新"技术，遴选相关领域的专家录制课程资源,确保每年不少于 100 个课时,确保课程贴合行业应用实际，紧跟行业快速发展。具体课程特征及路径参见表 3-1。

课程特征及路径　　　　　　　　　　表 3-1

课程特征	路径
课程资源多样化	专业技术人员继续教育课程各个领域，例如：施工、园林、监理等。专业数量多，人员基数大
课程内容规范化	成立课程资源建设组织协调机构，经各参与单位推举的地方协会负责当年的日常联系、会议召集、专家协调、资源配置，次年由各参与单位轮值
课程制定具体化	各参与单位指定专人负责，定期参加课程资源建设的线上或线下研讨活动，商讨确定课程建设的相关事宜
课程共享数字化	每年制作完成的课程资源由轮值单位统一协调，参与单位可根据参与制作课程的数量，免费共享同等数量的课程资源，超出部分与参与制作的地方协会商协使用
课程推广标准化	按照协商一致的原则，参与课程共建的地方建设教育协会择机遴选第三方服务企业参与课程资源的建设和推广，确保参与单位的利益可持续

（4）形成"资源超市"，为动态发展提供良好应用环境。各参与单位始终以国家对专业技术人员继续教育的规定为指导，以全面提高课程资源质量为核心，以"改革探索，谋求发展"为主线，以建成"课程资源超市"为目标，已完成了课程资源共建平台的搭建，初步实现了课程资源的统一管理、综合协调、考核评价等内容。

所有课程在共享平台上按照专业类型整理归类，不仅为课程资源的区域协作开发提供了支撑，还实现了参与单位统一共享的动态资源库。

（5）强化交流联动，反复研讨打造一体化课程体系。通过课程资源共建工作的逐步深入开展，各参与单位对课程共建目录、扩大课程适用范围、提高课程质量方法等内容进行了反复研讨，并达成了多项共识，如：各单位要严格执行认领课程目录，提高课程质量和开发效率，注重课程内容创新等，将共建共享课程范围延伸至施工管理人员、建造师继续教育、安管人员等其他领域，共同打造多领域、全方位、一体化的课程资源体系。

专业技术人员继续教育是我国知识更新工程的一项重要工作，也是持续提升专业技术人员知识水平和专业技能的一个重要途径。网络在线教育的应用环境和实施路径已非常成熟，开展专业技术人员继续教育课程资源共建，既充分发挥各省的优势，资源高效利用，形成优势互补，也实现了共建、共享、共赢的工作目标，对推进专业技术人员继续教育工作再上新的台阶，提升地方协会为国家、为社会、为行业、为会员的服务能力，促进地方协会高标准、高质量、高效率、可持续发展，助力建设行业转型升级、高质量发展提供强力支撑。

3.2.4 品牌战略发挥示范引领优势，品质建设力促行业知识更新——山东省建设科技与教育协会继续教育自有品牌《齐鲁建设科技大讲堂》

3.2.4.1 背景介绍

2022年，党的二十大报告明确提出，教育、科技、人才是全面建设社会主义现代化国家的基础性、战略性支撑。在这一重要指引下，2023年1月，山东省人力资源和社会保障厅等五部门联合发布《山东省专业技术人才知识更新工程（2022—2030年）实施方案》，明确了继续教育工作在山东省重点产业领域的重要作用，并加大我省相关部门开展大规模知识更新继续教育的指导力度。2023年7月，山东省住房和城乡建设厅发布《2023年度建设工程领域专业技术人员继续教育专业科目学习方案》，聚焦基础知识、先进技术、专业前沿、行业革新、住建业务等五个方面，构建了基础扎实、先进适用、支撑有力的学习内容体系。在党中央高位推动和精心部署下，建筑业继续教育工作迎来难得的历史机遇。

2022年，山东省建筑业总产值达到17559.63亿元，从业人员数量峰值超过300万。

然而，市场中建筑业继续教育相关平台或机构良莠不齐，授课质量难以保障。面对如此庞大产值和人员规模，推动开展依托于建筑业数字化转型的继续教育和职业培训工作对满足我省高质量发展的建设人才需求、精进从业人员技能、提升行业发展水平至关重要。

作为行业协会，山东省建设科技与教育协会（以下简称"协会"）以开放的姿态紧跟时代发展脚步，自 2020 年成立以来，始终坚持聚焦住建实际需求，以人才发展建设为核心，围绕"如何做好住建行业人才培养、推动住建领域教育培训工作、为建筑业转型发展提供人才支撑"三大主题，紧密团结行业单位，探索协同发展路径，致力于推动山东省建筑业在数字化潮流中破浪前行。面对复杂变化的经济形势和建筑业数字化转型升级发展趋势，如何举全力为山东省输出高质量住建人才，发挥行业协会优势特色，培养更多大国工匠、孕育齐鲁人才典范是协会不断深思、自省的问题。

3.2.4.2 解决方案

作为面临转型升级的传统产业，建筑业将以不可阻挡的势头拥抱数字时代，这是时代发展的必然趋势。近年来，山东省始终坚持创新、协调、绿色、开放、共享的新发展理念，贯彻"融合创新，产业赋能"的工作原则，致力于促进现代信息技术向住建领域广泛渗透，向数字化、绿色化、工业化和智慧化程度更高的新型建造方式发展，打造更多创新应用场景。因此加快数字信息技术与工业化建造深度融合，促进智能建造技术与智慧工地建设双向奔赴，推动全行业数字化转型知识更新工作成为协会继续教育建设的重要依托。

2021 年，协会在开展各类培训工作中总结经验，在过去行业培训需求调研和培训结果反馈的数据中得出，当前各大参会企业中，项目经理及以上参会人员对行业前沿热点、最新政策解读、新技术应用、数字化转型、智能建造、惠企政策等方面知识具有浓厚兴趣和强烈需求，结合市场各大机构普遍存在授课质量良莠不齐的现象，协会深刻认识到目前我省在建筑业知识更新工作中还未形成系统、全面、贴切、实用的知识更新培训平台建设方案，发展此类型品牌的重要性凸显。因此，协会咨询相关领导专家、新闻媒体，在综合考虑各种现实因素后，推出《齐鲁建设科技大讲堂》（以下简称"大讲堂"）继续教育品牌。

《齐鲁建设科技大讲堂》是以市场需求为出发点，以行业政策和发展趋势为导向，以现代科技手段和创新教育理念为基础，由协会倾力打造的前沿建设科技教育平台，主要面向山东省建筑业五方责任主体单位相关从业人员与管理人员。该品牌整合行业精英与学术权威，打造了一支阵容强大的讲师团队。大讲堂突出线上与线下相融合的高效教学模式，悉心策划并融合了全行业的顶尖课程资源。通过采用创新的教育手段，包含在线课堂、实际案例分析、专题研讨会等多样化的教学策略，确保了学员们能够享受到多元而全面的学习体验。本品牌致力于为我省住房和城乡建设领域提供持续"智库"资源，目前已获得了社会的广泛关注与认可。

3.2.4.3 解决措施

1. 搭建讲堂品牌

协会自成立以来，高度重视品牌建设工作。经省人力资源和社会保障厅、省住房和城乡建设厅、省民政厅的同意，"齐鲁建设科技大讲堂"商标注册成功，获国家知识产权局正式批复，并在协会一届二次理事会上为《齐鲁建设科技大讲堂》成立揭牌。这标志着大讲堂品牌成立，协会正式拥有属于自己的建设继续教育品牌，为进一步服务行业亮出了一张漂亮的"名片"。

协会制定《齐鲁建设科技大讲堂品牌管理办法》，要求大讲堂每年定期开展四次，每次定量请两位以上专家，专家级别要求为厅级以上政府机构相关负责干部、中国工程院院士、大型央国企总工及以上负责人等业内翘楚，为大讲堂权威性、制度性、系统性建设奠定专业基础。

值得一提的是，为降低全省住建人员继续教育成本和准入门槛，提升其对行业知识更新建设的参与度与积极性，大讲堂不收取任何费用，且面向全省所有住建人员，旨在为行业提供可靠、可信、可享的继续教育工程。

2. 广泛寻求合作

为推动山东省十六地市联建联动，增强各地市主管部门、龙头企业、中小企业、高等院校、科研院所在知识更新建设中的参与度，根据当下情况，协会尽可能将每期《齐鲁建设科技大讲堂》设置在济南、济宁、德州、泰安等不同地市，广邀本地市行业单位积极参与，并辐射带动周边地市相关单位前来听课，极大增强地市企业间的联动互通性，为寻求地市间合作发展提供更多契机。在大讲堂举办过程中，协会积极邀请广联达科技股份有限公司、品茗科技股份有限公司等业内企业共同参与大讲堂的承办建设工作，争取更多信息技术支持，共建共赢，探索更多高效合作渠道的脚步从未停歇。

3. 产学研强力结合

通过与高等院校、科研院所等多方合作，大讲堂将实践经验与学术研究相结合，旨在搭建一个企业、高校、政府、协会共同探索建筑业数字化转型的交流型平台，让各方在目前建筑业智能建造领域应用和发展的基础上，深入探求建筑领域产教融合和工学研结合的方式方法，融合先进案例讲解，实现经验分享、资源互补与合作交流的探索与创新，推动产学研的有机衔接，为学员提供前沿的建筑科技知识，促使建筑业数字化人才供给源源不断。

协会根据不同季度行业热点与企业内需，在开讲前就本期主题与专家进行交流探讨：高校层面，通过大讲堂加深行业发展现状实践层面认知，紧密围绕国内、省内和行业建设中具有关键性和前瞻性的问题，结合企业科技创新需求，规划学科研究方向，培训企业紧缺专业技术人才，持续推进继续教育教学改革；企业层面，深入了解高校在建设领域理论技术发展现状，及时调整战略政策，推动校企重大科研项目的联合公关。

例如，第二期与第四期大讲堂以"建筑节能与绿色低碳"为主题，顺应科技革命和产业变革趋势，邀请全国相关领域专家，就绿色高效、企业改革等方面积极探索以最少碳排放实现更高质量发展的新模式，深入探讨建筑低碳发展新路径，促进城乡建设领域新旧动能转换，帮助参会同仁总结经验、谋划未来，加快推进科技创新、政策创新、绿色建造、智能建造与建筑工业化发展，建设清洁低碳、安全高效的能源体系，着力构建绿色经济体系，为实现我省住房城乡建设事业创新发展、绿色发展、可持续发展提供了新动能。

第九期大讲堂以"数字技术与智能化发展"为主题，深度解析行业发展趋势、热门政策、建筑工业化与数字技术，介绍建筑机器人的研发与应用场景的探索与实践案例。专家指出，全面推广面向建筑绿色化、工业化以及智能化目标的建造智能及建筑机器人增强技术，已成为建筑产业转型升级的必由之路。

4. 多样化的课程内容

建筑行业发展迅速，新技术、新材料、新政策不断涌现，建筑业从业人员需要及时了解并掌握这些最新的知识和技术。大讲堂提供多样化的课程内容，及时更新教育资源，围绕道路建设、城市治理、建筑节能、绿色建造、智能建造等一系列热点主题展开，涵盖建筑工程管理、设计技术、装饰装修、新材料应用等多个领域，每次设置不同类型的主题演讲，聘请对应领域行业专家学者进行授课，重点强化数字化引领人工智能、大数据、5G 等建筑领域的集成应用，持续分享行业最新发展趋势、研究成果，注重将实践案例与理论知识相结合，通过案例分析等形式加深学员对建筑领域知识的理解和应用，为建筑业绿色低碳发展营造有碰撞、有融合的研讨氛围，探讨出智能建造与新型建筑工业化协同发展新路径，保证了建筑业人员所获取的知识具有实时性和前瞻性，有助于他们与行业发展保持同步，全方位、宽领域、多角度满足不同从业人员的学习需求。

5. 线上线下有机结合

大讲堂通过在线直播与录播的方式，邀请行业专家进行实时讲解和互动，解答学员的问题。截至 2023 年，在线观看量累计达 60 余万人次。同时，为了扩大大讲堂品牌覆盖面，提升传播能力，适应建筑行业的快速发展与变革，大讲堂通过协会官方网站、公众号、视频号等方式及时免费更新、发布录播下来的课程、前沿技术、新材料应用等内容，方便学员根据个人时间进行学习，无须拘束于固定的学习时间，确保学员学习的知识始终保持与时俱进。

山东省建设科技与教育协会坚持召开会员单位座谈会、会员代表大会、会长办公会等大型会议，以搭建会员沟通桥梁，促进彼此交流互通、资源共享。同时，协会以服务行政、服务行业和服务社会为己任，以注重实效、改革创新为理念，以开展大讲堂为契机，以国家继续教育政策指引为抓手，服务于行业人才建设的各个环节，积极为行业培养高层次、急需紧缺、骨干型和技术型人才作出更大贡献。

3.2.4.4 特色与创新

1. 品牌强会匠心筑梦

一直以来，协会将品牌建设作为宣传推广协会文化、传统、氛围、精神和理念的直接方式，通过品牌战略将协会长时间的内涵积淀构筑自身发展灵魂，增强协会业务生命力和延续性。因此，协会强化创新意识，增强品牌效应，积极推进品牌文化建设，以协会业务为基础，形成以"党建筑魂""服务筑建""品牌筑梦"为代表的三大品牌体系，以高度的资源聚集力和过硬的品牌竞争力，打造了一批包括《齐鲁建设大讲堂》在内的品质优、影响大的"硬核"住建品牌。在上级部门的精心指导和会员单位的鼎力支持下，协会以大讲堂品质和特色为核心，不断展现品牌价值力和扩大行业影响力,大力培育行业同仁对协会继续教育工作的信誉认知度,品牌建设成绩斐然。

2. 权威专家师资队伍

为寻求协会在调查研究、评估评价、标准制定、技能竞赛、教育培训、咨询服务、技术研发与推广等事项上的专业性技术支持,助推住建事业高质量发展,截至2023年,协会已经建立全省住房城乡建设系统千人专家师资库,讲师均为专业理论精、实践经验丰、教学水平高的专家、学者,且基本覆盖建设行业各个领域各个专业,保障我省建设类专业技术人才继续教育工作顺利实施。协会另设建设教育与培训专业委员会,作为从事我省建设教育工作探索、研究和实施的专业机构。通过专委会,协会汇聚了众多来自业内的继续教育与职业教育领域的专家讲师,从而确保协会把握经济发展和产业结构调整对人才需求的第一手资料;掌握建设行业的新标准、新规范、新技术、新设备、新工艺与新材料方面的最新信息和动态;依据会员单位的特定需求,邀请各个领域的权威专家,为专业技术人才的知识架构准确且有效地提供补充,并且从多个专业角度出发,为大讲堂课程的科学设计与针对性实施提供支持。

3. 强化活动联动功能

《齐鲁建设科技大讲堂》在满足行业知识更新需求的同时,不断探索自我变革发展的方式方法。长期以来,协会竞赛与培训经验历程丰富,曾举办过多场、多届、多工种、大范围的行业竞赛活动,如山东省住建行业职业技能竞赛、山东省数字建造创新应用大赛、山东省科技创新成果竞赛、全省住房城乡建设系统重点工程"聚焦'双碳'目标 聚力新型建造"创新创优劳动竞赛等,业界影响力大,涉及面广。依据此类优势,协会以赛前培训和赛后成果交流会,以及高级研修班等竞赛、培训活动为结合点,与大讲堂相交相融。学员不仅可以学习来自行业顶尖专家的权威指导和建筑领域先进理论知识,还能接受来自行业一线同仁的优秀成果分享和经验传播,包括项目管理、施工技术、质量控制等方面的专业技能培训,不断推动大讲堂形式更加多样丰富,帮助从业人员提高实践能力和职业竞争力。

作为横跨住建与教育两个关键领域的多元化行业协会,山东省建设科技与教育协会围绕我省住建行业高质量发展展开了一系列的工作与探索,通过整合政府、企业、高校和科研院所等多方资源,以《齐鲁建设科技大讲堂》品牌为抓手,不断提升学员学习体验和效果,逐步构建起一个关于智能建造产业系统的完整闭环,有效地促进了山东省建筑业的持续发展与进步。

3.2.4.5　效果分析

截至 2023 年，《齐鲁建设科技大讲堂》已联合各地主管部门举办 9 期，共邀请 27 位住建领域专家学者作专题讲座，线上线下近 60 万人次参与。通过对学员的调查和反馈，可以看出大讲堂在提升学员专业素质、扩大专业视野、加强校企合作、规范继续教育市场秩序和提升协会知名度等方面取得了显著的成效。

1. 加速山东住建领域知识更新

《齐鲁建设科技大讲堂》积极围绕住建领域专业技术人员、职业技能人才、人力资源从业人员等群体开展工作，通过提供技术讲座、学习资料、录播课程等形式的教育资源，有效促进了山东建筑业从业人员的知识更新。大讲堂提供了丰富的学习内容，涵盖了建筑设计、工程施工、材料应用、安全管理等多个领域的知识。从业人员可以根据自身需求选择合适的学习内容，提高专业素养和技能水平。其次，大讲堂及时更新教育资源，将最新的行业动态和技术成果融入学习内容，使从业人员掌握最新的知识和技术，与行业发展保持同步，对切实提升从业人员继续教育，推动住房城乡建设行业质量变革、效率变革、动力变革，实现我省建筑业创新发展、持续发展、领先发展，增强我省建筑业从业人员的行业竞争力，具有重要意义。

2. 深抓"以赛促学，以赛促训"

《齐鲁建设科技大讲堂》积极推动"以赛促学以赛促训"的模式在山东建筑业中的应用，是加快技能人才队伍建设的一项重要举措。截至 2023 年，协会竞赛活动品牌已组织 3 届，共开展 31 项行业技能竞赛，先后推选 12 名省级技术能手、2 名省五一劳动奖章、3 名全国技术能手。大讲堂邀请在竞赛中突出重围的优秀企业代表和技术能手与专家领导同台分享经验，这种模式不仅激发了从业人员的学习热情和主动性，还为各单位参赛选手赛后总结交流经验、成果分享提供有效的平台与契机，促进了行业技术交流合作。大讲堂成为协会在贯彻落实以赛促学以赛促训中的重要抓手，建筑业人员能够在实践中运用所学知识、积累经验、提升综合素质，为满足各类型建筑企业对高素质人才需求、推动高技能人才队伍建设、提升企业经济效益方面助力增效。

3. 助力规范继续教育市场

《齐鲁建设科技大讲堂》品牌战略为行业发展提供规范、权威的知识更新服务，有效促进了山东省建筑业继续教育市场的有序发展。一是品质支撑：大讲堂专家讲师往往高标准、严要求，一般均为业内认可度高和信誉强的业内专家学者和领军人物，继续教育品质得到高度保障；二是受众广泛：大讲堂参会标准不设限，面向广大山东省建筑业从业人员，大大降低知识获取门槛和难度，有助于行业热点和先进技术的大面积普及与传播；三是创新教学：平台提供的在线学习方式灵活便捷，使从业人员能够根据自身时间和地点安排学习，避免了传统教育的时间和空间限制。高标准的继续教育模式提升了教育质量和效果，有助于治理我省继续教育市场乱象。

4. 提升协会知名度与权威性

《齐鲁建设科技大讲堂》是协会开创的自有品牌，紧跟继续教育政策趋势，精准预判建筑业转型方向，三年来，协会知名度和权威性大幅提升。大讲堂提供的专家与课程资源在行业内获得了较高的认可度和影响力，越来越多的从业人员选择在大讲堂中学习和交流，使得协会的知名度和专业影响力不断提升。同时，协会组织的各类竞赛活动和技术交流会议，吸引了众多业内专家和知名企业的关注和参与，使得协会在行业内的权威性得到进一步扩大。作为建筑行业发展的重要支撑，山东省建设科技与教育协会稳定发挥自身优势，不断提高相应的服务品质和水平，全力构建创新、资源、渠道、模式、人才"五位一体"的行业竞争力，为山东住建领域的人才成长和高质量发展作出更加积极的贡献。

第4章 中国建设教育年度热点问题研讨

本章根据 2022~2023 年《中国建设教育》及相关杂志发表的教育研究类论文，总结出"新工科"背景下的人才培养、研究生培养模式研究、高职教育高质量发展与专业人才培养、中等职业教育研究、课程思政、国家职业标准发展研究等 6 个方面的 24 类热点问题进行研讨。

4.1 "新工科"背景下的人才培养

4.1.1 "新工科"背景下产学研协同创新型人才培养模式

在新一轮振兴东北老工业基地战略和科技革命产业变革的驱动下，如何培养人才的工程创新能力成为近年来工科高校教学改革实践的主旋律。针对地方高校人才培养模式存在学科交叉性不够、人才供需匹配度不足和教学内容与科技前沿存在差距等问题，沈阳建筑大学张啸尘等以产学研协同培养、创新资源共享为基础，探索出一条创新型高端工程科技人才培养模式建设路径（图 4-1），建立了产学研协同创新型人才培养模式框架（图 4-2）。

产学研协同创新型人才培养体系构建方法：一要突出学生中心、成果导向、持续改进，筑建"以虚补实，虚实结合"的模块化、数字化与网络化教学资源平台；二要以创新培训、科技竞赛为导向，推动特色交叉学科数字化智能化升级，构建产学研协同创新人才培养体系；三要服务"数字辽宁、智造强省"建设，打造产教、科教和成果中试孵化共融的创新型人才持续培养模式。

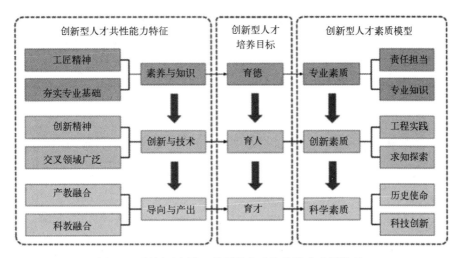

图 4-1　创新型高端工程科技人才培养模式建设路径

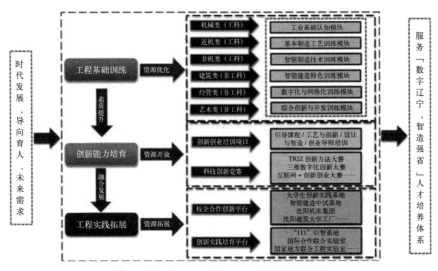

图 4-2　产学研协同创新型人才培养模式框架

参见《中国建设教育》论文合编 2022（下）"'新工科'背景下产学研协同创新型人才培养模式研究与实践——以沈阳建筑大学为例"。

4.1.2　"新工科"背景下多元协同育人机制改革路径研究

在"新工科"发展战略背景下，高等工程教育的人才培养目标发生变化，育人理念、育人模式与组织形式也随之发生相应的改变。北京建筑大学来晗从"新工科"

人才培养新要求的角度出发，结合当前知识体系、产业体系的大变革方向，分析目前协同培养工程创新人才过程中在创新链条衔接、创新融合以及教育内容迟滞性等方面的实际困境，从教育理念、组织形式和培养模式三方面对多元协同育人机制提出系统化的改革建议。

（1）理念变革——要以需求为目标导向培养人才。新工科的建设目标应该是"主动布局、设置和建设服务国家战略、满足产业需求、面向未来发展的工程学科与专业，培养造就一批具有创新创业能力、跨界整合能力、高素质的各类交叉复合型卓越工程科技人才"。在知识内生性变革与产业外生性变革的双重冲击之下，新工科建设更需要把产业需求、行业需求作为出发点与落脚点，主动对接产业需求，要从被动支撑转向主动服务，发挥教育对技术与行业发展的引领作用，牵头推动教育链、人才链与产业链、创新链的有效连接，形成人才供给侧与需求侧的有效传递，构建具有可持续竞争力的工程人才培养体系。

（2）组织变革——搭建需求匹配的价值交换平台。企业与高校现实融合的阻碍在于主体间价值和需求的差异。企业试图通过双方合作获得技术知识领域的创新成果，并尽快投入生产过程当中，完成生产要素向财富的转化。但高校希望通过双方的长期合作，将人才培养全过程与社会服务的功能相结合，提升整体学术水平和办学质量。因此，协同育人平台的实质是通过教育与市场功能性的融合，打造双方的价值交换平台。

（3）模式变革——创新系统化人才培养过程。从人才培养起点来说，要加快围绕互联网、云计算、大数据、物联网、智能制造、电子商务、移动医疗服务、云医院、互联网安全产业、智能安防系统等新兴产业和业态，布局兼顾学科和需求导向的专业结构。从人才培养过程来说，要以行业需要的人才特质为培养标准，将行业、企业专家引入人才培养全过程，重新梳理知识结构，更新教学内容与课程体系，在实践过程中引入企业对新产品的"构思-设计-实现-运行"全生命周期，真正实现产教深度融合。从教师角色来说，教师要从教学过程的主导者逐渐过渡为参与者，注重教师的交叉学科背景、复合知识结构以及多领域工作经验，通过跨学科合作学习、创建虚拟学习环境、提升本科生科研比例等教学策略，培养学生知识能力、技术能力、学术能力，提升学生个人效能感。

参见《中国建设教育》论文合编 2022（下）"'新工科'背景下多元协同育人机

制改革路径研究"。

4.1.3　校企深度融合的新工科人才培养模式

天津城建大学古金霞等认为：现代产业学院是高等院校持续深化新工科人才培养的重要载体。天津城建大学立足自身行业院校特点，聚焦建筑行业和城建领域，以培养高质量新工科人才为目标，将现代产业学院建设与新工科人才培养相融合，打造融人才培养、科学研究、技术创新、服务企业、学生创业等功能于一体的示范性现代产业学院人才培养实体，为地方行业院校新工科人才培养提供了新范式。

（1）依托现代产业学院新工科人才培养目标定位。天津城建大学现代产业学院的新工科人才培养目标是面向国家建设需要，适应社会发展需求，德智体美劳全面发展，基础理论扎实、专业知识宽广、工程实践能力突出、科学与人文素养深厚，掌握智能建造和制造的相关原理和基本方法，获得工程师基本训练，能将先进信息技术与建造环节高度融合，具有智慧设计、智能建造、智慧运维与管理等相关自然科学知识与人文精神素养，掌握智慧建筑与建造基础与前沿理论方法和技术工具，具备开放兼容的知识结构、扎实求精的工程能力，开阔的国际视野；信念坚定、品德优良、善于沟通表达、注重团队协作、肩负社会责任、恪守职业信条，引领智慧建筑与建造及其城建相关领域未来发展的创新性复合型应用专门人才。

（2）现代产业学院建设与新工科人才培养的联动。在国家大力推进"新工科"和"现代产业学院"建设背景下，结合学校办学定位和学生的自有特点，打破在单一学科上培养专业人才的原有形态，依托现代产业学院建设，将新工科专业人才培养和现代产业学院建设联动，以土木工程等优势特色学科为引领，以智能建造、智能制造工程、人工智能等新工科专业为内核，以学校的工程实训中心为支撑，融合计算机科学与技术、控制科学与工程、管理科学与工程等特色学科专业，通过与行业龙头企业协同创新，开展建筑材料、建筑结构、工程施工、智能运维等全产业链的技术开发，逐渐形成新型绿色低碳建筑材料、装配式结构体系、装配式结构抗震减震技术、智能施工技术等特色方向。从培养新工科人才的工程实践能力和创新意识出发，发挥学校城建特色学科专业优势，整合学校信息化实验教学资源，利用学校实训中心平台，开设个性化、创新性的虚拟仿真实验项目，培养能够熟练运用智能建造平台相关技术的具有新理念、新知识、创新实践能力和职业素养工程建设、智能建造和制造等新型工程专门人才。

（3）依托现代产业学院培养新工科人才路径探析。一是充分发挥现代产业学院各共建方的主体优势，坚持体制创新、协同共治，实行共同管理、共育人才、共建专业、共设基地、共组团队、共享资源、共创成果、共担责任的多方共赢机制，创新"3CE"模式协同共育新工科人才；二是建立多方共建共享的校企人力资源轮转机制，打造互研互学共同体，增设企业教师专岗或产业教授专岗，支持具有高水平、产业高端技术和管理人才参与任教。依据学校实际，优化考评机制，鼓励并有计划地派遣现有专任教师、青年教师赴企业参与实践，打造高素质"双师型"教学团队；三是创新校企合作交流的组织方式，以例会沟通为主渠道，定期开展座谈交流，让企业人员与学院师生在既定的时间集聚一堂，面对面地开展交流，学生向企业人员学习其实践技能与经验，了解企业对就业人才的要求，企业人员和教师之间也可以共同探讨实际技术问题；四是开展三级层递式实践育人活动，依托现代产业学院，学校与企业共建"教学系列实验＋校内实训中心＋企业实训基地"的三级递进式的实践育人体系；五是积极营造一流国际化育人环境，以中外合作办学机构、项目为抓手，通过与国外高水平大学的战略合作，建设适合现代产业学院新工科人才培养目标的中外合作办学项目，积极推进寒暑假学校、国际短课程、科研交流项目、学分互换项目等国际交流活动。

参见《天津城建大学学报》2023年第29卷第5期"行业院校现代产业学院建设与新工科人才培养内联逻辑思考与路径探析——以天津城建大学为例"。

4.1.4 校企深度融合的新工科人才培养模式

南京工业大学于勇认为：新工科人才培养模式建设要打通校企隔断、消除校企隔阂、实现校企融合，科学系统地审视地方高校新工科发展进程，探索人才培养可行路径，促进企业人才需求侧、高校教育供给侧和企业供给侧、高校人才需求侧的良性互动双循环。

（1）明确发展定位，做好顶层设计。新工科人才培养模式建设要明确发展定位，依托于政策创新和制度供给，进行前瞻性思考、体系化设计、整体性推进，提升工程教育新内涵、构建教育教学新样态、培育企业竞争新优势；以顶层设计推进应用型高校学科专业特色化建设和企业可持续发展，避免人才培养同质化倾向。

（2）优化教学环节，提升企业参与度。地方高校可积极探索"3+1"模式以外的实践育人模式，优化新工科实践教学环节，除了简单的讲座分享、课堂教学外，还可邀请企业深入参与学生科研实践课程、创新创业项目、毕业设计等环节，根据高校专业特色和企业实际业务，建立行之有效的新工科专业实践教学体系。

（3）打造协同平台，构建协同机制。地方高校可根据自身专业优势和企业资源优势，建立跨学科交融式的联合培养机构、工程实践基地、协同创新中心，为跨专业交叉培养新工科人才提供平台保障。

（4）引入评价反馈体系，建立校企融合循环。校企深度融合立足于人才培养、高校发展和企业生产实际的多方协同参与，以市场化为依托，深化评价制度改革，建立多方评价反馈机制，包括师生评价体系、专业考核体系、企业评估体系，不断优化校企合作的形式与内容。

（5）提升文化软实力，赋能发展硬实力。地方高校应全面落实新工科专业教学质量新标准，系统推进工程教育专业质量认证，引领企业高质量发展，建设质量文化；以教学方案设计为起点，以企业协同参与为锚点，以人才创新培养为重点，培养学生的实践能力和解决产品设计等复杂工程问题的能力，建设教学文化；以工科伦理意识为原则，将科学素质和人文素质相结合，培养一批符合可持续发展需求和能为社会作出贡献的新工科工程师，建设工程伦理文化。企业应坚持创新性发展、创造性转化，持续提升自身核心竞争力，建设企业创新文化。企业和高校可将二者文化相互浸染，强化文化认同，以软文化之力筑牢发展之基。

参见《人力资源》2023 第 22 期"校企深融合，新工科人才精培养"。

4.2　研究生培养模式研究

4.2.1　智慧赋能、学科交叉的土木建造类研究生培养体系构建

文海家等以重庆大学土木建造类研究生培养为例，通过目标需求分析，打造良好的多学科融合研究生培养条件，构建智慧赋能、学科交叉土木建造类研究生的培养体系。

4.2.1.1　主要教育教学问题与改革理念

聚焦世界科技前沿、经济建设主战场和国家重大需求培养创新型土木工程研究生，需要集中解决三个教学问题：一是培养理念陈旧、知识结构单一；二是培养模式滞后、资源配置不足；三是培养体系固化、国际视野局限。

为适应全球化的挑战和机遇，新型土木类研究生在具备扎实学科基础的同时，强调学科交叉和综合应用，注重实践能力、职业素养和创新创业精神。针对前述教育教学问题，迫切需要革新人才培养理念，培养具备全球视野、创新能力、领导力和团队协作精神的高素质人才。

改革的总体思路是聚焦于经济建设主战场、国家重大需求和世界科技前沿，以培养拔尖创新型研究生为目标，以优势学科交叉、科产教有机融合及高水平国际化导师队伍打造为抓手，以汇聚高水平教育资源为保障，实现研究生培养从传统土木到智慧建造的复合式发展。

4.2.1.2　解决教育教学问题的具体方法与路径

坚持系统谋划、顶层设计，以创新培养理念为引领、改革培养模式为途径、完善培养体系为手段，通过构建多学科交叉知识体系、搭建高质量科产教协同平台、打造高水平国际化导师队伍，聚焦于经济建设主战场、国家重大战略需求、世界科技前沿，培养土木建造类创新型拔尖人才。解决教育教学问题的途径如图 4-3 所示。

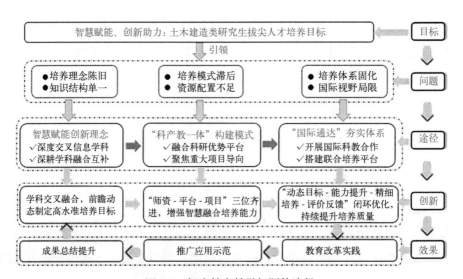

图 4-3　解决教育教学问题的途径

4.2.1.3　特色与创新

智慧赋能、学科交叉土木建造类研究生培养改革的特色与创新如图 4-4 所示。

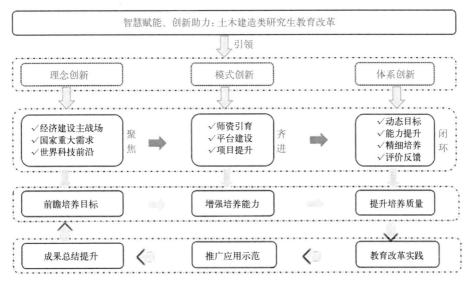

图 4-4　特色与创新

参见《高等建筑教育》2023 年第 32 卷第 3 期"土木建造类研究生学科交叉融合培养体系研究与实践"。

4.2.2　"双一流"背景下建筑类研究生多元协同管理与培养模式研究

我国大多数院校在"双一流"背景下，积极提升建筑类研究生的综合能力以适应日趋严峻的就业压力，但传统培养模式仍存在创新能力不足、实践欠缺等问题。长安大学樊禹江等针对现阶段"双一流"背景高校建筑类研究生现有培养与管理模式进行系统分析，结合多元协同管理方法，构建优化型教学模式＋纵向科研课题＋学科竞赛＋横向实践项目＋产学研实战平台"五位一体"的建筑类研究生创新培养模式，加强学校—学院—研究团队—指导教师四者之间的衔接，保证各项教学科研任务有序进行，保证对学生管理的有效性，以此夯实建筑类研究生的设计实践基础，培养建筑类研究生的创新能力，最终达到全面提升自身的综合专业素养。建筑类研究生"五位一体"能力培养体系参见表 4-1。

建筑类研究生"五位一体"能力培养体系　　　　　　　　表 4-1

培养单元	培养能力	具体任务建议	学习阶段
教学模式	创新意识	参与课题小组，完成相关专题研究报告，参加 2 次以上国内外学术会议	一年级研究生
纵向科研课题	创新研究能力	参与 2 项科研课题，发表 2 篇左右高质量论文	一、二、三年级研究生
学科竞赛	创新设计能力	参加 2 次竞赛	一、二年级研究生
横向项目实践	实践能力	参与 2 个左右的设计项目，主持负责 1 个小型设计项目	一、二、三年级研究生
产学研实战平台	实战能力	全过程参与 2 个大型设计项目	二、三年级研究生

参见《高等建筑教育》2023 年第 32 卷第 1 期"（双一流）背景下建筑类研究生多元协同管理与培养模式研究"。

4.2.3　面向地方经济发展的专业型硕士学位研究生培养模式探索

焦晋峰等认为：基于高校人才培养服务理念和专硕培养目标，专业型硕士学位研究生培养模式应立足于学校学科专业水平和服务于地方经济发展需求。并以太原理工大学土木工程专业专硕培养模式为研究对象，分析总结了目前专硕招生和培养模式等现状，有针对性地提出了可行性的措施和建议，并对专硕研究生三年培养模式的个案进行了分析，实践证明该培养模式。

4.2.3.1　专业型硕士培养存在现状分析

根据专业型研究生的相关政策规定、地方经济发展需求和未来规划等，结合当前太原理工大学土木工程研究生培养现状发现，专业型硕士培养主要存在如下问题：一是"重学硕、轻专硕"的教学理念顽固难消；二是"一报多、调剂少"的招生现状不稳且明显；三是存在教学"理论深、实践浅"的培养理念惯性；四是"校内紧、企业松"协同培养模式导致合力分流。

4.2.3.2　对策与建议

针对土木工程专业学位研究生教育存在的上述问题，提出以下解决措施。

（1）改良环境、优化选拔。针对所在学校土木工程专业全国排名、地域特色、学院研究方向特色和考生籍贯等因素，整合并分类相关研究方向，制作招生科研专业宣传视频，明确与招生方向相关的专业基础课，确保初试科目和专业面试科目在一定时间内的稳定和持续。以学院土木工程专业排名为基准，面向与其排名上下浮动 30% 的高校学子，通过坚持开展研究生夏令营宣传活动，宣传本专业特色科研方向和开展优秀讲座，提前选拔优秀学子。改革研究生招生调剂制度，适当提高调剂占比，根据近几年录取结果，上浮 10% 左右。另外，调剂面试中增加考生专业水平的比例，本着优中选优的原则，面试专业素养的比例建议占到录取总成绩的 50%。此外，针对考生所在本科学校土木工程专业排名的情况和本人是否通过 CET6，增加奖励分，分值不宜过大，各项均为 5 分，打破仅唯高分录取的现状。

（2）立场坚定、思政同行。一要定位清晰、选题区分，作为专硕重要参与者——研究生导师，对不同类型研究生的培养思路要定位清晰、不能急功近利，尤其在确定研究生研究选题时，必须结合学校制定的培养目标；二要理念重塑、思政同行，在专硕培养过程中，树立正确的毕业观，加大对专硕学生的思政教育；三要深化制度、有效执行，针对专硕研究生培养方案，学校相关部门应有严格的管理规定，尤其是确定参与工程实践的研究生，必须做到实干、真效，学院应做到过程监控、季度汇报、结题答辩、校内外导师参与和第三方盲评，专硕招生导师，学校和学院应制定考核标准，严格以"双师型"导师考核；四要完善制度、优化管理。在专硕培养过程中，针对企业导师单纯"挂名"问题，学校和学院应专门成立企业导师管理机构，严格考核企业导师，企业导师筛选必须要真抓、实干，要有宁缺毋滥、壮士断腕的决心。

参见《高等建筑教育》2023 年第 32 卷第 3 期"面向地方经济发展的专业型硕士学位研究生培养模式探索"。

4.2.4 地方高校专硕研究生创新与实践能力培养探索

罗清海等分析了土木类专硕教育转型发展的紧迫性，讨论了地方高校发展专硕教育的主要局限因素，并基于南华大学土木与水利专硕学位点十余年的建设实践，讨论了地方高校提高专硕研究生创新与实践能力的思路和成效。

4.2.4.1 地方高校土木类专硕教育的制约因素

（1）教学资源配置相对不足。地方高校由于地方发展水平的制约，教育经费、资源投入相对不足，创新平台相对欠缺，影响了创新与实践能力培养。

（2）生源基础素养相对不强。地方高校由于地域、学科影响力等局限，土木学科研究生录取中调剂生比例较高，"学历提升"思想相对突出，专业基础相对薄弱，创新内驱力相对不足。

（3）研究生教育同质化竞争。其表现主要体现在两个方面：一是校际学科间的同质化竞争导致教育资源的稀释性竞争和发展空间的相互挤压；二是校内学硕与专硕教育同质化，培养方案、过程考核、资源配置、素养侧重等区分度不强，专硕培养目标实际难以达成。

（4）师资整体实力相对较弱。地方高校师资整体水平较弱，青年导师工程阅历欠缺，影响工程协作意识和实践能力培养。

4.2.4.2　地方高校土木类专硕研究生创新与实践能力培养改革举措

（1）突出立德树人，培养创新担当。强化课程思政、专业思政建设，挖掘学校特色思政资源，强化家国情怀教育，弘扬"两弹一星"精神、"核工业"精神，培养工匠精神、团队精神，树立中国梦中的强国担当，强化创新内驱力的培养。

（2）发展学科特色，提升生源质量。学校土木学科历史积淀深厚，特别在核工程建设领域树立起了良好的口碑，影响生源吸引力的主要因素是学校所处三线非中心城市的局限。发挥历史积淀和行业关联优势，宣传衡阳铁路、航空交通比较优势，以及学校处于城市核心区域的比较优势，是克服三线非中心城市局限的有效突破口。

（3）强化科教融合，完善创新激励。优化开放实验室建设，强化科教融合，规范助教助研体系，拓展研究生的前沿视野，提高科研、教学平台的效益；加大大型仪器设备开放共享的程度，规范仪器使用培训，提高研究生实践动手能力；优化研究生创新激励体系，规范创新课题、学科竞赛指导体系，实施导师指导下的双创教育"四自"机制——"课题自选、方案自主、团队自组、资源自筹"，指导持续跟进，提升研究生创新素养与解决实际问题的能力。

（4）强化产教融合，对接用人需求。创新产教融合体系，促进"师生管培用"全主体、全过程、全方位参与，提升研究生培养质量与社会对人才素养需求的契合度。实施"校企五共"工程，整合育人资源：培养方案共商，师资队伍共建，课题资源共创，创新实践共训，研究成果共享。建设教育共同体，实现"全主体"共赢目标，师资上弥补校内导师工程阅历的不足，资源上弥补校内创新、实践平台的不足，课程体系对接社会发展对人才素养的要求，课题研究对接行业、企业发展实际需求，培养过程突出土木类专硕教育的时代性、工程性、实践性特色。

（5）创新评价体系，破解同质难题。结合学校发展战略与区域、行业发展需求，区分专硕与学硕研究生培养目标、方案和过程管理，突出专硕创新与实践能力培养要求，行业专家协同制定考核指标体系，研制"工科研究生综合素质测评体系"，严格"双边考核＋三级管理＋两级盲审"制度，促成培养目标达成。

（6）强化协同育人，导师队伍多元化。将产教融合、联合培养基地建设作为硕士专业学位点建设的重点；优化专业学位研究生双导师制；鼓励中青年导师申请国内外高校、院所和企业博士后工作站访问、访学和继续深造，实施教学、科研工作成绩弹性互补考核制度，拓展中青年导师职业发展的自主空间；优化导师管理体系，构建差异化、精细化柔性管理体系，营造良好的校内外导师互融、互促、互鉴的学术环境。

参见《高等建筑教育》2023 年第 32 卷第 1 期"地方高校专硕研究生创新与实践能力培养探索——基于南华大学土木与水利学位点建设实践"。

4.3 高职教育高质量发展与专业人才培养

4.3.1 高职教育高质量发展：目标定位、关键挑战与推进策略

广州番禺职业技术学院陈小娟等认为：高质量发展是新时期高职教育改革发展的核心目标。高职教育高质量发展的目标定位包含三个层面：宏观上助推产业转型升级，支撑经济社会高质量发展；中观上满足学习者多样化教育需求，办好人民满意的教育；微观上建设高质量教育体系，实现教育强国的宏伟目标。目前，我国高职教育虽然规模庞大，但仍面临社会声誉不高、技术创新与服务能力弱、职教本科发展滞后、办学投入不足等诸多挑战。

展望未来，推进高职教育高质量发展，可采取如下推进策略：

（1）健全制度体系，破除职业教育劣循环怪圈。一要创新人才评价使用机制，完善技术技能人才政策支撑；二要克服"五唯"顽疾，强化技术技能人才激励机制；三要加速构建技能型社会，提升技术技能人才社会地位。

（2）深化产教融合，增强技术创新与服务产业发展能力。一要找准利益共赢点，充分调动企业和学校的积极性；二要深化内涵质量建设，全面提升高职院校技术创新与服务发展的能力；三要深化多元主体办学改革，推进高职院校与行业企业深度融合。

（3）稳步发展职业本科教育，高质量构建现代职业教育体系。一要稳步发展职

业本科教育，促进教育结构优化；二要完善职业教育纵向贯通的学制体系，推动现代职业教育体系运行畅通；三要促进职业教育与普通教育横向融通，健全职普"双轨"并行的培养体系。

（4）加大经费投入力度，保障高职教育高质量发展。一要增加高职教育财政投入，加快解决职业教育资金短缺问题；二要健全多元投入机制，积极引导社会力量参与职业教育；三要提升办学软硬件条件，重点强化"双师型"教师队伍建设。

参见《职业技术教育》2022年第22期"高职教育高质量发展：目标定位、关键挑战与推进策略"。

4.3.2 高质量发展背景下高职教育结构优化的逻辑、挑战与路径

华东师范大学职业教育与成人教育研究所李小文等认为：高职教育正逐步迈向高质量发展的新时代，在高质量发展多重逻辑的引导和要求下，优化高职教育结构势在必行。

（1）理性审视：高职教育结构的内涵解读与应然逻辑。高职教育结构是一个由诸多要素构成、具有开放性的复杂系统。在教育高质量发展的背景下，高职教育结构的优化受到多重逻辑的牵引和导向。一是高职教育专业结构应适应"双循环"经济发展的新格局；二是高职教育布局结构应服务"技能型"社会构建的需要；三是高职教育层次结构应顺应职教"类型化"改革的要求；四是高职教育类型结构应满足市场"多样化"发展的需求。

（2）现实观照：高职教育结构的基本特征与现实挑战。一是专业结构的适应性偏差，专业设置同质化问题突出；二是布局结构的协调性不足，人才的区域支撑性不强；三是层次结构的合理性欠佳，层次间的衔接不够畅通；四是类型结构的多样性欠缺，多元办学格局尚未健全。

（3）改革方略：高职教育结构的优化方向与行动路径。一是坚持以产业需求为依据，提高专业结构的动态适应性；二是坚持以区域需求为导向，加强资源布局结构的协调性；三是坚持与技术结构相匹配，提升层次比例和衔接的科学性；四是坚持以多措并举为手段，丰富办学类型结构的多样性。

参见《中国高教研究》2023年第4期"高质量发展背景下高职教育结构优化的逻辑、挑战与路径"。

4.3.3　高等职业教育专业结构与产业结构的匹配度研究

西南大学教育学部麻灵认为：专业结构和产业结构匹配内涵经济、社会、文化和教育本体层面的深刻价值意蕴，是增强高职教育适应经济社会发展的重要举措。

（1）专业结构与产业结构匹配的问题透视。一是专业规划脱节产业需求，专业结构与产业结构的匹配前提弱化；二是专业调整滞后产业发展，专业结构与产业结构的匹配通道受阻；三是专业特色偏离主导产业，专业结构与产业结构的匹配效度降低。

（2）专业结构与产业结构匹配的对策建议。一是构建多元主体参与体系，增强专业规划前瞻性；二是破除产教深度融合瓶颈，提升专业调整敏锐性；三是打造专业错位发展格局，凸显专业发展特色性；四是实施专业产业匹配评价，强化"产教同行"持续性。

参见《中国职业技术教育》2022 年第 16 期"高等职业教育专业结构与产业结构的匹配度研究——以重庆市'十三五'时期为例"。

4.3.4　产教融合背景下高职院校职业素养教育路径探究

甘肃建筑职业技术学院李维敦认为：产教融合办学模式下，学生素养教育多元化需求和职业素养教育内涵建设不足的矛盾突出、行业岗位职业素养需求和校方教学模式对接不到位、校企联动育人不充分，职业素养教育效果评价和鉴定没有及时跟进等问题影响高等职业院校职业素养教育高质量发展。为此，以文化、管理及评价三个主要影响因素为切入点，提出了"三融双导"式职业素养教育构架，通过打造产教融合文化育人环境、构建完整的有效育人体系、反映个体成长的职业素养评价探究高等职业院校职业素养教育路径，以更好地适应开放入学、分类招生、有教无类的职业教育特点。

"三融双导"式育人构架如图 4-5 所示。"三融"是指将企业文化和校园文化融合、行业岗位职业素养元素和专业教学过程融合、职业素养评定和"中高本"一体化培养体系融合。"双导"是指校企双方协同配备专业导师和生活导师，对"三融"进行全过程跟踪指导。

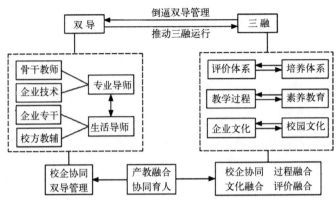

图 4-5 "三融双导"式育人构架

参见《高等建筑教育》2023 年第 32 卷第 4 期"产教融合背景下高职院校职业素养教育路径探究"。

4.3.5 校企合力打造 1+N+N 新型高职人才培养模式

"工程师学院"建设是当前高职院校专业或专业群高质量发展的重要引领和依托，产教融合、校企合作是推动"工程师学院"建设的有效路径。兰丽等在分析职教"20 条"背景下各高职院校产教融合、校企合作的现状与问题原因的基础上，根据"工程师学院"的建设内容、标准与要求，以北京财贸职业学院与广联达企业共建"工程师学院"为校企合作载体，对"1+N+N"新型高职人才培养模式进行了探索。

校企联合打造"专业 + 工作室 + 社团"的"1+N+N"新型人才培养模式，其中"1"代表的是专业群内某一个专业；第一个"N"代表的是根据该专业的职业核心能力方向一对一建立的"N"个专业工作室；第二个"N"代表的是每个专业工作室下设的一对一的"N"个专业社团。这种校企共建"专业 + 工作室 + 社团"的层级递进式、企业全程参与的人才培养模式，为高职院校高质量人才培养搭建了落地实施的平台。该模式构建的主要内容包括：

（1）每个专业职业岗位核心能力对接 1 或 2 个主导龙头合作企业。

（2）每个主导企业与学院对应专业共建一个专业工作室。

（3）每个专业工作室下校企共建一个同岗位能力方向的专业社团。

参见《中国建设教育》论文合编 2023（中）"'工程师学院'建设视域下高职产教融合、校企合作实践研究"。

4.3.6　精准定位技术专业人才培养目标，不断优化人才培养方案

南京高等职业技术学校陈健以 2022 版《建筑业企业资质标准（征求意见稿）》为研究重点，通过梳理、解读、总结其内容要点，归纳出建筑业企业资质改革所反映出的建筑业发展现状和趋势，并针对建筑业发展现状和趋势提出了对高职建筑施工技术专业人才培养的建议。

建筑企业资质管理制度改革对高职建筑施工技术专业人才培养具有直接和多方面的影响。高职院校的建筑施工技术专业的人才培养方案要在依据教育部发布的《高等职业学校建筑施工技术专业教学标准》进行制定时，还需结合建筑行业近年来的快速发展的实际，在编制思路、职业面向、目标定位、培养规格、课程内容、创新创业教育等方面进行适时的调整、优化。一要树立绿色发展理念，以此统领人才培养方案的编制思路；二要面对建筑工业化，重新定位人才培养的职业面向、目标定位、培养规格；三要针对课程设置，相应调整相关内容及要求；四要加强创业教育，更加突出建筑工业化领域的安全与质量、信用方面的教学；五要依托校企产学研合作，大力开展产教融合和学生的创新教育。

参见《中国建设教育》论文合编 2023（中）"从建设工程企业资质管理制度改革看高职建筑施工技术专业人才培养的适应性"。

4.4　中等职业教育研究

4.4.1　中等职业教育高质量发展的障碍、机遇与实践路向

南京邮电大学教育科学与技术学院李嘉等分析了我国中等职业教育高质量发展面临的多重障碍和新职教法给中等职业教育高质量发展带来的机遇，它通过贯通类型体系确立了中等职业教育的基础性地位，提出了促进中等职业教育高质量发展的相关对策。

（1）体系·质量·环境：我国中等职业教育高质量发展面临的多重障碍。一是体系内部壁垒的顽固性导致中等职业教育成为"没有前途的教育"；二是人才培养质

量的社会认可度不高导致中等职业教育成为"没有吸引力的教育"；三是重学轻术的社会文化环境导致中等职业教育成为"没有尊严的教育"。

（2）地位·保障·环境：新职教法下中等职业教育高质量发展的机遇。一是新职教法通过贯通类型体系确立了中等职业教育的基础性地位；二是新职教法通过深化产教融合机制为中等职业教育高质量发展提供动力保障；三是新职教法通过塑造社会共识为中等职业教育高质量发展创造良好的生态环境。

（3）体系·教改·服务：中等职业教育高质量发展的实践路向。一是以"功能定位"与"分类发展"为重点，夯实中等职业教育在体系中的基础性地位；二是以"标准建设"与"三教改革"为切入口，完善中等职业教育的技术知识体系；三是以"对接需求"与"优化分配"为策略，提升中等职业教育服务社会的能级与实效。

参见《职教通讯》2023年第7期"中等职业教育高质量发展的障碍、机遇与实践路向——以新修订的《中华人民共和国职业教育法》为指引"。

4.4.2 广东省中等职业教育的现实困境及发展策略

深圳技师学院高田田等在总结近十年来广东省中等职业教育取得成效的基础上，对广东省中职教育的现实困境进行了分析，提出了推动新时代中等职业教育高质量发展的对策建议。

（1）新时代广东省中等职业教育发展面临的现实困境。一是区域发展不平衡问题。从区域分布来看，珠三角地区、粤东地区、粤西地区、粤北地区中职学校分别占广东省中职学校总数的55.8%、12.6%、16.8%和14.8%。就师生比而言，粤西和粤北地区的师生比分别为1∶22.06、1∶20.44，低于中职学校师生比1∶20的设置标准。从各城市的情况来看，对比广州和深圳两个城市，2021年末常住人口数相差不多，但是深圳中等职业学校数不足广州的1/5，在校生数是广州的1/4；对比惠州和茂名两个城市，2021年末常住人口数大体相当，但惠州中等职业学校数是茂名的2倍，在校生数茂名反而高于惠州。就师生比而言，未达标的城市共有10个，粤西地区4个、粤东地区1个、粤北地区2个、珠三角地区3个。二是师资队伍建设水平整体不高。2012~2021年十年间，广东省中等职业教育教师的学历和"双师型"教师的比例不断提升，"双师型"教师比例已超过60%，但教师学历距离"高中阶段学校教师硕士研究生以上学历的比例达到20%"还存在一定的距离。另外，为适应经济社会新发展、产业转型新需求、职业岗位新变化，近年来职业教育专业目录不断更新。专业的升级和改造对中职教师的专业结构和知识水平提出了更高的要求，为保障新设专业的质量，应进一步加强师资队伍建设。三是专业设置与区域产业结构不匹配。第一、二产业相关专业在校生比例不足、专业布点数较低，第三产业相关专业在校生占比相对较高、专业布点数相对过多。

（2）未来广东省中等职业教育发展对策。一是实施职业学校办学条件达标工程，改善办学条件。在合理优化中等职业学校布局的基础上不断加强学校基础设施建设，在保障教师规模的同时提高教师素质，通过不断深化校企合作，加强与企业深度合作，为学生提供更多的实践岗位和就业机会；二是发挥中等职业教育地域属性，服务区域经济发展。紧跟产业发展动态调整专业设置，推进产教融合纵深发展，开展"订单式"人才培养；三是加大政策和资金支持力度，破解中职教育发展瓶颈。

参见《职业教育研究》2023 年第 12 期"广东省中等职业教育的发展成效、现实困境及发展策略"。

4.4.3 "三化两融合"视角下构建职业教育高质量发展的主要路径

扬州高等职业技术学校刘亚娟对中等职业教育中存在的"三难"局面进行了剖析，从五个方面探究了构建职业教育高质量发展的主要路径。

（1）我国中等职业教育面临"三难"局面。一是固守传统教育模式，重普高轻职教思维改变难。随着职业学校和在校生数量不断增加，职业教育的社会认可度却一直不高，整个社会大环境依然普遍存在着对中职教育的偏见；二是高端技能人才培育机制失位，高水平职业技能培养方式提高难。我国的职业教育师生比和生均校舍面积显著低于普高学校，这就导致职业学校在高端人才培养、学生综合能力发展方面长期受现有的培养模式掣肘；三是校企联合培养深度不够，产教融合难。

（2）"三化两融合"是构建职业教育高质量发展的主要路径。一是"制度化"开展职业教育体系建设改革，推进职业教育办学主体的多元化体制改革，不断匡正职业教育地位，调控好中职教育和高职教育在其对应阶段与普高和普本的协调发展；二是"一体化"推进中等职业学校人才培养全链条制度设计和政策创新，全方位拓宽职业学校学生发展通道，实现职业学校全链条制度和政策创新一体化设计，成才的方式可以多种多样；三是丰富中等职业教育高质量"数智化"信息教育资源；四是推动卓越技能型、紧缺"大师型"人才培养机制融合创新；五是校企、校政"双融合"建立创新创业教育新的人才培养观和质量观。

参见《亚太教育》2023 年第 22 期"'三化两融合'视角下构建职业教育高质量发展的主要路径"。

4.4.4　中等职业学校职业生涯规划教育改进路径研究

常州刘国钧高等职业技术学校黄小璜分析了中等职业学校职业生涯规划教育实施现状及改进的必要性和迫切性，基于学生、学校、家庭及社会层面影响因素分析，有针对性地提出了职业生涯规划教育的改进路径。

（1）全方位营造高度重视职业生涯规划教育氛围。地方政府和教育主管部门要高度重视国家相关政策的落实，为中等职业学校职业生涯教育提供详细的实施策略和更多的社会资源支持，协调企业加强与中等职业学校产教融合合作，为学生提供更多实习实训和职业体验机会，使学生在实践中更好地接受职业生涯规划教育；中等职业学校要高度重视对学生职业生涯规划意识和能力的培养，要将职业生涯规划教育纳入学生培养全过程；学生家长要转变思想观念，中职学生同样也有广阔的职业前景，要积极地、正向地参与孩子的职业规划决策中去，增强孩子信心，提升孩子职业兴趣，促进孩子职业生涯可持续发展。

（2）优化职业生涯规划教育体系。一是构建立体化的职业生涯课程体系；二是打造职业化、专业化职业生涯规划教育专兼职师资队伍；三是丰富职业生涯规划教育形式；四是建立"学生—家长—企业—学校"四位一体职业生涯规划教育评价机制；五是完善职业生涯规划教育保障机制。

（3）构建阶梯式可持续职业生涯规划教育模式。一是面向中职一年级学生，结合入学教育、职业测试和心理测试，在把职业生涯规划课程作为通识课的基础上，更多引导学生开展自我评估和自我特质的识别，组织开展"专业学习与未来就业"话题讨论等系列活动，帮助学生开展职业生涯初步设计，强化就业择业意识，初步明确就业发展方向；二是面向中职二年级学生，将职业生涯规划教育融合到专业课程授课和校内外实习实训过程中去，加深学生对专业的认知，培养学生的专业兴趣，组织开展故事分享、体验交流等活动，帮助学生了解国情、社情、民情，提升对个人价值实现、职业发展规划等方面的理性认识。三是面向中职三年级学生，开展就业政策宣传、求职实务辅导、就业促进等工作，帮助学生把握就业方向、提升就业能力；四是面向毕业五年内的学生，跟踪学生就业情况和职业生涯发展情况，与用人单位建立密切联系，形成有效反馈机制，及时调整职业生涯规划教育策略，持续改进。同时面向就业学生开展职业生涯规划设计复盘，联合用人单位和家长培养和引导学生的从业兴趣，助力学生职业生涯可持续发展；五是鼓励和指导家长对学生从入学到就业全过程的职业引导和职业决策参与，落实好"学生—家长—企业—学校"四位一体职业生涯规划教育评价机制。

参见《现代职业教育》2023 年第 31 期 "中等职业学校职业生涯规划教育改进路径研究"。

4.5 课程思政

4.5.1 工科专业课程思政建设的实践探索与思考

中南大学李耀庄等就高校工科专业课程思政中存在的普遍和共性问题进行分析和探讨，通过大量课程思政的教学案例，指出破解工科专业课程思政教育教学瓶颈的方法，提出工科专业课程思政改革的具体措施和方法，以供广大高校专业课授课教师参考。

4.5.1.1 专业课程思政存在的主要问题

（1）课程思政育人意识缺乏。部分高校专业课教师实施课程思政的积极性和主动性不高，主要原因有四个方面：一是论文、项目、获奖和专利等指标考核导致教师的主要精力集中在科研上；二是填鸭式的应试教育模式，教育内容偏重于智力教育；三是对人才评价偏重能力和业绩，导致高校教师重视学生业务能力的培养；四是部分教师的认识偏差，认为思政教育仅仅是思政课教师的事或者课程思政教育就是思想政治教育。因此，要改变高校人才评价的指挥棒，破除"四唯"，注重素质教育，改变社会对成才的评价标准，德育为先，强化教师课程思政育人的意识。

（2）课程思政方法过于显性。大部分高校教师具有课程思政的热情，但是缺乏课程思政的方法和技巧。目前，专业课程思政的实施方法多以具体学科为主，缺乏系统科学方法的指导。部分教师在讲授专业知识时，没有将主要精力放在专业知识的传授上，没有做到专业知识和思政教育的有机融合。在思政教育上用时过长、方法不当，关键的原因是没有找到专业知识、思政资源和思政元素之间的内在逻辑联系。

（3）思政脱离专业空洞说教。专业课程是课程思政建设的基本载体，深度挖掘和提炼专业知识体系中所蕴含的思想价值和精神内涵，做到有的放矢。将思政元素有效融入专业教学，专业课教学必须以讲授专业课程和传授专业知识为主，努力避免"专业课程思政化"倾向。专业课程的思政资源具有专有的课程属性，如果挖掘的思政资源能够用在其他专业课程教学中，则需要思考该思政资源是否脱离了专业课程讲授的内容。当然，不同的课程有不同的特点、思维方法和价值理念，思政元素的融入就会有不同的视角和切入点。思想观念、政治观点、道德规范等都是课程思政的元素。在专业教学中开展课程思政，不一定只瞄准宏大的主题、宏观层面的内容，身边的人、身边的事、日常生活中细节形成的思政元素有时育人效果反而更佳。

4.5.1.2 破解专业课程思政存在问题的方法

（1）强化课程思政育人意识。具备育人意识是教师落实课程思政的前提，自觉把课程思政贯彻落实到教书育人的各个环节，推动教书与育人相结合，秉承价值塑造＋知识传授＋能力培养＋智慧启迪的人才培养理念。专业课程具有的价值属性，是高校落实立德树人根本任务的重要载体，任何课程不管性质如何，都具有思想政治教育的功能。高校各类课程均具有价值维度，都可以从价值观角度切入，发掘课程的思政资源，进而上升到育人的高度，发挥协同育人效应。

（2）创新专业课程思政方法。找准学术突破口，创新教学载体，防止单向灌输，不强加观点，强调恰当和自然渗透，遵循"盐溶于汤"的原则，思政教育是"盐"，专业教育是"汤"，重点把握好"度"，特别注重专业课程思政教育中隐性教育的原则。课程思政最理想的境界是教师在不知不觉中实施教育，学生在不知不觉中接受教育。

（3）紧联专业课程教学内容。课程思政资源一定是与专业教学内容紧密联系的。如果一个课程思政资源可以应用于不同的专业课程教学中，则需要思考：第一，是否与教学内容密切相关？第二，是否会存在雷同？以问题为驱动的案例教学是课程思政资源与专业内容紧密结合的常用教学方法，是打开专业教学内容和课程思政资源联系的密码。

4.5.1.3　深化工科专业课程思政改革的思考

（1）加强高校教师课程思政教学能力培训。针对教师在专业课程教学中存在的意识不强、方法简单、知行不一、理解狭隘等问题，需要加大课程思政培训的力度。第一，加强高校教师政治思想教育，强化高校教师育人意识，转变重知识传授和能力培养、轻价值塑造的传统教育理念。第二，强化教师师德师风教育，增强教师的责任感、使命感、荣誉感，引导高校教师努力成为有理想信念、有道德情操、有扎实学识、有仁爱之心的好老师。第三，建立课程思政培训机制，精准培训定位、精选培训内容、创新培训方法，让参与培训的教师真正有收获。

（2）探索和推广富有成效的课程思政方法。思政课程主要采用显性教育的方法，专业课程的思政主要采用隐性教育的方法。从春风带雨到春风化雨、从润物有声到润物无声、从有形到隐形甚至无形，潜移默化是最好的专业课程思政方法。

（3）建设科学有效精准的课程思政资源。深化工科专业课程思政的改革，首先必须建设科学、有效、精准的课程思政资源。专业课程教师必须认真思考讲授的专业课程中的课程思政资源有哪些？与课程思政元素是什么关系？与专业知识是什么关系？如何避免和其他课程思政资源的重复？立足课程的学术内涵和脉络，挖掘课程专业知识和思政教育的内在逻辑关系，避免课程思政和专业知识"两张皮"，各行其道，做到专业知识和课程思政有机融合。

（4）构建全面系统的课程思政系统工程。针对课程思政缺乏系统规划，高校应加强顶层设计，统筹推进课程思政系统工程建设。

参见《高等建筑教育》2023 年第 12 期"工科专业课程思政建设的实践探索与思考"。

4.5.2　高校专业基础课程思政育人效果提升方法探索

中国矿业大学袁丽等认为：高校专业基础课是普通基础课和专业课之间的纽带，课程教学质量直接关系到整个专业的教学质量。目前，思政教学实践普遍存在"表面化""硬融入"的问题，专业基础课程也不例外。专业基础课程与其他课程相比，具有覆盖面大、受众广的特点；因此，提高专业基础课的课程思政育人效果是高校急需解决的问题。

（1）提高授课教师"第一主角"的思政育人能力。要让全体授课教师在理念上认同，切实调动广大教师参与课程思政的积极性；在能力上胜任，大力提升专业教师的思政育人能力；课程思政要全面性实施，构建课程思政的全员育人机制。

（2）符合专业育人特点，突出"专业味"。要充分挖掘课程和教学方式中蕴含的思政元素，充分体现授课对象的差异性，让课程思政元素以"春风化雨""润物无声"的方式，在一种自然和谐的状态下完成思政教育和引导。以专业基础课工程力学为例：一要结合课程知识点，凝练具有工程力学课程特色的教学案例库；二要结合专业特点，凝练具有专业特色的教学案例库；三要结合学校特色，凝练具有学校特色的教学案例库。

（3）课程思政全方位设计。对于工程力学课程这门传统工科专业必修课，由于长期形成的观念、边界、内涵等固化问题，急需注入新鲜血液，焕发新的活力；因此，在工程力学课程教学活动中要深入挖掘并融入思政元素，激发学生的学习热情、创新激情。这本身是一项十分复杂的系统工程，需要在课程质量标准制定、教材建设、教学过程等环节全面融入思政元素。

参见《高等建筑教育》2023年第32卷第4期"高校专业基础课程思政育人效果提升方法探索——以工程力学为例"。

4.5.3 工科专业课程思政元素隐性浸润式与显性强化式教育模式探讨

为了培养具有爱国主义情怀、怀揣中国文化和蕴含工匠精神的工科类人才，发挥课程思政在培养社会主义建设者中的积极作用，哈尔滨工业大学王龙等在分析现有课程思政教育方法和手段基础上，结合道路勘测设计系列课程特点，制定了课程思政"一种情怀、二种文化、三种精神"的教学目标。根据课程的思政目标，分别制定了理论教学和实践教学思政目标达成的具体实践方案。对于理论教学，在各章节采用隐性浸润式教育模式，并结合指定题目的课堂翻转和与影视观摩，实现"一种情怀、二种文化"的思政目的；对于实践教学环节，采用显性强化式教育模式，达成"一种情怀、三种精神"的思政目标。实践证明，因课制宜的隐性浸润和显性强化相结合的课程思政教育模式，不但有效达成了课程的思政目标，提高了课程成绩，而且培养了学生公平公正的处事原则。同时，课程思政的双向性极大地提升了教师的思政水平。

参见《高等建筑教育》2023年第32卷第4期"工科专业课程思政元素隐性浸

润式与显性强化式教育模式探讨——以道路勘测设计课程思政实践为例"。

4.5.4　土木工程专业课程思政教育实践探索

专业课程与思政课程相互融合，将思政教育有机融入专业教育教学全过程，充分发挥每门课程的育人作用，是近年来我国思想政治教育的新尝试，是培养一流人才、实现立德树人根本任务的重要举措。山西工程技术学院靳雪梅等以土木工程专业土力学课程为例，在深刻理解土的特点与工程问题、全面厘清课程体系的基础上，确定土力学课程思政建设路径：根据学院土木工程专业育人目标定位，确定土力学课程思政教育教学目标，组建教学团队，创建教学资源，改革教学方法与考核方式；深入挖掘课程的内涵与外延，凝练出课程的四大思政元素：家国情怀、科学精神、工程伦理、专业兴趣与认同，依据思政元素与教学内容紧密结合，从不同历史时期、不同教育角度，遴选出一批典型的、本土化的思政教学案例，将其有机、有效融入日常教学环节中，如盐入水，润物无声，使学生掌握专业基础知识的同时，在潜移默化中，得到社会主义核心价值观教育的感染和熏陶。通过实施土力学课程思政，学生的学习主动积极提高，职业责任及安全意识增强，专业兴趣与认同感提升，实现了"知识传授""能力培养"和"价值引领"相融合，形成了土力学专业课程教育与思想政治教育的协同育人效应，成为思想政治教育育人的有效补充和辅助力量。

参见《高等建筑教育》2023 年第 32 卷第 1 期"土木工程专业课程思政教育实践探索——以土力学课程为例"。

4.6　国家职业标准发展研究

4.6.1　国家职业标准的发展与历史作用

4.6.1.1　历史沿革

我国职业标准的建立源于 20 世纪 50 年代，参照苏联的工人技术等级标准、工人技术等级标准与企业实施的 8 级工的工资制度相适应。我国先后于 1963 年、1979 年及 1988 年 3 次对职业标准进行了修订。1992 年颁布的《中华人民共和国工种分类目录》，涉及 45 个行业，4700 多个工种。1995 年出版的《中华人民共和国职业分类大典》，将我国的职业划分为 8 个大类、66 个中类、413 个小类和 1838 个细类（职业）。之后大典每隔三至四年就进行一次修订，将原来用于对工人职业能力评定的工人技术等级标准，扩展到全体劳动者，对《职业分类大典》所列全部职业逐步建立起国家职业标准。

随着经济与科学技术的发展，原有职业的工作内容与要求发生了很大变化，且不断涌现出新的职业。

4.6.1.2　国家职业标准的历史作用

国家职业标准是国家职业技能鉴定依据的纲领性文件，作为衡量劳动者技术水平高低的客观尺度，它以不同方式在国家、教育培训部门、用人单位、劳动者个人等方面发挥着重要作用。

在国家层面，它在培养技术素质较高的劳动者，把劳动力资源转化为人才优势，促进社会主义市场经济的发展，全面实施"职业资格证书制度"和"就业准入制度"，参与国际经济大循环，实施劳务输出等方面发挥了重要作用。

在教育培训层面，它成为职业院校制定人才培养方案，制定课程标准的重要依据，为教育培训部门设计和实施职业技术教育和职业技能培训发挥了重要作用。对企业和劳动者个人来说，它成为用人单位考核、聘用以及鼓励员工努力争取事业发展和个人进步的重要依据，为劳动者确立了规划学习、提高进取的目标。

4.6.1.3　国家职业标准的新发展

国家职业标准是在职业分类的基础上，根据职业活动内容，对从业人员的理论知识和技能要求提出的综合性水平规定。它是开展职业培训和技能水平评价的基本依据。《中华人民共和国劳动法》第六十九条规定"国家确定职业分类，对规定的职业制定职业技能标准，实行职业资格证书制度"。人力资源和社会保障部根据这一规定，牵头组织开发国家职业标准。截至 2015 年年底，先后颁布 946 个国家职业标准。这些国家职业标准对引导职业教育培训、规范职业技能水平评价等发挥了积极作用。

为适应经济社会发展和科技进步的客观需要，2023 年人力资源和社会保障部修订颁布了《国家职业标准编制技术规程（2023 年版）》，既保证了标准严格遵循整体性、规范性、实用性、可操作性的编制原则，又保证了标准在力求全面、准确地反映各职业（工种）技能现状的前提下，具有根据职业发展要求进行调整的灵活性，满足了企业生产经营和人力资源管理、职业教育培训和职业技能等级认定、人力资源市场发展和从业人员素质提高的需要。

截至 2023 年，人力资源和社会保障部已累计颁布 190 个新版国家职业标准，并同时由中国人力资源和社会保障出版集团陆续出版发行。这 190 个职业既包括纺织、轻工、冶金、机械、电力等生产制造领域的传统职业，也包括家政服务员、养老护理员等社会急需紧缺职业，还包括农业经理人、工业机器人系统运维员等新职业。

住房和城乡建设部人力资源开发中心赵昭撰稿。

4.6.2　国家职业标准的基本框架

《国家职业标准制定技术规程》规定，国家职业标准框架包括职业概况、基本要求、工作要求和比重表四个部分。

（1）职业概况。职业概况是对本职业的基本情况的描述，包括职业名称、职业定义、职业等级、职业环境条件、职业能力特征、培训要求、鉴定要求等内容。其中职业名称、职业定义原则上依照《中华人民共和国职业分类大典》确定。职业等级由低到高分为五级，一级为最高等级。等级划分是按照从业人员的职业活动范围、工作责任和工作难度来确定的。职业环境条件是指从事某一职业所处的客观环境。职业能力特征是指从业人员掌握必备的职业知识和技能所需要的基本能力和潜力。培训要求明确了对培训期限、培训教师、培训场地设备的要求。鉴定要求确定了适用对象、各等级从业人员的申报条件、鉴定方式、考评人员与考生配比、鉴定时间、鉴定场所设备等的具体要求。

（2）基本要求。基本要求包括职业道德和基础知识。其中职业道德是指从事本职业工作应具备的基本观念、意识、品质和行为的要求，一般包括职业道德知识、职业态度、行为规范。基础知识是指本职业各等级从业人员都必须掌握的通用基础知识，主要是与本职业密切相关并贯穿于整个职业的基本理论知识、有关法律知识和安全卫生、环境保护知识。

（3）工作要求。工作要求是在对职业活动内容进行分解和细化的基础上，从技能和知识两个方面对完成各项具体工作所需职业能力的描述。一般包括职业功能、工作内容、技能要求、相关知识等。其中职业功能指本职业所要实现的工作目标或是本职业活动的主要方面（活动项目），根据不同职业性质和特点，可按工作领域、工作项目、工作程序、工作对象或工作成果来划分。工作内容指完成职业功能所应做的工作，可以按种类划分，也可以按照程序划分。技能要求是指完成每一项工作内容应达到的结果或应具备的技能。相关知识是指达到每项技能要求必备的知识，主要指与技能要求相对应的理论知识、技术要求、操作规程和安全知识等。

工作要求分等级进行编写，各等级按照职业活动范围的宽窄、工作责任的大小、工作难度的高低依次递进，高级别涵盖低级别的要求。工作要求以表格的形式列出，是国家职业技能标准的主体部分。

（4）比重表。比重表包括理论知识比重表和技能比重表。其中，理论知识比重表反映基础知识和每一项工作内容的相关知识在培训考核中应占的比例；技能比重表反映各项工作内容在培训考核中所占的比例。

住房和城乡建设部人力资源开发中心赵昭撰稿。

第5章　2022年中国建设教育大事记

5.1　住房和城乡建设领域教育大事记

5.1.1　干部教育培训工作

【组织举办学习贯彻党的十九届六中全会精神集中轮训】举办4期学习贯彻党的十九届六中全会精神机关干部专题轮训班，指导直属单位组织开展专题学习活动，共有2192名直属机关干部参加了相关学习。

【做好新录用公务员初任培训】组织住房和城乡建设部2022年新录用公务员参加中组部11月14日至18日举办的全国新录用公务员初任培训班，着力提升年轻干部的政治素养、理论水平、专业能力和实践本领。

【编制年度培训计划】按照住房和城乡建设部党组的决策部署，围绕部年度中心工作，编制印发2022年部培训计划，围绕2022年全国住房和城乡建设工作会议部署的重点工作，组织住房城乡建设系统干部加强学习培训，持续开展"万名总师"培训，不断提高住房城乡建设领域干部队伍专业能力和水平，推动住房城乡建设事业高质量发展。

5.1.2　人才工作

【高层次人才】遴选推荐10名人才参与国家相关高层次人才选拔，3名同志入选。

【技能人才】开展行业技能大比武，弘扬工匠精神，激励从业人员提升技术技能水平。会同中国就业培训技术指导中心、中国海员建设工会全国委员会联合主办2022年全国行业职业竞赛——全国建筑行业职业技能竞赛，指导相关学协会开展职业技能竞赛。经推荐，苏中帅、林晓滨、高鹏等3名技能人才获评"全国技术能手"

荣誉称号。

【职业分类和职业标准】配合人力资源社会保障部修订国家职业分类大典，推动"建设工程质量检测员""混凝土工程技术人员""乡村建设工匠"作为新职业纳入大典，完善相关职业（工种）描述，使职业分类更加符合行业实际、贴近行业需求。

5.1.3 全国住房和城乡建设职业教育教学指导委员会工作

【完善管理约束机制，加强制度建设和日常管理】为加强自身建设，完善各项制度，强化监督管理，住房城乡建设行指委对照教育部行指委工作规程，按照相关要求完成了《住房城乡建设行指委章程》《印章使用管理办法》和《经费管理办法》等规章制度的征求意见稿，制定了《全国住房和城乡建设职业教育教学指导委员会（2021—2025年）工作规划》和2022年重点工作计划，同时建立行指委委员履职台账，进一步明确工作职责和工作任务，规范住房城乡建设行指委及下设各专指委委员的活动。

举办全国住房和城乡建设职业教育教学指导委员会第一次全体会议，会上通过《住房城乡建设行指委章程》《印章使用管理办法》和《经费管理办法》等规章制度的征求意见稿。

【增强自身发展能力，指导完成2021-2025年各专业指导委员会换届工作】在2021年的工作基础上，从专业能力、师资力量及院校综合实力等方面完成各专指委换届并公布组成人员名单，并参加部分专指委召开第一次专指委委员全体会议，指导各专指委完善工作规划、规章制度及内部组织性文件等。

【发挥专家智库作用，服务政府决策提供咨询建议】梳理全国土木建筑大类普通高等职业院校名册，为部里开展相关行业职业教育人才工作提供数据支撑。

参加教育部组织新版《职业教育法》意见研讨会，从行业关于职业技能人才需求的角度进行意见研提；组织专家对《职业学校兼职教师管理办法》和职教本科专业授予学位研提意见并报送教育部；撰写"绿色技术、绿色技能"在住房城乡建设行业领域及土木建筑专业应用案例。

【积极推进"三教改革"，进一步加强土木建筑类专业建设】由行指委牵头完成的第一批土木建筑大类63个专业简介和34个专业教学标准的修制订工作，验收审定阶段得到评审专家们的一致好评。同时在科学分析产业、行业、职业、岗位和专业关系的基础上，继续牵头完成第二批土木建筑大类7个专业教学标准的制订。

牵头职业学校土木建筑大类专业实训教学条件建设标准编制工作。

开展职业院校教材监测工作，组建多种类型专家团队，制定土木建筑大类专业教材检测指标，探索建立常态化职业院校教材监测体系，完善职业教育教材管理机制，促进职业教育教材质量提升。

为促进职业教育教师企业实践标准体系建设与完善，进一步发挥全国职业教育教师企业实践基地在职业教育教师队伍建设中的重要作用，行指委启动土木建筑大类《职业教育教师企业实践项目标准》研制工作，组建了研制组，探讨标准修制订工作方案。

【坚持立德树人、德技并修，为行业培养高素质技术技能人才】开展 2022 年职业教育国家在线精品课程推荐工作。结合行业特点制定了《2022 年职业教育土木建筑大类国家在线精品课程推荐工作办法》，按照具有广泛代表性、坚持回避、符合相关要求的原则，组建由行业主管部门、协会及职业院校专家组成的评审专家组，对符合条件的课程进行线上评审，推荐了总分排名前五的课程。相关结果教育部已公示，行指委推荐的三门课程入选。

开展 2022 年职业教育国家级教学成果奖推荐工作。结合行业特点制定《2022 年职业教育国家级教学成果奖推荐工作方案》指导工作流程并开展征集工作，根据《教学成果奖励条例》及教育部和住建行指委文件的相关要求，制定《2022 年职业教育国家级教学成果奖评审观测指标》，并根据观测指标对申报材料完成初审，同时组建由评审专家组对符合初审的成果进行评审推荐，共推荐了四项成果。

强化实践能力，提升学生水平，积极参与相关赛项方案设计、指导师生参加各类职业技能大赛，配合完成赛项执委会副主任和相关赛项专家的推荐工作，为职业教育相关赛事提供服务、咨询。

【聚合资源，深化产教融合，增强协调发展】结合行业职业教育特点，指导全国职业教育教师企业实践基地建设，开展了第二批全国职业教育教师企业实践基地推荐工作；深化产教融合、校企合作，加强产业发展与需求研究能力，开展住房和城乡建设领域产教融合、校企合作典型案例征集工作，共征集 62 个案例，后续行指委将对推荐的案例进行遴选，对优秀案例通过网站刊登、活动展示等形式宣传推广，帮助促进产教融合、校企合作，为我国经济社会发展提供坚实的技术技能支撑和人才保障。

5.2　中国建设教育协会大事记

【工作概况】2022 年，中国建设教育协会成立 30 周年。协会在上级主管部门的关心指导下，在分支机构、会员单位、秘书处的共同努力和地方建设教育协会的大力支持下，创新工作理念，转变发展思路，提升治理能力和服务水平，业务布局持续优化、运营能力有效提升、社会影响不断增强，服务国家、服务社会、服务行业、服务会员取得新成效，顺利获评 4A 级全国性社会组织。

【发挥智库作用，拓展服务政府领域】完成了住房和城乡建设部委托的行业标准《装配式建筑职业技能标准》《装配式建筑专业人员职业标准》编制工作。聚焦建筑智能化、绿色发展、水污染垃圾固废处理治理、应急管理等重难点问题，开展团体标准项目征集工作。完成《结构制造与施工工程详图出图标准》《建筑工程数字造价实施指南》《建筑工程 BIM+GIS 模型实体结构分解标准》《历史建筑智能检测与数字化保护》立项工作。

积极参与标准制定。建筑工程病害防治技术教育专业委员会参编了中国建设标准化协会《静载试验钢螺杆锚桩法规程》《既有建筑地下空间加固技术规程》；教育技术专业委员会参与编制《智慧工地评价标准》；现代学徒制工作委员会协同修订完成《广东省职业院校现代学徒制工作指南》。

受人社部职业技能鉴定中心委托，开发"建筑信息模型技术员"题库项目，经过申报、遴选、答辩，最终确定题库编制的专家，完成了"建筑信息模型技术员"职业技能等级认定题库建设，配套开展教材编写工作。

由住房和城乡建设部原副部长齐骥提议、指导，协会与中国建筑工业出版社联合组织编写的《部属建筑类高校发展与变迁》正式出版发行。连续 7 年组织编制了《中国建设教育发展年度报告》。

【科学研究】院校德育工作委员会组织开展了中国建设教育协会教育教学科研课题（思政专项）的结项验收工作。建设机械职业教育专业委员会组织开展了《建设机械职业教育培训质量满意度测评研究与示范》和《建设机械行业培训服务团体标准研究》。教育教学科研课题结题有序开展，结题率达 41%。

组织策划和编写行业精品图书和学术刊物。《中国建设教育》《高等建筑教育》《建设技工报》出版发行工作有序推进。启动了《发展中的建设类高等职业院校》编写工作。房地产专业委员会连续四年编制《全国房地产优秀案例》。

【人才培养工作】有序开展常规培训。一是稳步提升建设工程管理技术人员 36 个在线岗位的培训规模。二是坚持在全国无疫情省市开展专业技术面授培训。三是持续开展在线继续教育。由协会培训中心开展的各类培训学员总数达 40 万人。

建设精品教育教学资源。开展《安全员》《附着式升降脚手架施工安全管理》《建筑 CAD》和《建筑识图与构造》四门精品课程录制，及时做好课程开发总结、宣传与成果分享。继续教育工作委员会完成《全国二级建造师继续教育知识服务项目》课程录制、审核和平台测试等工作。

创新培训项目运营模式。通过自主研发、自主培训、自主管理、合作招生的方式开办了高级工程监理技术人员培训。启动线上培训、销售、服务三位一体的"智慧教育培训平台"建设。制定了《新培训领域项目开发及运营工作方案》，探索更多的运营模式。

稳步推进技能考评工作。完成"1+X"建筑信息模型（BIM）职业技能等级证书考评 10000 余人、装配式构件制作与安装职业技能等级证书考评 1000 余人、住房城乡建设领域专业技能 BIM 证书考评 5000 余人，装配式及其他证书考评 2000 余人。地方建设教育协会作为省级考评管理中心，负责并参与具体工作，共同助力职业教育改革。

【赛事与交流活动】受人社部委托，中国建设教育协会在教育技术专业委员会等分支机构，以及四川、河南、湖北、安徽、山东、江苏等省市地方建设教育协会的大力支持下，组织完成了国家二类竞赛 4 个大项 9 个小项的比赛活动。

由协会主办、分支机构承办的竞赛达 11 项，参赛师生达 3 万余人次。其中"盈建科杯"全国大学生智能建造数字化设计大赛、贝壳杯·全国大学生新居住数字化创新大赛首次举办，获得参赛师生一致好评。

分支机构紧密结合各自业务领域人才培养需求，联合会员单位积极办赛。高等职业与成人教育专业委员会、中等职业教育专业委员会联合会员单位举办了第二届全国职业院校土建类专业"海星谷杯"建筑安全技能竞赛；房地产专业委员会组织了"第十四届全国大学生房地产策划大赛""第四届全国高校房地产创新创业邀请赛""首届全国大学生新居住数字化创新大赛"等活动，反响良好。

会员单位积极组织学生参与各级各类技能竞赛，在46届世界技能大赛特别赛上，浙江建设技师学院的参赛学子获得金牌，实现世赛抹灰与隔墙系统项目中国金牌"零"的突破。

以分支机构为主体，开展第十七届全国建筑类高校书记校（院）长论坛暨第八届中国高等建筑教育高峰论坛；"房地产数字化营销与实操研讨会""北京标杆产业园区对标深度研学""第五届中国房地产校企协同育人创新峰会"等研学活动。

【社会服务】创新服务模式。结合防疫情况，培训机构工作委员会为企业提供"送教上门"服务。建设机械职业教育专业委员会为会员单位提供刊物赠阅服务，按需下发统编培训教材，重点支持会员拓展公益项目。国际合作专委会整合美国、英国、爱尔兰、澳大利亚等国家20所优秀海外院校资源，建立国际化资源共享库，组织开展德国工程师培训等。

开展定制服务。教学质量专业委员会开展了职业教育质量治理专业（群）内部质量保证体系建设等理论知识和实践经验讲座。高职专委会组织专家参与会员单位"双高项目"、专业设置、平台建设、国培省培、"1+X"证书培训，以及教学能力竞赛的策划、研讨、评估工作。建设机械职业教育专业委员会组织法务讲座，强化会员单位法务意识，提高风险规避能力。

积极履行社会责任。一是组织开展抗震救灾工作。雅安地震以后，协会积极向灾区捐赠资金，并向社会各界发出捐助倡议书。二是分支机构举办了"2022工程项目全过程咨询BIM技术应用成果分享""如何解决工程建设中的法律纠纷""重大事故隐患判定标准"、《建筑与市政地基基础通用规范》《建筑结构检测技术》《职业教育法》等公益讲座。

【党建工作】制定《中国建设教育协会党建工作质量攻坚三年行动计划》，全年以打牢党建工作基础为目标，开展攻坚行动。开展党建自查，围绕党支部在落实主体责任、组织设置、组织生活、发挥功能作用、党员教育管理监督、建立健全制度等方面的工作情况，逐一对照检查，列出问题清单，分析原因，明确任务，认真贯彻执行。

持续加强思想教育。把学习党的十九届六中全会精神、党的二十大精神作为首要政治任务，通过组织学习《中共中央关于党的百年奋斗重大成就和历史经验的决议》《习近平谈治国理政（第四卷）》、党的二十大报告、《中国共产党章程（修正案）》等，用党的创新理论武装头脑。

加强组织建设和制度建设。顺利完成支部换届选举工作，双向进入、交叉任职，确立了党支部的领导核心地位；完成党员组织关系应转尽转，加强党员有效管理。严格落实党的组织生活制度，全年组织召开了 12 次支委会、6 次党员代表大会，举办 4 次党课、9 次主题党日活动。按时召开组织生活会、民主生活会，开展民主评议党员活动。做好党员发展工作，注重对入党积极分子的教育培养。按时做好党费收缴工作。初步建立"三重一大"决策制度、党支部前置研究重大事项制度，拟定支部党员大会、支委会会议等的议事规则。持续加强作风建设和党风廉政建设，认真落实一岗双责。

成立工会组织，维护职工的合法权益，帮助员工解决生产、生活中的困难。组织开展健步走、扑克大赛等有益身心健康的文体活动。疫情期间，开展线上"小红花"系列活动，全体员工积极参与写作、朗诵、书法、摄影、烹饪、插花等才艺展示，营造了团结、向上、进取的文化氛围。设立文化活动室，集中展现党建和工青妇团建设成果，丰富业余生活，提升幸福指数。

【内部治理】开展内部治理百日攻坚行动，规范办会行为。完成章程修订工作。在财务管理方面，修订和制定了《固定资产及无形资产管理办法》等 8 项财务管理制度。在行政管理方面，完善会议、档案、印章、公文、办公物品管理制度。建立考勤制度。在业务方面，修订、补充和完善了教育教学科研课题管理、刊物管理、大赛管理等办法；初步拟定咨询业务、团标管理办法；巩固培训工作专项整治行动成果，编制在线岗位培训工作手册。制定修订会员管理相关制度。全年制定和修订了 20 余项制度。开展分支机构专项整治行动，4 家分支机构完成更名工作。

【评估工作】申报民政部社会组织评估工作，全面检验协会发展的基础条件、党建工作、内部治理、工作绩效等。评估组认为，协会内部治理总体规范，党建工作细致、完整、内容丰富，信息化建设具有明显成效，财务制度建设、账务处理、支出管理等较为规范严谨，业务工作较好发挥了参谋助手作用，为政府、行业、会员单位提供了有效支持与服务。同时，协会顺利通过了中央和国家机关行业协会商会党委、协会会员单位等多方独立的社会评价和评分。11 月，协会顺利获评 4A 级全国性社会组织。

【文化建设】稳固推进协会 30 周年筹备活动工作。制定中国建设教育协会成立 30 周年总结大会暨六届三次会员代表大会工作方案，全面策划 30 周年总结大会暨六届三次会员代表大会。完成 30 年书籍、宣传品、会务相关筹备工作。但由于疫情原因，经研究，会议推迟到 2023 年上半年举行。

结合协会成立 30 周年总结活动，打造协会全新视觉形象系统，制作了宣传册、宣传片以及相关物品。设立多功能文化活动室，集中展现党建和工青妇团建设成果，丰富员工文体生活。在信息化建设方面，继续加强信息化和网络安全管理，确保全年未发生重大安全事故。建立协会门户网站信息发布制度，确保信息发布及时、准确。加强对企业微信办公平台的管理，进一步完善功能，保障日常网络办公的便捷性和安全性。发挥媒体宣传作用，加强协会、培训中心、远程教育网和公众号建设，及时更新官网、微信公众号，注重信息发布的质量。

第6章 中国建设教育相关政策文件汇编

本章主要汇编 2023 年中共中央、国务院以及教育部、住房和城乡建设部下发的相关文件。

6.1 中共中央、国务院下发的相关文件

6.1.1 关于进一步加强青年科技人才培养和使用的若干措施

2023 年 8 月，为深入贯彻党的二十大精神，落实中央人才工作会议部署，全方位培养和用好青年科技人才，中共中央办公厅、国务院办公厅印发了《关于进一步加强青年科技人才培养和使用的若干措施》（以下简称《若干措施》）。

《若干措施》强调，要坚持党对新时代青年科技人才工作的全面领导，用党的初心使命感召青年科技人才，激励引导青年科技人才大力弘扬科学家精神，传承"两弹一星"精神，继承和发扬老一代科学家科技报国的优秀品质，坚持"四个面向"，坚定敢为人先的创新自信，坚守科研诚信、科技伦理、学术规范，担当作为、求实创新、潜心研究，在实现高水平科技自立自强和建设科技强国、人才强国实践中建功立业，在以中国式现代化全面推进中华民族伟大复兴进程中奉献青春和智慧。

《若干措施》提出，要引导支持青年科技人才服务高质量发展。鼓励青年科技人才深入经济社会发展实践，结合实际需求凝练科学问题，开展原始创新、技术攻关、成果转化，把论文写在祖国大地上。落实事业单位科研人员创新创业等相关政策，支持和鼓励高等学校、科研机构等选派科研能力强、拥有创新成果的青年科技人才，通过兼职创新、长期派驻、短期合作等方式，到基层和企业开展科技咨询、产品开发、

成果转化、科学普及等服务，服务成效作为职称评审、职务晋升等的重要参考。

《若干措施》明确，支持青年科技人才在国家重大科技任务中"挑大梁""当主角"。国家重大科技任务、关键核心技术攻关和应急科技攻关大胆使用青年科技人才，40 岁以下青年科技人才担任项目（课题）负责人和骨干的比例原则上不低于 50%。鼓励青年科技人才跨学科、跨领域组建团队承担颠覆性技术创新任务，不纳入申请和承担国家科技计划项目的限项统计范围。稳步提高国家自然科学基金对青年科技人才的资助规模，将资助项目数占比保持在 45% 以上，支持青年科技人才开展原创、前沿、交叉科学问题研究。地方科技任务实施加大对青年科技人才的支持力度。深入实施国家重点研发计划青年科学家项目，负责人申报年龄可放宽到 40 岁，不设职称、学历限制，探索实行滚动支持机制，经费使用可实行包干制。

《若干措施》要求，国家科技创新基地要大力培养使用青年科技人才。国家科技创新基地要积极推进科研项目负责人及科研骨干队伍年轻化，推动重要科研岗位更多由青年科技人才担任。鼓励各类国家科技创新基地面向青年科技人才自主设立科研项目，由 40 岁以下青年科技人才领衔承担的比例原则上不低于 60%。青年科技人才的结构比例、领衔承担科研任务、取得重大原创成果等培养使用情况纳入国家科技创新基地绩效评估指标，加强绩效评估结果的应用。

《若干措施》提出，要加大基本科研业务费对职业早期青年科技人才稳定支持力度。根据实际需要、使用绩效、财政状况，逐步扩大中央高校、公益性科研院所基本科研业务费对青年科技人才的资助规模，完善并落实以绩效评价结果为主要依据的动态分配机制。基本科研业务费重点用于支持 35 岁以下青年科技人才开展自主研究，有条件的单位支持比例逐步提到不低于年度预算的 50%，引导青年科技人才聚焦国家战略需求，开展前沿科学问题研究。鼓励各地通过基本科研业务费等多种方式加大经费投入，加强对高等学校、科研院所职业早期青年科技人才的支持。

《若干措施》提出，要完善自然科学领域博士后培养机制。提升博士后培养质量，合理确定基础前沿和交叉学科领域博士后科研流动站和工作站数量，合理扩大自然科学、工程技术领域博士后规模。国家科技计划项目经费"劳务费"可根据博士后参加项目研究实际情况列支，统筹用于博士后培养。强化博士后在站管理，设站单位和合作导师应创造条件支持博士后独立承担科研任务，培养和提升博士后独立科研能力。支持符合条件的企业设立博士后工作站，扩大数量和规模，强化产学研融合，在产业技术创新实践中培育青年科技人才。

《若干措施》提出，要更好发挥青年科技人才决策咨询作用。高等学校、科研院所、企业等各类创新主体要积极推荐活跃在科研一线、负责任讲信誉的高水平青年科技人才进入国家科技评审专家库。国家科技计划（专项、基金等）项目指南编制专家组，科技计划项目、人才计划、科技奖励等评审专家组，科研机构、科技创新基地等绩效评估专家组中，45 岁以下青年科技人才占比原则上不低于三分之一。高层次科技战略咨询机制、各级各类学会组织应根据需要设立青年专业委员会，推动理事会、专家委员会等打破职称、年龄限制，支持青年科技人才多层次参与学会组织治理运营。

《若干措施》要求，要提升科研单位人才自主评价能力。高等学校、科研院所、国有企业等要根据职责使命，遵循科研活动规律和人才成长规律，建立和完善青年科技人才评价机制，创新评价方式，科学设置评价考核周期，减少考核频次，开展分类评价，完善并落实优秀青年科技人才职称职务破格晋升机制。高等学校、科研院所、国有企业主管部门要坚决破除"四唯"和数"帽子"倾向，正确看待和运用论文指标，形成既发挥高质量论文价值，又坚决反对单纯以论文数量论英雄的氛围。合理设置机构评价标准，不把论文数量和人才称号作为机构评价指标，避免层层分解为青年科技人才的考核评价指标。

《若干措施》要求，要减轻青年科技人才非科研负担。持续推进青年科技人才减负行动。科技项目管理坚持结果导向、简化流程，高等学校、科研院所健全完善科研助理制度，切实落实科研项目和经费管理相关规定，避免在表格填报、科研经费报销等方面层层加码，不断提升信息化服务水平，提高办事效率。减少青年科技人才个人科研业务之外的事务性工作，杜绝不必要的应酬活动，保证科研岗位青年科技人才参与非学术事务性活动每周不超过 1 天、每周 80% 以上的工作时间用于科研学术活动，将保障青年科技人才科研时间纳入单位考核。行政部门和国有企事业单位原则上不得借调一线科研人员从事非科研工作。

《若干措施》提出，要加大力度支持青年科技人才开展国际科技交流合作。支持青年科技人才到国（境）外高水平科研机构开展学习培训和合作研究。支持青年科技人才参加国际学术会议，鼓励青年学术带头人发起和牵头组织国际学术会议，提升青年科技人才国际活跃度和影响力。

《若干措施》要求，要加大青年科技人才生活服务保障力度。高等学校、科研院所、国有企业结合自身实际，采取适当方式提高职业早期青年科技人才薪酬待遇，绩效工资和科技成果转化收益等向作出突出贡献的青年科技人才倾斜。各类创新主体加强对青年科技人才的关怀爱护，保障青年科技人才休息休假，定期组织医疗体检、心理咨询活动，探索建立学术休假制度，营造宽松和谐的科研文化环境。各地要重视并创造条件帮助青年科技人才解决子女入托入学、住房等方面的困难。

《若干措施》强调，要加强对青年科技人才工作的组织领导。各级党委和政府要把青年科技人才工作作为战略性工作，纳入本地区经济社会发展、人才队伍建设总体部署，建立多元化投入保障机制和常态化联系青年科技人才机制，抓好政策落实，为青年科技人才加快成长和更好发挥作用创造良好条件。用人单位要落实培育造就拔尖创新人才的主体责任，结合单位实际制定具体落实举措，制定完善青年科技人才培养计划，加强青年科技人才专业技术培训，做到政治上充分信任、思想上主动引导、工作上创造条件、生活上关心照顾，全面提升青年科技人才队伍思想政治素质和科技创新能力。

6.1.2　干部教育培训工作条例

2023 年 9 月，中共中央印发了修订后的《干部教育培训工作条例》，并发出通知，要求各地区各部门认真遵照执行。《干部教育培训工作条例》全文如下。

干部教育培训工作条例

（2015 年 9 月 10 日中共中央政治局常委会会议审议批准　2015 年 10 月 14 日中共中央发布　2023 年 8 月 31 日中共中央政治局会议修订　2023 年 9 月 19 日中共中央发布）

第一章　总则

第一条　为了推进干部教育培训工作科学化、制度化、规范化，培养造就政治过硬、适应新时代要求、具备领导社会主义现代化建设能力的高素质干部队伍，根据《中国共产党章程》，制定本条例。

第二条　干部教育培训是建设高素质干部队伍的先导性、基础性、战略性工程，在推进中国特色社会主义伟大事业和党的建设新的伟大工程中具有不可替代的重要地位和作用。干部教育培训工作必须高举中国特色社会主义伟大旗帜，坚持马克思列宁主义、毛泽东思想、邓小平理论、"三个代表"重要思想、科学发展观，全面贯彻习近平新时代中国特色社会主义思想，深入贯彻习近平总书记关于党的建设的重要思想，认真落实新时代党的建设总要求和新时代党的组织路线，深刻领悟"两个确立"的决定性意义，增强"四个意识"、坚定"四个自信"、做到"两个维护"，把深入学习贯彻近平新时代中国特色社会主义思想作为主题主线，以坚定理想信念宗旨为根本，以全面增强执政本领为重点，高质量教育培训干部，高水平服务党和国家事业发展，为以中国式现代化全面推进中华民族伟大复兴提供思想政治保证和能力支撑。

第三条　干部教育培训工作应当遵循下列原则：

（一）政治统领，服务大局。旗帜鲜明讲政治，坚持和加强党的全面领导，紧紧围绕党和国家事业发展需要开展教育培训，始终保持正确政治方向。

（二）育德为先，注重能力。坚持新时代好干部标准，突出党的创新理论武装和党性教育，加强能力培训，全面提高干部德才素质和履职能力。

（三）分类分级，全面覆盖。按照干部管理权限组织实施教育培训，把教育培训的普遍性要求与不同类别、不同层级、不同岗位干部的特殊需要结合起来，增强针对性，确保全员培训。

（四）联系实际，学以致用。大力弘扬马克思主义学风，围绕中心工作，坚持问题导向，引导干部加强主观世界和客观世界改造，做到学思用贯通、知信行统一。

（五）与时俱进，守正创新。继承和发扬干部教育培训优良传统和作风，遵循干部成长规律和干部教育培训规律，推进干部教育培训理论创新、实践创新、制度创新。

（六）依规依法，从严管理。建立健全干部教育培训法规制度，推进干部教育培训规范管理，从严治校、从严治教、从严治学，保持良好的教学秩序和学习风气。

第四条　本条例适用于党的机关、人大机关、行政机关、政协机关、监察机关、审判机关、检察机关，以及列入公务员法实施范围的其他机关和参照公务员法管理的机关（单位）的干部教育培训工作。

国有企业、事业单位结合各自特点执行本条例。

第二章 管理体制

第五条 全国干部教育培训工作实行在党中央领导下，由中央组织部主管，中央和国家机关有关工作部门分工负责，中央和地方分级管理的体制。

第六条 中央组织部履行全国干部教育培训工作的整体规划、制度建设、宏观指导、协调服务、监督管理等职能。

全国干部教育联席会议成员单位按照职责分工，负责相关的干部教育培训工作。

中央和国家机关各部门负责指导本行业本系统的业务培训。

第七条 地方各级党委领导本地区干部教育培训工作，贯彻执行党和国家干部教育培训工作的方针政策，把干部教育培训工作纳入本地区党的建设整体部署和经济社会发展规划，统筹研究推进。

地方各级党委组织部主管本地区干部教育培训工作。地方各级干部教育领导小组或者联席会议成员单位按照职责分工，负责相关的干部教育培训工作。

第八条 干部所在单位按照干部管理权限，负责组织实施和管理本单位的干部教育培训工作。

第九条 垂直管理部门的干部教育培训工作由部门负责。

双重管理单位的干部教育培训工作由主管单位负责、协管单位配合，根据工作需要，经协商也可以由协管单位负责。

第十条 党委和政府工作部门抽调下级党委和政府领导班子成员参加培训，必须报同级干部教育培训主管部门审批；抽调下级党委管理的干部参加本系统本行业培训，应当以书面形式提前通知下级党委组织部门，避免多头调训和重复培训。

第三章 教育培训对象

第十一条 干部有接受教育培训的权利和义务。

第十二条 干部教育培训的对象是全体干部，重点是县处级以上党政领导干部和优秀年轻干部。

第十三条 干部应当根据不同情况参加相应的教育培训：

（一）党的理论教育和党性教育的专题培训；

（二）贯彻落实党和国家重大决策部署的集中轮训；

（三）新录（聘）用的初任培训；

（四）晋升领导职务的任职培训；

（五）提升履职能力的在职培训；

（六）其他培训。

第十四条　省部级、厅局级、县处级党政领导干部和四级调研员及相当层次职级以上公务员，经组织选调，应当每5年参加党校（行政学院）、干部学院等干部教育培训机构脱产培训，以及干部教育培训主管部门认可的其他集中培训，累计不少于3个月或者550学时。提拔担任领导职务的，确因特殊情况在提任前未达到教育培训要求的，应当在提任后1年内完成培训。干部教育培训主管部门应当作出规划，统筹安排。

乡科级党政领导干部和一级主任科员及相当层次职级以下公务员，应当每年参加干部教育培训主管部门认可的集中培训，累计不少于12天或者90学时。

干部应当结合岗位职责参加网络培训，完成规定的学时。

第十五条　干部在参加组织选派的脱产培训期间，一般应当享受在岗同等待遇，一般不承担所在单位的日常工作、出国（境）考察等任务。因特殊情况确需请假的，必须严格履行手续，累计请假时间原则上不得超过总学时的1/7，超过的应予退学。

第十六条　干部个人参加社会化培训，费用一律由本人承担，不得由财政经费和单位经费报销，不得接受任何机构和他人的资助或者变相资助。

第四章　教育培训内容

第十七条　干部教育培训以深入学习贯彻习近平新时代中国特色社会主义思想为主题主线，以党的理论教育、党性教育和履职能力培训为重点，注重知识培训，全面提高干部素质和能力。

第十八条　党的理论教育重点开展马克思列宁主义、毛泽东思想、邓小平理论、"三个代表"重要思想、科学发展观教育培训，全面加强习近平新时代中国特色社会主义思想教育培训，加强党的路线方针政策教育培训，引导干部自觉做共产主义远大理想和中国特色社会主义共同理想的坚定信仰者和忠实实践者，提高运用马克思主义立场观点方法分析解决实际问题的能力，增强适应新时代要求、推进中国式现代化建设的本领。

突出党的创新理论教育，坚持用习近平新时代中国特色社会主义思想统一思想、统一意志、统一行动，教育引导干部全面系统掌握这一思想的基本观点、科学体系，把握好这一思想的世界观、方法论，坚持好、运用好贯穿其中的立场观点方法，深刻领悟"两个确立"的决定性意义，增强"四个意识"、坚定"四个自信"、做到"两个维护"，不断提高政治判断力、政治领悟力、政治执行力，自觉在思想上、政治上、行动上同以习近平同志为核心的党中央保持高度一致。

对党外干部，也应当根据其特点，开展相应的政治理论教育。

第十九条　党性教育重点开展理想信念、党的宗旨、革命传统、党风廉政教育。突出党章和党规党纪学习教育，强化政治忠诚教育，加强政治纪律和政治规矩教育，加强斗争精神和斗争本领养成，深入开展党史、新中国史、改革开放史、社会主义发展史、中华民族发展史学习教育，坚持用以伟大建党精神为源头的中国共产党人精神谱系教育干部，加强铸牢中华民族共同体意识教育，开展社会主义核心价值观教育、中华优秀传统文化教育、中华民族传统美德教育，开展政德教育、警示教育，引导党员干部提高思想觉悟、精神境界、道德修养，树立正确的权力观、政绩观、事业观，做到对党忠诚、个人干净、敢于担当，永葆共产党人政治本色。

第二十条　履职能力培训重点开展党中央关于经济建设、政治建设、文化建设、社会建设、生态文明建设和党的建设等方面重大决策部署的培训，分领域分专题学深学透习近平总书记重要思想、重要论述，提升推动高质量发展本领、服务群众本领、防范化解风险本领。加强宪法、法律和政策法规教育培训，提高干部科学执政、民主执政、依法执政水平。开展总体国家安全观教育，增强干部国家安全意识，提高统筹发展和安全能力。

第二十一条　知识培训应当根据干部岗位特点和工作要求，有针对性地开展履行岗位职责所必备知识的培训，加强各种新知识新技能的教育培训，帮助干部优化知识结构、完善知识体系、提高综合素养。

第五章　教育培训方式方法

第二十二条　干部教育培训以脱产培训、党委（党组）理论学习中心组学习、网络培训、在职自学等方式进行。

第二十三条　脱产培训以组织调训为主。干部教育培训主管部门负责制定调训计划、选调干部参加培训，对重要岗位的干部可以实行点名调训。干部所在单位按照计划完成调训任务。干部必须服从组织调训。

第二十四条　党委（党组）理论学习中心组学习以政治学习为根本，以深入学习贯彻习近平新时代中国特色社会主义思想为主题主线，在个人自学和专题调研基础上保证每个季度不少于 1 次集体学习研讨。

第二十五条　充分运用现代信息技术，完善网络培训制度，建立兼容、开放、共享、规范的干部网络培训体系。提高干部教育培训教学和管理数字化水平，用好大数据、人工智能等技术手段。

第二十六条　建立健全干部在职自学制度。干部所在单位应当支持鼓励干部在职自学，并提供必要条件。

第二十七条　干部教育培训应当根据内容要求和干部特点，综合运用讲授式、研讨式、案例式、模拟式、体验式、访谈式、行动学习等方法，实现教学相长、学学相长。

干部教育培训主管部门应当引导和支持干部教育培训机构积极开展方式方法创新。

第六章　教育培训机构

第二十八条　干部教育培训机构主要包括：党校（行政学院）、干部学院、社会主义学院、部门行业培训机构、国有企业培训机构、干部教育培训高校基地。

各级党委（党组）和干部教育培训主管部门应当加强对干部教育培训机构的工作指导，构建分工明确、优势互补、布局合理、规范有序的培训机构体系。

第二十九条　党校（行政学院）是干部教育培训的主渠道，应当坚守党校初心、坚持党校姓党，突出党的理论教育、党性教育，加强履职能力培训，发挥为党育才、为党献策的独特价值。

中央党校（国家行政学院）和中国浦东干部学院、中国井冈山干部学院、中国延安干部学院作为国家级干部教育培训机构，应当发挥示范引领作用。

省（自治区、直辖市）党性教育干部学院是教育党员干部坚定理想信念、加强党性修养、传承红色基因、赓续红色血脉的重要阵地，应当用好红色资源，突出办学特色，发挥在党性教育中的独特优势。

社会主义学院是党领导的统一战线性质的政治学院，应当坚持功能定位，承担好民主党派和无党派人士、统一战线其他领域代表人士、统战干部及统一战线理论研究人才等培训任务。

部门行业培训机构、国有企业培训机构应当按照各自职责提升办学水平，重点做好本部门本行业本单位的干部教育培训工作。

干部教育培训高校基地应当发挥学科专业优势，重点开展履职能力培训。

各类干部教育培训机构应当加强交流合作，通过联合办学等方式，促进资源优化配置。

第三十条 根据工作需要，干部教育培训主办单位可以委托干部教育培训主管部门认可的其他高等学校、科研院所承担干部教育培训任务。

第三十一条 干部教育培训机构应当以教学为中心，深化教学改革，优化学科结构，完善培训内容，科学设置培训班次和学制，改进课程设计，创新教学方法，规范现场教学点管理，提高教学水平。

第三十二条 各级党委应当加强对党校（行政学院）工作的领导，履行办好、管好、建好党校（行政学院）的主体责任，选优配强领导班子，按照实用、安全、有效的原则加强和改善基础设施和办学条件。

因地制宜推进县级党校（行政学校）分类建设，深化办学体制改革和办学模式创新，不断提升办学能力和水平。

第三十三条 加强干部教育培训机构规范管理和质量提升，调整、整顿办学能力弱的干部教育培训机构。新设干部教育培训机构应当严格按照有关规定程序和机构编制管理权限审批。

第三十四条 干部教育培训主管部门和干部教育培训机构应当注重干部教育培训管理者队伍建设，加强培养，严格管理，促进交流，优化结构，提高素质。

加强干部教育培训理论研究。

第三十五条 干部教育培训机构必须贯彻执行党和国家干部教育培训方针政策和有关党内法规、法律法规，严格落实意识形态工作责任制，加强校风教风学风建设。

第七章 师资、课程、教材、经费

第三十六条 干部教育培训主管部门和干部教育培训机构应当按照政治过硬、素质优良、规模适当、结构合理、专兼结合的原则，建设高素质干部教育培训师资队伍。

第三十七条 从事干部教育培训工作的教师，必须对党忠诚、信念坚定，严守纪律、严谨治学，具有良好的思想道德修养、较高的理论政策水平、扎实的专业知识基础，有一定的实际工作经验，掌握现代教育培训理论和方法，具备胜任教学、科研工作的能力，不得传播违反党的理论和路线方针政策、违反中央决定的错误观点。

第三十八条　注重专职教师队伍建设，创新引才育才机制，完善考核、奖惩和教育培训、实践锻炼制度，专职教师每年参加教育培训的时间累计不少于 1 个月。逐步建立符合干部教育培训特点的师资队伍考核评价体系和职称评审制度。

第三十九条　注重邀请思想政治素质过硬、实践经验丰富、理论水平较高的领导干部、专家学者和先进模范人物、优秀基层干部等到干部教育培训课堂授课，充分发挥外请教师的作用。干部教育培训主办单位和干部教育培训机构应当加强对外请教师的审核把关。

坚持领导干部上讲台制度。县级以上党政领导班子成员特别是主要领导干部应当带头到党校（行政学院）、干部学院、社会主义学院等授课。

第四十条　中央组织部和各省（自治区、直辖市）党委组织部应当建立完善干部教育培训师资库。有条件的地区和部门可以根据工作需要建立干部教育培训师资库。

第四十一条　干部教育培训主管部门和干部教育培训机构应当完善课程开发和更新机制，构建富有时代特征和实践特色、务实管用的课程体系。

第四十二条　加强精品课程建设，重点开发体现马克思主义中国化时代化最新成果、反映各领域实践党的创新理论的精品课程。

建立干部教育培训精品课程库，实现优质课程资源共享。

第四十三条　适应不同类别干部教育培训的需要，着眼于提高干部综合素质和能力，开发具有政治性、思想性、权威性、指导性、可读性的干部学习培训教材。

第四十四条　全国干部培训教材编审指导委员会负责全国干部学习培训教材规划、编写、审定等工作。地方、部门和干部教育培训机构可以编写符合需要、各具特色的干部学习培训教材。

第四十五条　干部教育培训主管部门和干部教育培训机构应当严格审核把关，优先选用中央有关部门组织编写、推荐的权威教材，也可以选用其他优秀出版物。未经审核把关的教材不得进入干部教育培训课堂。

第四十六条　干部教育培训经费列入各级政府年度财政预算，保证干部教育培训工作需要。

干部教育培训主管部门、干部教育培训主办单位和干部教育培训机构应当严格干部教育培训经费管理，厉行节约，勤俭办学，提高经费使用效益。

第四十七条　各级党委和政府应当加大对革命老区、民族地区、边疆地区、乡村振兴重点帮扶地区干部教育培训支持力度，推动优质培训资源向基层延伸倾斜。

第八章　考核与评估

第四十八条　干部教育培训主管部门和干部教育培训机构应当完善干部教育培训考核和激励机制。干部接受教育培训情况应当作为干部考核的内容和任职、晋升的重要依据。

第四十九条　干部教育培训考核的内容包括干部的学习态度和表现，理论、知识掌握程度，党性修养、作风养成和遵规守纪情况，以及解决实际问题的能力等。

干部教育培训考核结果应当按照干部管理权限及时反馈组织人事部门。干部教育培训考核不合格的，年度考核不得确定为优秀等次。

第五十条　干部教育培训考核应当区分不同教育培训方式分别实施。脱产培训的考核，由主办单位和干部教育培训机构实施；网络培训的考核，由主办单位和干部所在单位实施。

干部教育培训主管部门和干部教育培训机构应当健全跟班管理制度，加强对干部学习培训的考核与监督。

第五十一条　干部教育培训实行登记管理。各级干部教育培训主管部门和干部所在单位应当按照干部管理权限，建立完善干部教育培训档案，如实记载干部参加教育培训情况和考核结果。

干部参加脱产培训情况应当记入干部年度考核登记表，参加2个月以上的脱产培训情况应当记入干部任免审批表。

第五十二条　干部教育培训主管部门负责对干部教育培训机构进行评估，也可以委托干部教育培训主管部门认可的机构进行评估。

干部教育培训机构评估的内容包括办学方针、培训质量、师资队伍、组织管理、学风建设、基础设施、经费管理等。

干部教育培训主管部门应当充分运用评估结果，指导干部教育培训机构改进工作。

第五十三条　干部教育培训主办单位负责对干部教育培训班次进行评估。

班次评估的内容包括培训设计、培训实施、培训管理、培训效果等。

评估结果应当作为评价干部教育培训机构办学质量的重要标准，作为确定干部教育培训机构承担培训任务的重要依据。

第五十四条　干部教育培训机构负责对干部教育培训课程进行评估。

课程评估的内容包括教学态度、教学内容、教学方法、教学效果等。

干部教育培训机构应当将评估结果作为指导教学部门和教师改进教学的重要依据。

第九章　纪律与监督

第五十五条　各级党委和政府及其有关工作部门、干部教育培训机构、干部所在单位和干部本人必须严格执行本条例。开展干部教育培训工作情况应当作为领导班子考核、巡视巡察和选人用人专项检查的内容。

第五十六条　干部教育培训主管部门会同有关部门对干部教育培训工作和贯彻执行本条例情况进行监督检查，制止和纠正违反本条例的行为，并对有关责任单位和人员提出处理意见和建议。

第五十七条　干部教育培训主办单位和干部教育培训机构违反本条例和有关规定的，由干部教育培训主管部门或者会同有关部门责令限期整改；逾期不改的，给予通报批评；情节严重的，由有关部门对负有领导责任人员和直接责任人员给予组织处理、党纪政务处分。

第五十八条　从事干部教育培训工作的教师违反本条例和有关规定的，由干部教育培训机构或者有关部门视情节轻重给予批评教育、组织处理、党纪政务处分。

第五十九条　干部因故未按规定参加教育培训或者未达到教育培训要求的，应当及时安排补训。对无正当理由不参加教育培训的，由干部管理部门视情节轻重给予批评教育、组织处理。干部弄虚作假获取培训经历的，由干部管理部门按照有关规定严肃处理。

第六十条　干部参加教育培训期间必须严格遵守学习培训和廉洁自律各项规定。违反本条例和有关规定的，由干部教育培训机构视情节轻重给予约谈提醒、通报批评、责令退学等处理；情节严重的，由有关部门给予组织处理、党纪政务处分。

第十章　附则

第六十一条　中国人民解放军和中国人民武装警察部队的干部教育培训规定，由中央军事委员会根据本条例制定。

第六十二条　本条例由中共中央组织部负责解释。

第六十三条　本条例自发布之日起施行。

6.2 教育部下发的相关文件

6.2.1 普通高等教育学科专业设置调整优化改革方案

2023 年 2 月 21 日，教育部、国家发展改革委、工业和信息化部、财政部、人力资源社会保障部以教高〔2023〕1 号文印发了《普通高等教育学科专业设置调整优化改革方案》，该改革方案全文如下。

学科专业是高等教育体系的核心支柱，是人才培养的基础平台，学科专业结构和质量直接影响高校立德树人的成效、直接影响高等教育服务经济社会高质量发展的能力。为进一步调整优化学科专业结构，推进高等教育高质量发展，服务支撑中国式现代化建设，制定如下改革方案。

一、总体要求

1. 指导思想。深入学习贯彻党的二十大精神，全面贯彻落实习近平总书记关于教育的重要论述，完整、准确、全面贯彻新发展理念，面向世界科技前沿、面向经济主战场、面向国家重大需求、面向人民生命健康，推动高校积极主动适应经济社会发展需要，深化学科专业供给侧改革，全面提高人才自主培养质量，建设高质量高等教育体系。

2. 工作原则

——服务国家发展。以服务经济社会高质量发展为导向，想国家之所想、急国家之所急、应国家之所需，建好建强国家战略和区域发展急需的学科专业。

——突出优势特色。以新工科、新医科、新农科、新文科建设为引领，做强优势学科专业，形成人才培养高地；做优特色学科专业，实现分类发展、特色发展。

——强化协同联动。加强教育系统与行业部门联动，加强人才需求预测、预警、培养、评价等方面协同，实现学科专业与产业链、创新链、人才链相互匹配、相互促进。

3. 工作目标

到2025年，优化调整高校20%左右学科专业布点，新设一批适应新技术、新产业、新业态、新模式的学科专业，淘汰不适应经济社会发展的学科专业；基础学科特别是理科和基础医科本科专业点占比进一步提高；建好 10000 个左右国家级一流专业点、300 个左右基础学科拔尖学生培养基地；在具有一定国际影响力、对服务国家重大战略需求发挥重要作用的学科取得突破，形成一大批特色优势学科专业集群；建设一批未来技术学院、现代产业学院、高水平公共卫生学院、卓越工程师学院，建成一批专业特色学院，人才自主培养能力显著提升。到 2035 年，高等教育学科专业结构更加协调、特色更加彰显、优化调整机制更加完善，形成高水平人才自主培养体系，有力支撑建设一流人才方阵、构建一流大学体系，实现高等教育高质量发展，建成高等教育强国。

二、改进高校学科专业设置、调整、建设工作

4. 加强学科专业发展规划。高校要科学制定学科专业发展中长期规划，主动适应国家和区域经济社会发展、知识创新、科技进步、产业升级需要，做好学科专业优化、调整、升级、换代和新建工作。要将学科专业规划与学校事业发展规划相统一，建立健全工作制度，每年根据社会人才需求、学校办学定位、办学条件等，对本校学科专业设置调整进行专题研究。

5. 加快推进一流学科建设。高校要打破常规，服务国家重大战略需求，聚焦世界科学前沿、关键技术领域、传承弘扬中华优秀文化的学科，以及服务治国理政新领域新方向，打造中国特色世界影响标杆学科。要打破学科专业壁垒，深化学科交叉融合，创新学科组织模式，改革人才培养模式，培育优秀青年人才团队，深化国际交流合作，完善多渠道资源筹集机制，建设科教、产教融合创新平台等。

6. 深化新工科建设。主动适应产业发展趋势，主动服务制造强国战略，围绕"新的工科专业，工科专业的新要求，交叉融合再出新"，深化新工科建设，加快学科专业结构调整。对现有工科专业全要素改造升级，将相关学科专业发展前沿成果、最新要求融入人才培养方案和教学过程。加大国家重大战略、战略性新兴产业、区域支柱产业等相关学科专业建设力度，打造特色鲜明、相互协同的学科专业集群。推动现有工科交叉复合、工科与其他学科交叉融合、应用理科向工科延伸，形成新兴交叉学科专业，培育新的工科领域。

7. 加强新医科建设。面向人民生命健康，落实"大健康"理念，加快构建服务生命全周期、健康全过程的医学学科专业体系。聚焦理念内容、方法技术、标准评价等，全方位改造升级现有医学专业。主动适应医学新发展、健康产业新发展，布局建设智能医学、互联网医疗、医疗器械等领域紧缺专业。瞄准医学科技发展前沿，大力推进医科与理科、工科、文科等学科深度交叉融合，培育"医学+X""X+医学"等新兴学科专业。

8.推进新农科建设。面向新农村、新农业、新农民、新生态，推进农林学科专业供给侧改革，服务支撑农业转型升级和乡村振兴。适应新一轮科技革命对人才培养的新要求，主动运用现代生物技术、信息技术、工程技术等改造提升现有涉农学科专业。服务国家种业安全、耕地保护建设、现代农业发展、生态系统治理、乡村建设等战略需求，以及森林康养、绿色低碳等新产业新业态发展，开设生物育种、智慧耕地、种子科学与工程、农林智能装备、乡村规划设计等重点领域紧缺专业。积极推进农工、农理、农医、农文深度交叉融合创新发展，培育新兴涉农学科专业。

9.加快新文科建设。构建中国特色哲学社会科学，建构中国自主的知识体系，努力回答中国之问、世界之问、人民之问、时代之问，彰显中国之路、中国之治、中国之理。推动文科间、文科与理工农医学科交叉融合，积极发展文科类新兴专业，推动原有文科专业改造升级。强化重点领域涉外人才培养相关专业建设，打造涉外法治人才教育培养基地和关键语种人才教育培养基地，主动服务国家软实力提升和文化繁荣发展。推进文科专业数字化改造，深化文科专业课程体系和教学内容改革，做到价值塑造、知识传授、能力培养相统一，打造文科专业教育的中国范式。

10.加强基础学科专业建设。建强数理化生等基础理科学科专业，适度扩大天文学等紧缺理科学科专业布局。精准推进基础医学（含药学）学科专业建设，推进基础与临床融通的整合式8年制临床医学教育改革。系统推进哲学、历史学等基础文科学科专业建设，推动形成哲学社会科学中国学派。促进多学科交叉融通。适应"强化基础、重视应用、特色培养"要求，分类推进基础和应用人才培养。高水平研究型大学要加大基础研究人才培养力度；地方高校要拓宽基础学科应用面向，构建"基础+应用"复合培养体系，探索设置"基础学科+"辅修学士学位和双学士学位项目。

11.完善学科专业建设质量保障机制。高校要按照人才培养"先宽后深"的原则，制定科学、规范的人才培养方案，系统设计课程体系，配齐配强教师队伍、教学条件、实践基地等，确保人才培养方案落实落地。定期开展学科专业自评工作，建立健全学科专业建设质量年度报告制度，系统报告学科专业建设与调整整体情况、分专业建设情况、服务经济社会发展情况等，主动公开接受社会监督。

三、强化省级学科专业建设统筹和管理

12. 加强学科专业设置统筹。省级教育行政部门、有关部门（单位）教育司（局）要做好本地、本部门所属高校学科专业发展规划，指导本地、本部门高校做好学科专业设置工作。综合应用规划、信息服务、政策指导、资源配置等，促进所属高校优化学科专业结构。强化省级学位委员会统筹力度，推动学位授予单位动态调整学位授权点；充分发挥学位授权自主审核功能，推动自主审核单位优化现有学位授权点布局结构。

13. 严格学科专业检查评价。省级教育行政部门要对照相关标准，对所属高校新设学科专业的基本办学条件、师资力量、实践条件、学生满意度、招生规范度等进行检查，对未达到条件的要限制招生、限期整改。定期开展学科专业建设质量检查，对办学条件严重不足、教学质量低下、就业率过低的，要责令暂停招生、限期整改。

14. 开展人才需求和使用情况评价。国家和省级有关行业部门要主动开展行业人才需求预测、毕业生就业反馈预警及人才使用情况评价，适时发布区域及有关重点产业和行业人才需求。省级教育行政部门要积极开展高校学科专业与区域发展需求匹配度评估，及时公布本地优先发展和暂缓发展的学科专业名单。建立健全招生培养就业联动机制。鼓励行业企业参与高校人才培养方案修订及实施工作。

四、优化学科专业国家宏观调控机制

15. 切实发挥学科专业目录指导作用。实施新版研究生教育学科专业目录，完善一级学科设置、积极发展专业学位、统计编制二级学科和专业领域指导性目录，积极发展新兴交叉学科。修订普通高等学校本科专业目录，根据经济社会发展需求变化，动态调整国家控制布点本科专业和特设专业目录。

16. 完善学科专业管理制度。实施研究生教育学科专业目录管理办法和交叉学科设置与管理办法。定期编制急需学科专业引导发展清单。修订本科专业设置管理规定，探索建立专业预调整制度，明确高校申请备案（审批）专业，须列入学校发展规划，原则上提前1年进行预备案（申报）。加强学科专业存量调整，完善退出机制。对高校连续五年未招生的专业予以撤销处理。

17. 加强学科专业标准建设和应用。完善学位授权审核基本条件和学位基本要求，开展博士硕士学位授权点核验，完善本科专业类教学质量标准，兜住学科专业建设质量底线，推动高校依据标准和人才培养实际动态完善人才培养方案。发挥国务院

学位委员会学科评议组、全国专业学位研究生教育指导委员会、教育部高等学校教学指导委员会等专家组织作用，积极开展对学科专业建设的指导与质量监督。

18.强化示范引领。深入实施一流学科培优行动和一流本科专业建设"双万计划"，树立学科专业建设标杆。推进分类评价，基础学科专业更强调科教融合，应用型学科专业更强调产教融合，引导不同类型学科专业办出特色和水平。开展保合格、上水平、追卓越的三级本科专业认证工作。

19.深入实施"国家急需高层次人才培养专项"。统筹"双一流"建设高校、领军企业、重点院所等资源，创新招生、培养、管理、评价模式，超常规布局一批急需学科专业，建成一批高层次人才培养基地，形成更加完备的高质量人才培养体系，显著提升高层次人才自主培养能力。

20.加强专业学院建设。在学科专业基础好、整体实力强的高校建设30个左右未来技术学院；在行业特色鲜明、与产业联系紧密的高校建设300个左右现代产业学院；依托有关高校布局建设一批高水平公共卫生学院。支持高校以特色优势学科专业为依托，建设示范性集成电路学院、特色化示范性软件学院、一流网络安全学院、示范性密码学院、示范性能源学院、储能技术学院、智慧农业学院、涉外法治学院、国际组织学院等专业特色学院。推动专业性（行业特色型）高校进一步提高特色化办学水平。

21.健全学科专业调整与人才需求联动机制。人力资源社会保障及有关行业部门要大力支持高校学科专业建设，建立健全人才预测、预警机制，建立人才需求数据库，及时向社会发布重点行业产业人才需求，对人才需求趋少的行业产业进行学科专业设置预警。

22."一校一案"狠抓落实。各地各高校要根据改革方案，结合本地本校实际，按照"一校一案"原则，研究制定学科专业改革实施方案。地方高校方案报省级教育行政部门备案，其他中央部门所属高校经主管部门同意后报教育部备案，直属高校及各地实施方案报教育部备案。各地各高校应结合年度学科专业设置，每年9月底前报告实施方案落实情况。

6.2.2　全国职业院校技能大赛执行规划（2023—2027年）

2023年3月30日，教育部办公厅以教职成厅〔2023〕13号文下发了《全国职业院校技能大赛执行规划（2023—2027 年)》，该执行规划全文如下。

为深入贯彻落实党中央关于职业教育工作的决策部署和习近平总书记有关重要指示批示精神，推动落实《中华人民共和国职业教育法》，提升全国职业院校技能大赛（以下简称大赛）专业化、制度化水平，明确未来 5 年大赛发展方向、主要任务和保障措施，保证大赛规范有序发展，依据《关于推动现代职业教育高质量发展的意见》《关于深化现代职业教育体系建设改革的意见》《全国职业院校技能大赛章程》等文件精神，制定本规划。

一、规划背景

大赛是教育部牵头发起、联合 34 家部委和事业组织举办的一项公益性、国际性职业院校师生综合技能竞赛活动，是我国职业教育一项重大制度设计和创新。自 2008 年以来已成功举办 15 届，规模不断扩大，水平逐年提升，国内外影响力逐步增强，在引领职业教育"三教"改革、提高技术技能人才培养质量、促进高质量就业、服务经济社会发展、助力中外职业教育交流合作等方面发挥了重要作用，已经成为广大职教师生展示风采、追梦圆梦的重要舞台和中国职业教育的靓丽品牌。

近年来，伴随国家一系列政策法规的出台，职业教育进入快速发展的新阶段。国家战略发展和产业布局调整，也对大赛提出了新的要求。2020 年，大赛试点改革，在办赛机制、申办主体、经费投入等方面做出优化调整；2022 年，大赛开设国际赛道暨首届世界职业院校技能大赛。但是办赛过程中，仍存在赛项设置覆盖面不够广、头部企业参与度不够高、部分赛项引领专业建设和教学改革不力等问题。面对新形势新任务，大赛迫切需要以规划为牵引，进一步优化体制机制、标准规则、实施办法。

二、总体要求

（一）指导思想。以习近平新时代中国特色社会主义思想为指导，深入学习贯彻党的二十大精神，认真贯彻落实习近平总书记关于职业教育的重要论述和全国职业教育大会精神，以提升职业院校师生技术技能水平、培育工匠精神为宗旨，以解决生产一线实际问题、促进职业教育专业建设和教学改革、提高教育教学质量、培养高素质技术技能人才为导向，以优化职业教育类型定位为牵引，立足国内，放眼世界，持续提升大赛的质量、成效和品牌影响力，更好服务职业教育高质量发展。

（二）规划目标。通过科学规划、系统推进，到 2027 年，大赛的体制机制更加完善，赛事质量和专业化水平明显提升；纵向贯通、横向融通的职业院校竞赛体系基本形成；赛项设置更加合理，实现对 2021 版专业目录中专业大类全覆盖，专业类覆盖率超过 90%；赛项规程和赛题编制更加科学，与教学和产业需求衔接更加紧密；大赛成果在教学和生产一线得到广泛应用；对职业教育专业建设、教学改革、人才培养、对外交流的示范引领作用更加突出；大赛的社会关注度和影响力大幅提升，彰显中国职教特色、具备国际水准的技能赛事品牌得到认可。

（三）基本原则

1. 坚持职教特色，育人为本。贯彻党的教育方针，落实立德树人根本任务，充分考虑大赛的教育教学属性，围绕职业教育国家教学标准、真实工作过程任务要求和企业生产现实需要设计比赛，重点考查和培养选手的职业素养、理论功底、实操能力、创新精神、合作意识，促进学生全面发展、终身发展，培养具备行业特质、中国情怀、国际视野的综合型技术技能人才、能工巧匠、大国工匠。

2. 坚持以赛促融，以点带面。推动职普融通、产教融合、科教融汇，适时推出职教本科组比赛，搭建职业教育与普通教育互通互联的立交桥；不断优化企业参与机制和形式，引入良性竞争机制，吸引更多产教融合型企业、龙头企业、跨国公司参与大赛，更好发挥企业在软硬件支持、技术转化、资金捐赠等方面的作用；将新的科技成果和企业技术融入比赛，推动职业教育与产业深度互动，推动职业教育提档升级。

3. 坚持问题导向，健全机制。针对执行中发现的制约大赛高质量发展的重点难点问题，通过问卷调查、赛后抽查、第三方评估等对赛事进行全面梳理和科学总结，及时完善相关制度，持续优化体制机制建设、赛项设置和规程、赛题设计，以改革促发展，不断激发大赛创新活力。

4. 坚持统筹协调，多元参与。坚持政府主导、学校主体、行业指导、企业支持、社会参与的办赛机制，推动合作办赛、开放办赛。调动组委会成员单位积极性，提升大赛质量和影响力；扩大赛项执委会、赛项专家组等团体中的行业组织成员占比，建强专家、裁判、监督仲裁队伍；完善世校赛的国际组织形式和工作协调机制。

三、主要任务

（一）健全赛事体系。构建以校赛为基础、省赛为主体、国赛为示范、世校赛为牵引，上下衔接、内外贯通的职业院校技能大赛体系，在标准规则、体制机制、赛项设置、规程赛题、平台设备、组织实施和奖励政策等方面逐步统一标准。由职业院校定期组织校赛，规范省赛选手选拔，推动以赛促学、赛教一体。省赛每年举办一次，为国赛和世校赛选拔参赛选手。国赛每年举办一次，设高职组和中职组，逐步试点教师组技能比赛和师生同赛项目。世校赛逢双数年份在世界职业技术教育发展大会期间举办，由当年省赛获奖选手、国外院校选拔赛优胜者及在华留学生代表队等共同参加，比赛项目主要以国赛赛项库为基础，适度增补，兼顾各国普遍推荐的赛项设置。

（二）优化赛项设置。依据《职业教育专业目录（2021 年）》，综合考虑专业招生数、覆盖省份数、开设学校数，兼顾国家战略和重点行业产业实际需要，确定设赛方向和办赛频次。国赛赛项库总量控制在 170 个左右，每年国赛赛项数量控制在120—130 个。赛项库可根据需要每年一微调，每 5 年一大调。大赛开幕式或闭幕式所在赛区承办的赛项数量，原则上国赛赛项不超过 30 个，世校赛赛项不超过 20 个。

（三）改进大赛合作机制。构建分层级的大赛合作单位（企业）制度，设置全球合作伙伴（企业）、战略合作伙伴（企业）、赛项合作伙伴（企业），合作单位向大赛提供资金支持、设备和物资赞助、技术服务，大赛给予相应的权益。

（四）建强专家裁判队伍。建立涵盖各类职业院校、行业企业、科研院所等单位，数量充足、素质优良、业务精湛、分布合理、知识结构互补的专家裁判队伍。建好国外专家库，重点扩充熟悉国际技能标准和世界技能赛事、具有国际大赛工作或执裁经验的专家，兼顾国外参赛校专家。多维度严格选拔专家、裁判、监督仲裁并完善考核评价，实行"先培训、后上岗"，制定完善相应的选用、退出和"黑名单"细则，确保比赛的专业性和公平性。

（五）完善大赛管理平台。落实教育数字化战略行动，坚持统筹规划、分步实施、避免重复、即时高效原则，升级改版大赛官网，在现有信息发布、专家管理、资源共享等功能基础上，增加选手报名、赛事管理、线上评判与监督、选手风采展示、资源转化、直播互动等功能模块，构建满足各级赛事需求的一体化比赛管理平台，适时推进与国家职业教育智慧教育平台链接贯通。

（六）加大品牌宣传。创新媒体宣传渠道和策略，探索建立大赛融媒体宣传平台，加大对精彩赛事、获奖选手先进事迹宣传报道，做好优秀选手成长成才、大赛成果转化等典型案例总结。加强大赛标识使用与管理，塑造品牌形象。做好大赛规程标准、比赛设备等优质资源国际性推介宣传。扩大赛事开放，通过现场观摩等向社会展示比赛过程，设置面向中小学生的普适性体验赛项。改造、扩建职业院校技能大赛博物馆，做好档案资料整理、保存和展示。

（七）做好大赛研究和资源转化。依托大赛承办单位和行指委等组织，持续加强大赛理论和实践研究，探索发布大赛研究和资源建设类项目，为大赛高质量发展提供支撑。深入探索大赛资源转化路径，推动规程、赛题、资源包等有效转化为教育教学资源，推动围绕赛项开发系列活页式、工作手册式教材，建设在线精品课程、一体化数字教学资源库等。推动产教融合和校企合作落地落实。

四、保障措施

（一）加强组织领导。充分发挥各级党组织在办赛过程中的把关定向作用，确保办赛过程始终体现党的教育政策主张、体现新发展理念，始终保持正确方向。各赛区应提高站位，统一认识，把大赛作为推动本地区技术技能人才培养、职业教育高质量发展和促进就业创业的重要手段，各方积极参与，合力办好大赛。省级教育行政部门和承办院校作为赛区执委会和赛项执委会第一责任单位，应认真落实大赛章程和相关制度规定，切实履行各项义务，确保比赛顺利实施。

（二）强化经费投入和管理。各级教育行政部门应按照《全国职业院校技能大赛经费管理办法》要求，依法依规筹集、使用和管理大赛经费，提高资金使用效益，保证赛事实施。鼓励建立省级大赛经费使用管理制度，规范本地区大赛经费管理，省级管理办法不得与国赛经费管理办法相冲突。各地应持续拓展经费筹措渠道，加大办赛经费投入力度；根据教育部与中国银行签署的战略合作协议，争取当地分行对大赛的赞助尽快到位。

（三）完善选手奖励政策。探索建立和完善分层分级的大赛获奖师生奖励制度。鼓励各地协调联合主办单位，借鉴相关做法，在授予技术能手、青年岗位能手称号和职业技能等级评定等方面出台相关办法和举措；完善大赛获奖选手在升学考试、考研等方面的加分或免试政策；探索大赛获奖师生赴职业教育发展水平高的国家和地区交流、学习机制；视情对获奖选手进行现金奖励。

附件：全国职业院校技能大赛设赛指南（2023—2027年）（摘录）

中职组

赛项编号	设赛方向	办赛频次	专业大类
ZZ005	装配式建筑构件安装	每年	土木建筑
ZZ032	建筑信息模型建模	单数年	土木建筑

高职组

赛项编号	设赛方向	办赛频次	专业大类
GZ008	装配式建筑智能建造	每年	土木建筑
GZ009	建筑装饰数字化施工	每年	土木建筑
GZ010	建筑智能化系统安装与调试	每年	土木建筑
GZ011	建设工程数字化计量与计价	每年	土木建筑
GZ065	消防灭火系统安装与调试	单数年	土木建筑
GZ066	建筑工程识图	单数年	土木建筑
GZ090	建筑信息模型建模与应用	双数年	土木建筑
GZ091	市政管线（道）数字化施工	双数年	土木建筑

6.2.3　全面加强和改进新时代学生心理健康工作专项行动计划（2023—2025 年）

2023 年 4 月 20 日，教育部等十七部门以教体艺〔2023〕1 号文印发了《全面加强和改进新时代学生心理健康工作专项行动计划（2023—2025 年)》，该计划全文如下。

促进学生身心健康、全面发展，是党中央关心、人民群众关切、社会关注的重大课题。随着经济社会快速发展，学生成长环境不断变化，叠加新冠疫情影响，学生心理健康问题更加凸显。为认真贯彻党的二十大精神，贯彻落实《中国教育现代化 2035》《国务院关于实施健康中国行动的意见》，全面加强和改进新时代学生心理健康工作，提升学生心理健康素养，制定本行动计划。

一、总体要求

（一）指导思想

以习近平新时代中国特色社会主义思想为指导，全面贯彻党的教育方针，坚持为党育人、为国育才，落实立德树人根本任务，坚持健康第一的教育理念，切实把心理健康工作摆在更加突出位置，统筹政策与制度、学科与人才、技术与环境，贯通大中小学各学段，贯穿学校、家庭、社会各方面，培育学生热爱生活、珍视生命、自尊自信、理性平和、乐观向上的心理品质和不懈奋斗、荣辱不惊、百折不挠的意志品质，促进学生思想道德素质、科学文化素质和身心健康素质协调发展，培养担当民族复兴大任的时代新人。

（二）基本原则

——坚持全面发展。完善全面培养的教育体系，推进教育评价改革，坚持学习知识与提高全面素质相统一，培养德智体美劳全面发展的社会主义建设者和接班人。

——坚持健康第一。把健康作为学生全面发展的前提和基础，遵循学生成长成才规律，把解决学生心理问题与解决学生成才发展的实际问题相结合，把心理健康工作质量作为衡量教育发展水平、办学治校能力和人才培养质量的重要指标，促进学生身心健康。

——坚持提升能力。统筹教师、教材、课程、学科、专业等建设，加强学生心理健康工作体系建设，全方位强化学生心理健康教育，健全心理问题预防和监测机制，主动干预，增强学生心理健康工作科学性、针对性和有效性。

——坚持系统治理。健全多部门联动和学校、家庭、社会协同育人机制，聚焦影响学生心理健康的核心要素、关键领域和重点环节，补短板、强弱项，系统强化学生心理健康工作。

（三）工作目标

健康教育、监测预警、咨询服务、干预处置"四位一体"的学生心理健康工作体系更加健全，学校、家庭、社会和相关部门协同联动的学生心理健康工作格局更加完善。2025 年，配备专（兼）职心理健康教育教师的学校比例达到 95%，开展心理健康教育的家庭教育指导服务站点比例达到 60%。

二、主要任务

（一）五育并举促进心理健康

1. 以德育心。将学生心理健康教育贯穿德育思政工作全过程，融入教育教学、管理服务和学生成长各环节，纳入"三全育人"大格局，坚定理想信念，厚植爱国情怀，引导学生扣好人生第一粒扣子，树立正确的世界观、人生观、价值观。

2. 以智慧心。优化教育教学内容和方式，有效减轻义务教育阶段学生作业负担和校外培训负担。教师要注重学习掌握心理学知识，在学科教学中注重维护学生心理健康，既教书，又育人。

3. 以体强心。发挥体育调节情绪、疏解压力作用，实施学校体育固本行动，开齐开足上好体育与健康课，支持学校全覆盖、高质量开展体育课后服务，着力保障学生每天校内、校外各 1 个小时体育活动时间，熟练掌握 1—2 项运动技能，在体育锻炼中享受乐趣、增强体质、健全人格、锤炼意志。

4. 以美润心。发挥美育丰富精神、温润心灵作用，实施学校美育浸润行动，广泛开展普及性强、形式多样、内容丰富、积极向上的美育实践活动，教会学生认识美、欣赏美、创造美。

5. 以劳健心。丰富、拓展劳动教育实施途径，让学生动手实践、出力流汗，磨炼意志品质，养成劳动习惯，珍惜劳动成果和幸福生活。

（二）加强心理健康教育

6. 开设心理健康相关课程。中小学校要结合相关课程开展心理健康教育。中等职业学校按规定开足思想政治课"心理健康与职业生涯"模块学时。高等职业学校按规定将心理健康教育等课程列为公共基础必修或限定选修课。普通高校要开设心理健康必修课，原则上应设置 2 个学分（32—36 学时），有条件的高校可开设更多样、更有针对性的心理健康选修课。举办高等学历继续教育的高校要按规定开设适合成人特点的心理健康课程。托幼机构应遵循儿童生理、心理特点，创设活动场景，培养积极心理品质。

7. 发挥课堂教学作用。结合大中小学生发展需要，分层分类开展心理健康教学，关注学生个体差异，帮助学生掌握心理健康知识和技能，树立自助、求助意识，学会理性面对困难和挫折，增强心理健康素质。

8. 全方位开展心理健康教育。组织编写大中小学生心理健康读本，扎实推进心理健康教育普及。向家长、校长、班主任和辅导员等群体提供学生常见心理问题操作指南等心理健康"服务包"。依托"师生健康 中国健康"主题教育、"全国大中学生心理健康日"、职业院校"文明风采"活动、中考和高考等重要活动和时间节点，多渠道、多形式开展心理健康教育。发挥共青团、少先队、学生会（研究生会）、学生社团、学校聘请的社会工作者等作用，增强同伴支持，融洽师生同学关系。

（三）规范心理健康监测

9. 加强心理健康监测。组织研制符合中国儿童青少年特点的心理健康测评工具，规范量表选用、监测实施和结果运用。依托有关单位组建面向大中小学的国家级学生心理健康教育研究与监测专业机构，构建完整的学生心理健康状况监测体系，加强数据分析、案例研究，强化风险预判和条件保障。国家义务教育质量监测每年监测学生心理健康状况。地方教育部门和学校要积极开展学生心理健康监测工作。

10. 开展心理健康测评。坚持预防为主、关口前移，定期开展学生心理健康测评。县级教育部门要组织区域内中小学开展心理健康测评，用好开学重要时段，每学年面向小学高年级、初中、高中、中等职业学校等学生至少开展一次心理健康测评，指导学校科学规范运用测评结果，建立"一生一策"心理健康档案。高校每年应在新生入校后适时开展心理健康测评，鼓励有条件的高校合理增加测评频次和范围，科学分析、合理应用测评结果，分类制定心理健康教育方案。建立健全测评数据安全保护机制，防止信息泄露。

（四）完善心理预警干预

11. 健全预警体系。县级教育部门要依托有关单位建设区域性中小学生心理辅导中心，规范心理咨询辅导服务，定期面向区域内中小学提供业务指导、技能培训。中小学校要加强心理辅导室建设，开展预警和干预工作。鼓励高中、高校班级探索设置心理委员。高校要强化心理咨询服务平台建设，完善"学校—院系—班级—宿舍／个人"四级预警网络，辅导员、班主任定期走访学生宿舍，院系定期研判学生心理状况。重点关注面临学业就业压力、经济困难、情感危机、家庭变故、校园欺凌等风险因素以及校外实习、社会实践等学习生活环境变化的学生。发挥心理援助热线作用，面向因自然灾害、事故灾难、公共卫生事件、社会安全事件等重大突发事件受影响学生人群，强化应急心理援助，有效安抚、疏导和干预。

12. 优化协作机制。教育、卫生健康、网信、公安等部门指导学校与家庭、精神卫生医疗机构、妇幼保健机构等建立健全协同机制，共同开展学生心理健康宣传教育，加强物防、技防建设，及早发现学生严重心理健康问题，网上网下监测预警学生自伤或伤人等危险行为，畅通预防转介干预就医通道，及时转介、诊断、治疗。教育部门会同卫生健康等部门健全精神或心理健康问题学生复学机制。

（五）建强心理人才队伍

13. 提升人才培养质量。完善《心理学类教学质量国家标准》。加强心理学、应用心理学、社会工作等相关学科专业和心理学类拔尖学生培养基地建设。支持高校辅导员攻读心理学、社会工作等相关学科专业硕士学位，适当增加高校思想政治工作骨干在职攻读博士学位专项计划心理学相关专业名额。

14. 配齐心理健康教师。高校按师生比例不低于1∶4000配备专职心理健康教育教师，且每校至少配备2名。中小学每校至少配备1名专（兼）职心理健康教育教师，鼓励配备具有心理学专业背景的专职心理健康教育教师。建立心理健康教育教师教研制度，县级教研机构配备心理教研员。

15. 畅通教师发展渠道。组织研制心理健康教育教师专业标准，形成与心理健康教育教师资格制度、教师职称制度相互衔接的教师专业发展制度体系。心理健康教育教师职称评审可纳入思政、德育教师系列或单独评审。面向中小学校班主任和少先队辅导员、高校辅导员、研究生导师等开展个体心理发展、健康教育基本知识和技能全覆盖培训，定期对心理健康教育教师开展职业技能培训。多措并举加强教师心理健康工作，支持社会力量、专业医疗机构参与教师心理健康教育能力提升行动，用好家校社协同心理关爱平台，推进教师心理健康教育学习资源开发和培训，提升教师发现并有效处置心理健康问题的能力。

（六）支持心理健康科研

16. 开展科学研究。针对学生常见的心理问题和心理障碍，汇聚心理科学、脑科学、人工智能等学科资源，支持全国和地方相关重点实验室开展学生心理健康基础性、前沿性和国际性研究。鼓励有条件的高校、科研院所等设置学生心理健康实验室，开展学生心理健康研究。

17. 推动成果应用。鼓励支持将心理健康科研成果应用到学生心理健康教育、监测预警、咨询服务、干预处置等领域，提升学生心理健康工作水平。

（七）优化社会心理服务

18. 提升社会心理服务能力。卫生健康部门加强儿童医院、精神专科医院和妇幼保健机构儿童心理咨询及专科门诊建设，完善医疗卫生机构儿童青少年心理健康服务标准规范，加强综合监管。民政、卫生健康、共青团和少先队、妇联等部门协同搭建社区心理服务平台，支持专业社工、志愿者等开展儿童青少年心理健康服务。对已建有热线的精神卫生医疗机构及12345政务服务便民热线（含12320公共卫生热线）、共青团12355青少年服务热线等工作人员开展儿童青少年心理健康知识培训，提供专业化服务，向儿童青少年广泛宣传热线电话，鼓励有需要时拨打求助。

19.加强家庭教育指导服务。妇联、教育、关工委等部门组织办好家长学校或网上家庭教育指导平台，推动社区家庭教育指导服务站点建设，引导家长关注孩子心理健康，树立科学养育观念，尊重孩子心理发展规律，理性确定孩子成长预期，积极开展亲子活动，保障孩子充足睡眠，防止沉迷网络或游戏。家长学校或家庭教育指导服务站点每年面向家长至少开展一次心理健康教育。

20.加强未成年人保护。文明办指导推动地方加强未成年人心理健康成长辅导中心建设，拓展服务内容，增强服务能力。检察机关推动建立集取证、心理疏导、身体检查等功能于一体的未成年被害人"一站式"办案区，在涉未成年人案件办理中全面推行"督促监护令"，会同有关部门全面开展家庭教育指导工作。关工委组织发挥广大"五老"优势作用，推动"五老"工作室建设，关注未成年人心理健康教育。

（八）营造健康成长环境

21.规范开展科普宣传。科协、教育、卫生健康等部门充分利用广播、电视、网络等媒体平台和渠道，广泛开展学生心理健康知识和预防心理问题科普。教育、卫生健康、宣传部门推广学生心理健康工作经验做法，稳妥把握心理健康和精神卫生信息发布、新闻报道和舆情处置。

22.加强日常监督管理。网信、广播电视、公安等部门加大监管力度，及时发现、清理、查处与学生有关的非法有害信息及出版物，重点清查问题较多的网络游戏、直播、短视频等，广泛汇聚向真、向善、向美、向上的力量，以时代新风塑造和净化网络空间，共建网上美好精神家园。全面治理校园及周边、网络平台等面向未成年人无底线营销危害身心健康的食品、玩具等。

三、保障措施

（一）加强组织领导。将学生心理健康工作纳入对省级人民政府履行教育职责的评价，纳入学校改革发展整体规划，纳入人才培养体系和督导评估指标体系，作为各级各类学校办学水平评估和领导班子年度考核重要内容。成立全国学生心理健康工作咨询委员会。各地要探索建立省级统筹、市为中心、县为基地、学校布点的学生心理健康分级管理体系，健全部门协作、社会动员、全民参与的学生心理健康工作机制。

（二）落实经费投入。各地要加大统筹力度，优化支出结构，切实加强学生心理健康工作经费保障。学校应将所需经费纳入预算，满足学生心理健康工作需要。要健全多渠道投入机制，鼓励社会力量支持开展学生心理健康服务。

（三）培育推广经验。建设学生心理健康教育名师、名校长工作室，开展学生心理健康教育交流，遴选优秀案例。支持有条件的地区和学校创新学生心理健康工作模式，探索积累经验，发挥引领和带动作用。

6.2.4　关于公布首批"十四五"职业教育国家规划教材书目的通知

2023 年 6 月 19 日，教育部办公厅以教职成厅函〔2023〕19 号文下发了《关于公布首批"十四五"职业教育国家规划教材书目的通知》，并就有关事项通知如下。

一、落实要求，抓好教材选用。各省级教育行政部门要严格落实《职业院校教材管理办法》，加强对本地区职业院校教材选用使用工作的管理。各职业院校要按有关规定落实教材选用要求，优先选用"十四五"国规教材，确保优质教材进课堂，并做好教材选用备案工作。

二、明确要求，规范标识使用。有关出版单位须按照要求规范使用"十四五"国规教材专用标识。严禁未入选的教材擅自使用"十四五"国规教材专用标识，或使用可能误导教材选用的相似标识及表述，如使用造型、颜色高度相似的标识，标注主体或范围不明确的"规划教材""示范教材"等字样，或擅自标注"全国""国家"等字样。

三、紧跟产业，及时修订更新。各教材编写单位、主编和出版单位要根据经济社会和产业升级新动态，及时吸收新技术、新工艺、新标准，对入选的首批"十四五"国规教材内容进行动态更新完善，并不断丰富相应数字化教学资源。教材修订更新要严格按国规教材评审要求做好内容审核把关，及时向教育部职业教育与成人教育司或其委托的单位报送教材修订情况报告，切实做好"十四五"国规教材的修订备案工作。

四、示范引领，巩固建设成效。各省级教育行政部门、行业（教育）指导委员会、职业院校和有关出版单位要以本次"十四五"国规教材公布为契机，积极发挥优质教材的示范引领作用，强化职业教育新形态、数字化等教材开发建设力度，加快推进省级规划教材建设。

6.2.5 关于公布首批国家级职业教育教师教学创新团队名单的通知

2023 年 6 月 22 日，教育部以教师函〔2023〕5 号文下发了《关于公布首批国家级职业教育教师教学创新团队名单的通知》，通知全文如下。

各省、自治区、直辖市教育厅（教委），新疆生产建设兵团教育局：

为深入学习贯彻党的二十大精神，落实《国务院关于印发国家职业教育改革实施方案的通知》（国发〔2019〕4 号）和中共中央办公厅、国务院办公厅印发的《关于推动现代职业教育高质量发展的意见》精神，根据《教育部关于印发〈全国职业院校教师教学创新团队建设方案〉的通知》（教师函〔2019〕4 号）部署安排，经省级层面评价和部级层面验收，教育部确定国家级职业教育教师教学创新团队（以下简称国家级团队）111 个，现予公布（名单见附件）。

各地要以职业院校教师教学创新团队建设为重要抓手，深化教师队伍建设改革，充分发挥国家级团队示范引领作用，带动省级、校级团队整体规划和建设布局，逐步形成覆盖骨干专业（群）、引领教育教学模式改革创新、推进人才培养质量持续提升的团队网络。国家级团队要做好建设经验成果的总结凝练，形成可推广、可复制的建设范式，持续做好建设工作和成果巩固，发挥专业领域优势，牵头组建校企深度合作的教师发展共同体，加强与相关院校的沟通合作，通过高水平学校领衔、高层次团队示范，推动全国职业院校加强高素质"双师型"教师队伍建设，为培养更多高素质技术技能人才、能工巧匠、大国工匠提供强有力的师资支撑。

附件：首批国家级职业教育教师教学创新团队名单（仅列出土木建筑大类）。

序号	学校名称	专业领域	专业名称
46	绍兴职业技术学院	建筑信息模型制作与应用	建设工程管理
47	浙江建设职业技术学院	建筑信息模型制作与应用	建筑工程技术
48	日照职业技术学院	建筑信息模型制作与应用	建筑工程技术
49	四川建筑职业技术学院	建筑信息模型制作与应用	建筑工程技术
50	黄河水利职业技术学院	建筑信息模型制作与应用	建筑工程技术
51	陕西铁路工程职业技术学院	建筑信息模型制作与应用	建筑工程技术
52	广西建设职业技术学院	建筑信息模型制作与应用	建筑工程技术
53	重庆建筑工程职业学院	建筑信息模型制作与应用	建筑工程技术
54	黑龙江建筑职业技术学院	建筑信息模型制作与应用	建筑设备工程技术

6.2.6　关于转发《中国工程教育专业认证协会 教育部教育质量评估中心关于发布已通过工程教育认证专业名单的通告》的通知

2023 年 6 月 27 日，教育部高等教育司下发了《关于转发〈中国工程教育专业认证协会 教育部教育质量评估中心关于发布已通过工程教育认证专业名单的通告〉的通知》，该通知全文如下。

各省、自治区、直辖市教育厅（教委），新疆生产建设兵团教育局，有关部门（单位）教育司（局），部属各高等学校、部省合建各高等学校：

专业认证是高等教育质量保障体系的重要组成。截至 2022 年底，全国共有 321 所高等学校的 2385 个专业通过工程教育专业认证。为充分发挥认证专业的示范辐射作用，助推新工科建设，现转发《中国工程教育专业认证协会 教育部教育质量评估中心关于发布已通过工程教育认证专业名单的通告》（工程教育认证通告〔2023〕第 1 号）。

请各地各高校持续深化工程教育改革，贯彻落实"学生中心、产出导向、持续改进"的理念，扎实推进一流专业建设，提升工程人才自主培养能力，推动高等教育高质量发展。

6.2.7　关于加快推进现代职业教育体系建设改革重点任务的通知

2023 年 7 月 7 日，教育部办公厅以教职成厅函〔2023〕20 号文下发了《关于加快推进现代职业教育体系建设改革重点任务的通知》，该通知全文如下。

各省、自治区、直辖市教育厅（教委），新疆生产建设兵团教育局：

为深入贯彻党的二十大精神，落实中共中央办公厅、国务院办公厅印发的《关于深化现代职业教育体系建设改革的意见》，加快构建央地互动、区域联动、政行企校协同的职业教育高质量发展新机制，有序有效推进现代职业教育体系建设改革，现就有关事项通知如下。

一、重点任务

（一）打造市域产教联合体

各地要按照《教育部办公厅关于开展市域产教联合体建设的通知》（教职成厅函〔2023〕15 号）要求，积极打造兼具人才培养、创新创业、促进产业经济高质量发展功能的省级市域产教联合体。充分发挥政府主导作用，建立政行企校密切配合、协调联动的工作机制，推动市域产教联合体实体化运作。搭建共性技术服务平台，建设一批产教融合实训基地，广泛开展中国特色学徒制培养，引导联合体内企业广泛接收职业院校学生开展实习实训，支持学校服务企业技术创新、工艺改进、产品升级，促进教育链、人才链与产业链、创新链紧密结合。省级教育行政部门负责领导本省级行政区域的市域产教联合体建设，要防止一哄而上、盲目建设。教育部将加强对市域联合体工作和运行的过程管理和动态管理。第二批国家级市域产教联合体原则上从省级市域产教联合体中择优产生。

（二）打造行业产教融合共同体

各地要支持龙头企业和高水平高等学校、职业学校牵头，联合行业组织、学校、科研机构、上下游企业等共同参与，组建一批产教深度融合、服务高效对接、支撑行业发展的跨区域行业产教融合共同体。建立健全实体化运行机制，有组织开发优质教学评价标准、专业核心课程、实践能力项目和教学装备，培养行业急需的高素质技术技能人才。建成一批行业领先的技术创新中心，形成同市场需求相适应、同产业结构相匹配的现代职业教育结构和区域布局。教育部将在先进轨道交通装备、航空航天装备、船舶与海洋工程装备、新材料、兵器工业5个领域进行首批布局，并有计划地在新一代信息技术产业、高档数控机床和机器人、高端仪器、能源电子、节能与新能源汽车、电力装备、农机装备、生物医药及高性能医疗器械等重点行业和重点领域，指导建设一批全国性跨区域行业产教融合共同体，带动地方建设一批赋能区域经济发展、服务地方特色产业的区域性行业产教融合共同体。

（三）建设开放型区域产教融合实践中心

各地要面向国家重大战略和区域经济发展，对标产业发展前沿，建设一批集实践教学、社会培训、真实生产和技术服务功能为一体的学校实践中心、企业实践中心和公共实践中心（以下简称实践中心）。实践中心要积极协调各类资源，加强经费和人员投入，围绕企业生产经营过程中的关键问题开展协同创新，聚焦行业紧缺高技能人才开展联合培养，产出一批支撑区域产业和经济社会高质量发展的突出成果。到2025年，建成300个左右全国性实践中心，带动各地建设一批省级和市级实践中心，形成国家省市三级实践中心体系，职业教育的实践教学质量和服务能力全面提升。

（四）持续建设职业教育专业教学资源库

适应职业教育数字化转型趋势和变革要求，加快构建校省国家三级中职高职本科全覆盖的职业教育专业教学资源库（以下简称资源库）共建共享体系。资源库要围绕某个专业开展建设，涵盖专业人才培养方案、课程教学资源、知识图谱、必备技能以及对应的职业岗位标准，覆盖全部专业核心课程，扩展建设必要的专业基础课程，为学习者提供便捷高效的全流程学习服务。各校要深化国家职业教育智慧教育平台应用，优先使用全国性、区域性资源库，鼓励根据人才培养需要建设有特色的校级资源库。各地要强化区域统筹，建设服务当地产业和地域特色的区域性资源库，推动各级资源库接入国家或省级职业教育智慧教育平台，主动接受应用情况监测。教育部将在推进现有国家级资源库完善升级、动态管理的同时，在专业基础好、资源质量好、使用效果好、行业企业需求迫切、示范引领作用明显的区域性资源库的基础上，继续有组织建设一批全国性资源库。到 2025 年，建成一批全国性资源库，带动地方建设 1000 个左右区域性资源库，基本实现职业教育专业全覆盖。

（五）建设职业教育信息化标杆学校

各校要积极落实《职业院校数字校园规范》，建设校本大数据中心，建设一体化智能化教学、管理与服务平台，持续丰富师生发展、教育教学、实习实训、管理服务等应用场景，落实网络安全责任。各地要强化统筹，加大财政支持力度；指导学校系统设计校本数字化整体解决方案；组织学校有序接入"全国职业教育智慧大脑院校中台"，接受管理监测。教育部将在数字资源丰富、功能应用强大、赋能效果良好的区域性信息化标杆学校的基础上，有组织地指导建设全国性信息化标杆学校。到 2025 年，建成 300 所左右全国性信息化标杆学校，带动建设 1000 所左右区域性信息化标杆学校，推动信息技术与职业院校办学深度融合。

（六）建设职业教育示范性虚拟仿真实训基地

各校要瞄准专业实训教学中"高投入高难度高风险、难实施难观摩难再现"等现实问题，结合自身实际，建设职业教育虚拟仿真实训基地（以下简称虚仿基地）。虚仿基地要有效运用虚拟现实、数字孪生等新一代信息技术，开发资源、升级设备、构建课程、组建团队，革新传统实训模式，有效服务专业实训和社会培训等。各地要加强统筹管理，根据区域产业结构，因地制宜、合理布局建设区域性虚仿基地；引导各虚仿基地共建共享共用虚拟仿真实训资源，积极向国家或省级职业教育智慧教育平台推送优质资源。教育部将在专业实训基础条件好、信息化水平高、应用成效明显的区域性虚仿基地的基础上，有组织地指导建设全国示范性虚仿基地。到2025年建成200个左右全国示范性虚仿基地，带动各地1000个左右区域示范性虚仿基地建设，推动职业院校技术技能人才实训教学模式创新。

（七）开展职业教育一流核心课程建设

支持各地结合区域重点产业发展需求，统筹在线课程和线下课程，推进本地区职业教育一流核心课程建设和实施。到2025年，围绕现代化产业体系建设需要，以专业核心课程改革为切入点，面向行业重点领域，建成1000门左右课程内容符合岗位工作实际并充分纳入新技术、新工艺、新规范，课程设计符合因材施教规律并充分融入课程思政、教学实施符合以学生为中心理念并充分运用数字技术手段、教学评价充分关注学生全面成长的全国性职业教育一流核心课程，引领职业教育"课堂改革"，提升关键核心领域技术技能人才培养质量。

（八）开展职业教育优质教材建设

支持各地在"十四五"职业教育国家规划教材范围内建设2000种左右全国性职业教育产教融合优质教材。优质教材建设将重点面向战略性新兴产业、先进制造业、现代服务业、现代农业等领域，深化产教融合、协同育人，科学严谨、内容丰富、形态多样、反映行业前沿技术，鼓励行业牵头或行业、企业、学校等共同开发。到2025年，通过建设和宣传推介，大幅提升优质教材的影响力和选用比例，有效发挥优质专业课程教材的示范辐射作用。

（九）开展职业教育校企合作典型生产实践项目建设

支持各地组织校企共同开发200个全国性典型生产实践项目，引导学生在真实职业环境中学习应用知识和职业技能。校企合作典型生产实践项目建设要基于企业真实生产过程，融入行业最新技术和标准，充分体现新技术、新工艺、新规范以及深度运用数字技术解决生产问题的能力。到2025年，通过分批部署、持续建设，扩大优质资源共享，力争形成以企业典型生产实践项目为载体的职业教育教学模式新突破，有效提升人才培养针对性和适应性。

（十）开展具有国际影响的职业教育标准、资源和装备建设

支持各地立足区域优势、发展战略和产业需求，围绕"教随产出、产教同行"，建设和推出由我国职业学校牵头开发、业内领先、基础良好、产教融合特征显著、

具有较高国际影响力和认可度的 30 个左右职业教育标准（包括但不限于专业、教学、课程、实习实训、教学条件、师资、培训、校企合作等方面的省级或学校标准），100 个左右优质教学资源（包括但不限于教材、课程资源、教学项目、案例、培训资源、数字化资源或平台、专业建设一体化解决方案等），20 个左右专业仪器设备装备（包括但不限于设备装备、教辅设备、生产线装备、AI 或 VR 设备）。到 2025 年，形成一批具有较高国际影响力的职业教育标准、资源和装备体系，持续打造中国职业教育国际化品牌，建立职业教育国际品牌项目培育、发展和推广机制，提升中国职业教育国际影响力和竞争力。

（十一）建设具有较高国际化水平的职业学校

各地各校要坚持"教随产出、产教同行"，立足学校骨干（特色）专业，"走出去"和"引进来"双线发展并有所侧重，引进国外优质职业教育资源，扩大来华留学和培训规模，做强若干中国职业教育国际合作品牌，有组织地打造具有中国特色的职业教育境外办学项目、海外职业技术学院和海外应用技术大学，培养一批适应国际化教学需要的职教师资，培养一批服务中国企业海外发展的本土化技术技能人才，整体提升职业学校国际化水平。到 2025 年，分三批支持 300 所左右的中国特色、具有较高国际化水平的职业学校。

二、推进机制

（一）自主建设

各重点任务建设指南将在现代职业教育体系改革管理公共信息服务平台（网址：http://zj.chinaafse.cn/，以下简称管理平台）予以公布。各地要积极组织有关政府部门、学校、企业、产业园区承接重点任务，明确各重点任务牵头建设单位（以下简称建设单位），根据各重点任务建设指南的要求，整合教育产业政策资源、形成建设方案（含年度绩效目标）并上传管理平台，自主开展建设，接受监督调度。各项目咨询联系人及联系方式见附件。

（二）统筹推进

各地要强化省级统筹，将重点任务建设情况纳入深化现代职业教育体系建设改革工作中整体部署，落实对职业教育工作的统筹规划、综合协调、宏观管理，会同相关部门加强工作指导、协调支持经费、加大政策供给，每年总结工作进展，定期向省级党委教育工作领导小组报告。

（三）考核激励

教育部通过管理平台对各地重点任务建设情况进行过程管理，定期采集绩效数据，每年通报工作进展。各地重点任务建设情况将作为遴选职业教育改革成效明显地方、"双高计划"建设、"双优计划"建设，现代职业教育质量提升计划资金分配和国家新一轮重大改革试点项目布局的重要依据。教育部政府门户网站将开辟"职业教育体系建设改革"专栏，及时宣传各地各校典型经验。

三、时间安排

（一）2023 年 7 月 30 日起，各建设单位可登录管理平台进行单位注册登记，按照各重点任务的时间节点和工作要求，填报相关数据信息，上传建设方案（含佐证材料）。各地要通过管理平台及时审核推荐，并按程序报至教育部（职业教育与成人教育司）。

（二）自 2023 年起，每年 12 月 15 日前，各建设单位要通过管理平台填报绩效数据，撰写并上传年度工作报告。各地要对各建设单位年度建设成效进行考核评价，分任务撰写并上传省级总结报告。

6.2.8 关于批准 2022 年国家级教学成果奖获奖项目的决定

2023 年 7 月 21 日，教育部以教师〔2023〕4 号文印发了《关于批准 2022 年国家级教学成果奖获奖项目的决定》。决定指出：

在全国开展教学成果奖励活动是加快建设教育强国、落实立德树人根本任务的重要举措，是对学校人才培养工作和教育教学改革成果的检阅和展示。本次获奖项目，是广大教育工作者坚守三尺讲台、潜心教书育人取得的创新性成果，充分体现了近年来广大教育工作者在立德树人、教书育人、严谨笃学、教学改革方面所取得的进展和成绩。希望获奖集体和个人珍惜荣誉，牢记为党育人、为国育才的初心使命，坚定理想信念、陶冶道德情操、涵养扎实学识、勤修仁爱之心，积极探索新时代教育教学方法，不断提升教书育人本领，为培养德智体美劳全面发展的社会主义建设者和接班人作出新的更大贡献。

各地教育部门和各级各类学校要以习近平新时代中国特色社会主义思想为指导，深入贯彻党的二十大精神，主动超前布局、有力应对变局、奋力开拓新局，结合实际情况认真学习和应用好获奖成果，全面提高人才自主培养质量，加快建设高质量教育体系，更好发挥教育在社会主义现代化建设中的基础性、先导性、全局性作用。

2022 年土木建筑类专业职业教育国家级教学成果奖获奖项目名单如下：

特等奖（1 项）

序号	成果名称	完成人	完成单位
1	模式创立、标准研制、资源开发、师资培养——鲁班工坊的创新实践	戴裕崴，张磊，张维津，于忠武，杨延，耿洁，张兴会，于兰平，杨荣敏，李云梅，申奕，刘恩丽，李彦，康宁，王兴东，王娟，张巾帼，祖晓东，黎志东，李燕，刘盛，张颖，翟凤杰，张如意，丛军，赵倩红，段文燕，许有华，曹向红，关剑，刘铭	天津职业技术师范大学，天津轻工职业技术学院，天津机电职业技术学院，天津铁道职业技术学院，天津市教育科学研究院，天津中德应用技术大学，天津渤海职业技术学院，天津市职业大学，天津市经济贸易学校，天津城市职业学院，天津现代职业技术学院，天津市第一商业学校，天津医学高等专科学校，天津交通职业学院，天津电子信息职业技术学院

一等奖（4 项）

序号	成果名称	完成人	完成单位
46	岗赛证融入、训战赛一体、行企校协同：培养新型建筑工匠的探索与实践	李皑，刘颖，黄上峰，陈烨，唐友君，邹建光，毛晓兵，盛良，戴勇，王芷，刘强，张利，谢银满，雷定鸣，李孝	长沙建筑工程学校，中国建筑第五工程局有限公司，湖南省建设人力资源协会
56	西南喀斯特地区交通土建专业"集团化、集群化、多样化"现代学徒制创新实践	黄云奇，陈正振，陈海峰，李春鹏，罗宜春，王新，潘柳园，张俊青，莫品疆，陈均康，付春松，李育林，付宇文，钟其鹏，古雅明，杨静，杨青，庄惠子，廖桂葆，李少珩，刘丹荔，林燊宁	广西交通职业技术学院，广西交通运输职业教育集团，广西教育研究院，广西北部湾投资集团有限公司，广西交通投资集团有限公司，广西建设职业技术学院，北部湾大学，广西交通运输学校
60	服务建筑业国际产能合作，培养高职土建类国际化人才的探索与实践	戴明元，许辉熙，张蕾，鲜洁，王建忠，伍慧卿，廖开敏，王姣姣，周涛，张义琢，董思萌，李育枢，向波，吕颖，钱勇，胡晓元	四川建筑职业技术学院，四川华西海外投资建设有限公司，坦桑尼亚海南国际股份有限公司
62	面向川藏地区，交通土建类专业"四点聚力、跨界协同"育人模式的创新与实践	阮志刚，钟彪，黄宁，陈飚，蒋永林，刘玉荣，申莉，罗婧，李胜，杨小燕，熊国斌，牟廷敏，吴佳晔	四川交通职业技术学院，四川公路桥梁建设集团有限公司，四川省公路规划勘察设计研究院有限公司，四川升拓检测技术股份有限公司

二等奖（18 项）

序号	成果名称	完成人	完成单位
10	数字技术赋能智能建造专业群转型升级探索与实践	张丽丽，刘兰明，李石磊，曹明兰，李静，朱溢镕	北京工业职业技术学院，广联达科技股份有限公司

序号	成果名称	完成人	完成单位
69	从精英到大众：世赛引领园林花艺复合型人才培养实践	姜文琪，林明晖，程群，邓旭萍，夏枫，翟晓宇，魏万亮，项一鸣	上海市城市建设工程学校（上海市园林学校）
101	高职园林工匠人才"岗课训赛融通"培养体系的探索与实践	曹仁勇，刘玉华，章广明，杨广荣，管斌，薛俊菲，方应财，王剑，张虎，刘秀娟，王瑾，陈月容，万孝军，吴冬，李景娟，宰学明，陆文祥	江苏农林职业技术学院，江苏省风景园林协会，金陵科技学院
128	产教孪生 专业重构：高职教育建筑类专业群生态系统的构建与实践	戚豹，曾凡远，王峰，徐志鹏，孙亚峰，董云，陈年和，陈益武，郭起剑，方桐清，陈志东，丁维华，陈昕，娄志刚，林楠，黄新，彭宁波	江苏建筑职业技术学院，淮阴工学院，龙信建设集团有限公司
199	土建类专业"四维融合、四元协同"现代学徒制人才培养模式创新与实践	王金选，余大杭，徐宝升，吕贵林，陈光吉，王广利，李晓耕，施振华	黎明职业大学，泉州市建筑职教有限公司，泉州市土木建筑学会
247	产教同频·书证融通·素能并进：建筑工程技术专业群人才培养体系构建与实践	徐锡权，刘永坤，申淑荣，许崇华，周立军，王启田，潘珍珍，毛凤华，冯伟，田晶莹，孙玉琢，李颖颖，张国玉，谭婧婧，刘志麟，厉成龙，辛崇飞，陶登科，张涛，王全杰	日照职业技术学院，山东水利职业学院，山东锦华建设集团有限公司，日照天泰建筑安装工程有限公司，广联达科技股份有限公司
293	高职复合型BIM人才"四元融通"综合育人创新与实践	范国辉，刘莎，张志伟，李祯，杜恒，焦子怡，任华楠，秦鹏，王玉卓，郭晨，唐杰，杜媛媛，王晓霞，刘长玲，李荣胜，屈保中，张建奇，崔恩杰，张利，李春青	河南工业职业技术学院，廊坊市中科建筑产业化创新研究中心，河南省建设教育协会，广州中望龙腾软件股份有限公司，河南天工建设集团有限公司
317	耕读三堂：乡村规划建设人才培养创新实践	陈芳，朱向军，刘龙，邹宁，李曾辉，刘岚，刘娜，赵挺雄，廖雅静，肖凌，周湘华，赵磊	湖南城建职业技术学院，湖南省湘潭市岳塘区霞城街道阳塘村，湖南城建职院规划建筑设计有限公司，湖南省建筑科学院研究院有限公司
346	企业项目改造，行业标准研制：园林技术专业项目化课程改革与实践	李永红，王文涛，阮艺华，徐平利，冯金军，黄晖，张树飞，鲁朝辉，江世宏，刘俊武，王晓明（协会），叶向阳（企业）	深圳职业技术学院，深圳市风景园林协会，深圳园林股份有限公司
358	高职土建类专业"学训一体、赛创融教"育人模式的创新与实践	周晖，鄢维峰，赵琼梅，蒋晓云，方金刚，吴承霞，黎志宾，叶忠，高华，李仙兰，文健，戚甘红	广州城建职业学院，广东建设职业技术学院，广州番禺职业技术学院，广州城建技工学校，内蒙古建筑职业技术学院，浙江太学科技集团有限公司
370	中等职业学校建筑类专业"共享工地、分层递进"实践教学改革的研究与实践	陈良，何国林，钱勇，伍忠庆，韦卫杰，梁译匀，郭进磊，李如岚，李妍，陈锋，陈静玲，肖玉明	广西理工职业技术学校，广西建筑材料工业技工学校，广西教育研究院，广西壮族自治区住房和城乡建设厅培训中心，广西建工第五建筑工程集团有限公司，广西昌桂源投资有限公司，广西美饰美家装饰集团有限公司

续表

序号	成果名称	完成人	完成单位
390	课程融通·教学赋智·多元联动——高职新型建筑工业化人才培养的创新实践	姚琦，吴昆，胡晓光，李朝阳，罗献燕，刘学军，付春松，詹雷颖，黄平，黄皓，葛春雷，林冠宏，陶伯雄，谢东，梁卡，吴丹，庞毅玲，黄喜华，温世臣，唐未平，李向民，许力，阳艳美，徐长春，顾涛	广西建设职业技术学院，华蓝设计（集团）有限公司，廊坊市中科建筑产业化创新研究中心，广西装配式建筑发展促进会
410	贯通产业链 融通岗赛证——智能化赋能装配式建筑人才培养创新实践	张银会，郑周练，苟寒梅，阳江英，钟焘，郭盈盈，武新杰，骆文进，陈伟，吴沛厚，刘美霞，李超，张爱莲，熊刚，张京街，曹洋铭，高清禄，韩笑	重庆建筑工程职业学院，住房和城乡建设部科技与产业化发展中心，重庆大学，重庆中科建设（集团）有限公司，四川建筑职业技术学院，重庆市建筑科学研究院有限公司，山东百库教育科技有限公司
430	分类合作·标准贯通·评价赋能：提升土建类高职学生职业适应力的创新与实践	李辉，李超，王艳，肖川，伍小平，吴国雄，杨转运，高海港，孙德江，丁杨，黄志豪，刘兵，胡驰，赵钧	四川建筑职业技术学院，中国建筑一局（集团）有限公司，四汇建设集团有限公司，迅达（中国）电梯有限公司，重庆建筑工程职业学院
445	中职交通土建类专业"差异化·多样性·双主体"育人模式探索与实践	崔鲁科，罗筠，龙勇，张用林，陈略，龚杰，朱仁显，李毅，吴畏，江胜波，谢海青，钱孟，王转，杨倩，余泓达，张捷，张睿	贵州省交通运输学校，贵州大西南检验检测集团有限公司，贵州交通职业技术学院
447	一桥一课一团队：山区高桥建造工匠培养"贵州模式"的创新与实践	刘正发，韦生根，刘志，韩洪举，林林，向程龙，吴有富，周德军，张涛，郭天惠，李郴娟，冉江兰，龙建旭，张伟华，梅世龙，罗筠，龚兴生，黄鸿飞，彭鸿	贵州交通职业技术学院，贵州交通建设集团有限公司
464	对接关键岗位 实施"四化协同 五课堂联动"高铁施工类专业课程改革与实践	张福荣，焦胜军，赵东，朱永伟，李立功，郝付军，章韵，庞旭卿，何文敏，袁曼飞，张飞	陕西铁路工程职业技术学院，中铁上海工程局集团第七工程有限公司
470	校企"双主体 六对接"培养现代煤矿土建类技术技能人才的创新与实践	杨建华，朱忠军，张京，苏晓春，王洁，梁博，程良，杨伟樱，王明智，杨洋，武文贤，李振林，吴海龙，王亚娟，李永怀，李浩，齐瑛，李快社	陕西能源职业技术学院，陕西煤业化工建设（集团）有限公司

2022 年土木建筑类专业高等教育（本科）国家级教学成果奖获奖项目名单如下：

一等奖（1 项）

序号	成果名称	完成人	完成单位
23	土木工程专业世界一流人才培养的系统实践	赵宪忠，张伟平，项海帆，陈以一，顾祥林，阮欣，陈清军，钱建固，肖军华，王伟，李国强，何敏娟，严长征，单伽锃，李晓军	同济大学

二等奖（19项）

序号	成果名称	完成人	完成单位
61	传承中华营建体系的建筑类卓越人才培养模式创新与实践	孔宇航，许蓁，张昕楠，杨崴，张睿，杨菁，杨鸿玮，闫凤英，曾鹏，曹磊，王鹤，宋祎琳，吴葱，辛善超，胡莲	天津大学
86	突出海洋工程培养特色创新土木类专业育人体系	杨庆，孔纲强，黄丽华，张继生，杜志达，陈廷国，于龙，杨钢，刘涛，王宝民，赵胜川，唐小微，唐洪祥，王立成，郑金海，张金利，王胤，王忠涛，陈徐东，潘宝峰，张宏战，周长俊，任玉宾，韩云瑞	大连理工大学，河海大学，中国海洋大学
102	应用型高等工程教育"两面向、三融合、五共同"人才培养模式研究与实践	窦立军，胡明，李长雨，张冀男，侯丽华，张邦成，张志杰，于淼，郭瑞，赵庆明，刘江川，金洪文，李丽娜，杨明，楚永娟	长春工程学院
170	新型建筑工业化战略背景下土木类创新人才培养改革与实践	吴刚，陆金钰，李启明，郭正兴，乔玲，张建，谈超群，王燕华，刘静，李德智，王景全，童小东，邱洪兴，姚一鸣，孙泽阳，邓温妮，李霞，管东芝，王玲艳，袁竞峰	东南大学
181	基于大思政观、大工程观的土木一流人才"三维三融"培养体系建构与实践	沈扬，高玉峰，刘云，刘汉龙，曹平周，汪基伟，潘静，吴宝海，陈磊，孙其昂，朱永忠，赵引，李锐，张华，张勤，陈育民，郑长江，仇文岗，蒋菊，王锦国，丁小庆，王璐，孙洪广，张洁	河海大学
288	"数字转型、五维重构"的土建类专业新形态课程探索与实践	崔艳秋，孔亚暐，宋德萱，王亚平，杨倩苗，周学军，牛盛楠，宁荍，房涛，何文晶，蔡洪彬，陈清奎，刘寒芳，安巧霞，杜书廷，刘琦，魏瑞涵	山东建筑大学，同济大学，山东大学，塔里木大学，济南大学，许昌学院
305	思政引领 目标导向 多方协同——土木类高素质新工科人才培养体系构建与实践	刘泉声，徐礼华，吴志军，方正，胡衡，傅旭东，谢献谋，李杉，汪洋，张晓平，胡志根，余亮，杨荷	武汉大学
310	面向数字经济的工程管理复合型人才"非线性学习"培养模式研究与实践	丁烈云，骆汉宾，高飞，孙峻，周诚，王元勋，徐学军，苗雨，龙晓鸿，钟波涛，李斌，周迎，刘有军	华中科技大学
339	"一本三能，四梁八柱"——土木类经世致用拔尖创新人才培养模式探索与实践	陈仁朋，邓露，张国强，周云，邵旭东，张恒龙，彭晋卿，黄立葵，华旭刚，张玲，施周，方志，易伟建，樊伟，周石庆，张望喜，李念平，陈大川，刘晓明，赵明华，陈美华，秦鹏	湖南大学

续表

序号	成果名称	完成人	完成单位
355	"水土交融，场网共享"新时期大土木实践育人模式构建与示范	王复明，杜彦良，周福霖，陈湘生，邓铭江，唐洪武，许唯临，刘加平，朱合华，周建庭，王宗敏，何川，吴智深，李庆斌，冯平，周颖，林凯荣，方宏远，杨俊，陈红，丁选明，谢红强，雷冬，罗尧治，王玉银，刘斌，李冬生，王述红，余志武，刘勇，杨健，刘云贺，罗蓉，王召东，陈雷，张玉清，刘雪梅，贾永胜，谭平，张吾渝，陈秀云，吴曙光，郦伟，包小华，高占凤，徐慧宁，龚之冰，孙金山，赵新宇，郭成超	中山大学，四川大学，郑州大学，河海大学，重庆交通大学，石家庄铁道大学，同济大学，大连理工大学，山东大学，清华大学，天津大学，中国交通建设股份有限公司，中国电力建设集团有限公司，中国铁建股份有限公司，中国中铁股份有限公司，中国长江三峡集团有限公司，中建地下空间有限公司，浙江大学，东南大学，哈尔滨工业大学，东北大学，深圳大学，广州大学，西安理工大学，江汉大学，重庆大学，华南理工大学，中国海洋大学，上海交通大学，中南大学，西南交通大学，青海大学，武汉理工大学，吉林建筑大学，华北水利水电大学，河南师范大学，河南城建学院，新余学院，惠州学院，黄淮学院，坝道工程医院（平舆）
358	"认证驱动、德识能三联动"的土木工程国际化卓越人才培养模式创新与实践	季静，吴波，苏成，陈庆军，张海燕，潘建荣，李静，王湛，吴建营，胡楠，康澜，张晓晴，郭文瑛，虞将苗	华南理工大学
382	浚源固本，知行融创：整体工程观引领的卓越土木工程人才培养探索与实践	周绪红，李正良，华建民，陈朝晖，谢强，石宇，李百战，杨庆山，王志军，文俊浩，严薇，刘红，卢黎，刘纲，康明，刘猛，文海家，喻伟，夏洪流，黄国庆	重庆大学
384	迈向工程强国的土建类学生非技术能力培养体系——工程管理专业教学团队的实践	刘贵文，何继善，向鹏成，王孟钧，毛超，严薇，曾绍珩，徐鹏鹏，叶堃晖，杨宇，周滔，洪竞科，蔡伟光，王青娥，华建民，任宏，陈辉华	重庆大学，中南大学
385	校企合作十年 同守育人初心：土建类跨学科多专业联合毕业设计教学实践	刘汉龙，胡学斌，杨宇，黄海静，陈娜，卢峰，徐波，陈金华，甘民，谢安，刘艺，郭炜，张亮，卿晓霞，曾旭东，刘宝，张海滨，顾湘，周智伟，张勤	重庆大学，中国建筑西南设计研究院有限公司，华东建筑设计研究院有限公司
431	融合中国城市营建智慧的城乡规划一流本科专业教学体系建构与实践	王树声，李小龙，周庆华，刘克成，尤涛，任云英，段德罡，陈晓键，高元，田达睿，张中华，颜培，徐玉倩，严少飞，朱玲	西安建筑科技大学
445	公路隧道工程拔尖创新本科人才培养的改革与实践	陈建勋，罗彦斌，张久鹏，王传武，陈丽俊，赵鹏宇，李尧，王永东，刘伟伟，贺宏斌，胡涛涛，王亚琼	长安大学

续表

序号	成果名称	完成人	完成单位
458	新时代建筑学专业人才培养体系创新与实践	刘加平，雷振东，叶飞，李昊，张倩，何文芳，梁斌，李志民，王怡，杨柳，杨辉，高博，冯璐，贾雷刚，杨雯	西安建筑科技大学
471	新时代水业人才实践育人体系重构及应用：协同助力·智慧赋能·多元驱动	李伟光，张洪伟，张智，王宝山，严子春，梁恒，时文歆，戴红玲，蒋柱武，周添红，毕学军，荣宏伟，李金成，冯萃敏，李思敏，马立艳，张炜，白朗明，姚娟娟	兰州交通大学，哈尔滨工业大学，重庆大学，华东交通大学，福建工程学院，青岛理工大学，广州大学，北京建筑大学，河北工程大学
473	扎根西北数十载，潜心耕耘创特色：西部地方高校土木工程专业建设探索与实践	朱彦鹏，韦尧兵，王秀丽，马天忠，韩建平，郭彤，王文达，陈志华，李万润，熊海贝，殷占忠，吴长，王永胜	兰州理工大学，东南大学，天津大学，同济大学

2022年土木建筑类专业高等教育（研究生）国家级教学成果奖获奖项目名单如下：

二等奖（2项）

序号	成果名称	完成人	完成单位
126	党建铸魂，实战育才——面向国家重大需求的土木工程研究生培养模式探索与实践	李术才，李利平，张庆松，刘健，许振浩，杨为民，蒋金洋，李典庆，周勇，刘国亮，葛智，韩勃，王汉鹏，刘人太，石少帅	山东大学，东南大学，武汉大学，山东高速集团有限公司
136	国家需求引领、产学研用融通——土木类研究生全程多维递进式培养体系	陈政清，陈仁朋，史才军，邵旭东，华旭刚，邓露，彭晋卿，周云，李寿英，樊伟，李念平，周石庆，牛华伟，刘志文，张恒龙	湖南大学

6.2.9 职业学校兼职教师管理办法

2023 年 8 月 29 日，教育部、财政部、人力资源社会保障部、国务院国资委以教师〔2023〕9 号文印发了《职业学校兼职教师管理办法》，该办法全文如下。

第一章 总则

第一条 为进一步完善职业学校兼职教师管理制度，推动职业学校与企事业单位建立协作共同体，支持、鼓励和规范职业学校聘请具有实践经验的企事业单位等人员担任兼职教师，按照《中共中央 国务院关于全面深化新时代教师队伍建设改革的意见》《国务院关于印发国家职业教育改革实施方案的通知》以及中共中央办公厅、国务院办公厅印发的《关于推动现代职业教育高质量发展的意见》《关于深化现代职业教育体系建设改革的意见》等文件精神，根据《中华人民共和国职业教育法》，制定本办法。

第二条　本办法所指职业学校包括中等职业学校（含技工学校）、高等职业学校（含专科、本科层次的职业学校）。

第三条　本办法所称兼职教师是指受职业学校聘请，兼职担任特定专业课程、实习实训课等教育教学任务及相关工作的人员。

第四条　职业学校要坚持以专任教师为主，兼职教师为补充的原则，聘请兼职教师应紧密对接产业升级和技术变革趋势，满足学校专业发展和技术技能人才培养需要，重点面向战略性新兴产业相关专业、民生紧缺专业和特色专业。兼职教师占职业学校专兼职教师总数的比例一般不超过30%。

第二章　选聘条件

第五条　聘请的兼职教师应以企事业单位在职人员为主，也可聘请身体健康、能胜任工作的企事业单位退休人员。根据需要也可聘请相关领域的能工巧匠作为兼职教师。重视发挥退休工程师、医师、教师的作用。

第六条　兼职教师的基本条件：

（一）拥护党的教育方针，具备良好的思想政治素质和职业道德，热爱教育事业，遵纪守法，有良好的身心素质和工作责任心；

（二）具有较高的专业素养或技术技能水平，能够胜任教学科研、专业建设或技术技能传承等教育教学工作；

（三）长期在经营管理岗位工作，具有丰富的经营管理经验；或长期在本专业（行业）技术领域、生产一线工作，一般应具有中级及以上专业技术职务（职称）或高级工及以上职业技能等级；鼓励聘请在相关行业中具有一定声誉和造诣的能工巧匠、劳动模范、非物质文化遗产国家和省市级传承人等。

第三章　选聘方式

第七条　职业学校可通过特聘教授、客座教授、产业导师、专业带头人（领军人）、技能大师工作室负责人、实践教学指导教师、技艺技能传承创新平台负责人等多种方式聘请兼职教师。

第八条　可以采取个体聘请、团体聘请或个体与团体相结合的方式。其中，团体聘请人数一般不少于3人。

第九条 鼓励职业学校与企事业单位互聘兼职，推动职业学校和企事业单位在人才培养、带徒传技、技术创新、科研攻关、课题研究、项目推进、成果转化等方面加强合作。

第四章 选聘程序

第十条 职业学校根据教育教学需要确定需聘请兼职教师的岗位数量、岗位名称、岗位职责和任职条件。企事业单位在职人员在应聘兼职教师前应征得所在单位的同意。

第十一条 职业学校聘请兼职教师可通过对口合作的企事业单位选派的方式产生，也可以面向社会聘请。职业学校聘请兼职教师应优先考虑对口合作的企事业单位人员，建立合作企事业单位人员到职业学校兼职任教的常态机制，并纳入合作基本内容。

第十二条 通过对口合作方式聘请兼职教师的，对口合作企事业单位根据职业学校兼职教师岗位需求提供遴选人员名单，双方协商确定聘请人选，签订工作协议。

第十三条 面向社会聘请兼职教师应按照公开、公平、择优的原则，严格考察、遴选和聘请程序。基本程序是：

（一）职业学校根据教育教学需要，确定兼职教师岗位和任职条件。

（二）职业学校对应聘人员进行资格审查、能力考核和教职工准入查询。

（三）职业学校确定拟聘岗位人选，并予以公示。

（四）公示期满无异议的，职业学校与兼职教师签订工作协议。

第十四条 职业学校与对口合作企事业单位的选派人员及与面向社会聘请人员依法签订的工作协议均应明确双方的权利和义务，包括但不限于：工作时间、工作方式、工作任务及要求、工作报酬、劳动保护、工作考核、协议解除、协议终止条件等内容。协议期限根据教学安排、课程需要和工作任务，由双方协商确定。

第五章 组织管理

第十五条 职业学校要将兼职教师纳入教师培训体系，通过多样化的培训方式，持续提高兼职教师教育教学能力水平。兼职教师首次上岗任教前须经过教育教学能力培训，培训可以由聘请学校自主开展，也可以由教育、人力资源社会保障行政部门集中进行，并由组织单位对兼职教师培训合格情况进行认定，合格后方可上岗。培训内容主要包括法律法规、师德师风、教学规范及要求、职业教育理念、教育教学方法、信息技术、学生心理、学生管理等方面。

第十六条　兼职教师为企事业单位在职人员的，原所在单位应当缴纳工伤保险费。兼职教师在兼职期间受到工伤事故伤害的，由原所在单位依法承担工伤保险责任，原所在单位与职业学校可以约定补偿办法。职业学校应当为兼职教师购买意外伤害保险。

第十七条　职业学校应明确兼职教师的管理机构，负责兼职教师的聘请和管理工作。职业学校要制定兼职教师管理和评价办法，加强日常管理和考核评价，完善考评机制，考核结果作为工作报酬发放和继续聘请的重要依据。加强对兼职教师的帮带和指导，建立专兼职教师互研、互学、互助机制。

第十八条　职业学校要建立兼职教师个人业绩档案，将师德师风、培训、考核评价等兼职任教情况记录在档，并及时反馈给其原所在单位。企事业单位应将在职业学校兼职人员的任教情况作为其考核评价、评优评先、职称职务晋升的重要参考。

第十九条　职业学校应当为兼职教师创造良好的工作环境和条件，坚持公平公正原则，保障兼职教师在教学管理、评优评先等方面与专任教师同等条件、同等待遇，通过多种方式提升兼职教师在职业学校的归属感、荣誉感，促进兼职教师更好适应岗位工作。职业学校要支持兼职教师专业发展，可以根据其技术职称和能力水平聘为相应的兼职教师职务。鼓励兼职教师考取教师资格证书。

第二十条　建立兼职教师退出机制。兼职教师存在师德师风、教育教学等方面问题，或者工作协议约定的其他需要解除协议情况，职业学校应解除工作协议。兼职教师因自身原因无法履行工作职责，职业学校可与其解除工作协议，并反馈其原所在单位。

第六章　工作职责

第二十一条　兼职教师要遵守职业道德规范，严格执行职业学校教学管理制度，认真履行职责，完成协议规定的工作量和课程课时要求，确保教育教学质量。兼职教师要落实立德树人根本任务，将德育与思想政治教育有机融入教育教学，高质量完成课程讲授、实习实训指导、技能训练指导等教育教学任务及相关工作。

第二十二条　兼职教师要将新技术、新工艺、新规范、典型生产案例等纳入教学内容，积极参与教学标准修（制）订，增强教学标准和内容的先进性和时代性；积极参与教学研究、专业和课程建设、教材及教学资源开发、技能传承、技术攻关、产品研发等工作，共同推进职业学校教育教学改革，提升人才培养质量。

第二十三条　兼职教师要主动参与职业学校教师队伍建设，协助加强职业学校专任教师"双师"素质培养，协助安排学校专任教师到企业顶岗实践、跟岗研修，协助聘请企业技术技能人才到学校参与教学科研任务。

第二十四条　鼓励兼职教师参与职业学校教育教学等相关制度的制定，参与开展实训基地建设，协助引入生产性实训项目，协助指导学生创新创业及到企业实习实践。

第七章　经费保障

第二十五条　地方可结合实际，优化教育支出结构，支持专业师资紧缺、特殊行业急需的职业学校聘请兼职教师。

第二十六条　鼓励职业学校通过多渠道依法筹集资金，并用于支付兼职教师工作报酬。

第二十七条　兼职教师的工作报酬可按课时、岗位或者项目支付。职业学校可采取灵活多样的分配方式，可综合考虑职业学校财务状况、兼职教师教学任务及相关工作完成情况，合理确定工作报酬水平，充分体现兼职教师的价值贡献。

第八章　支持体系

第二十八条　企事业单位应当支持具有丰富实践经验的经营管理者、专业技术人员和高技能人才到职业学校兼职任教。国有企业、产教融合型企业、教师企业实践基地应充分发挥示范引领作用，并建立完善兼职教师资源库。鼓励行业组织、企业共同参与职业学校兼职教师培养培训。

第二十九条　有关部门应鼓励支持事业单位和国有企业选派人员到职业学校兼职任教，将选派兼职教师的数量和水平作为认定、评价产教融合型企业等的重要指标依据，激发企业选派经营管理者、专业技术人员和高技能人才到职业学校兼职任教的积极性，推动企业切实承担起人才培养的社会责任。

第三十条　各地教育和人力资源社会保障行政部门将兼职教师纳入教师队伍建设总体规划，加强对职业学校兼职教师管理工作的指导，将职业学校聘请兼职教师工作纳入人事管理情况监督检查范围，将兼职教师的聘请与任教情况纳入学校教师队伍建设和办学质量考核的重要内容，在计算职业学校生师比时，可参照相关标准将兼职教师数折算成专任教师数。

第三十一条 职业学校对于教学效果突出、工作表现优秀的兼职教师给予一定的物质或精神奖励，将兼职教师纳入教师在职培训和荣誉表彰体系；地方教育部门将兼职教师纳入年度教育领域评优评先范畴，定期推选一批优秀兼职教师典型，加强宣传推广。

第九章 附则

第三十二条 企业和其他社会力量依法举办的职业学校可参照本办法执行。鼓励有条件的地方对当地企业和其他社会力量依法举办的职业学校聘请兼职教师给予一定的支持。

第三十三条 各地可根据本办法意见，结合当地实际制定具体的实施办法。

第三十四条 本办法自公布之日起实施，原《职业学校兼职教师管理办法》（教师〔2012〕14号）同时废止。

6.2.10 "十四五"普通高等教育本科国家级规划教材建设实施方案

2023年11月20日，教育部办公厅以教高厅〔2023〕1号文印发了《"十四五"普通高等教育本科国家级规划教材建设实施方案》，该实施方案全文如下：

为深入贯彻党的二十大精神，加快推进自主知识体系、学科专业体系、教材教学体系建设，全面加强教材建设和管理，系统构建中国特色、世界水平的高等教育本科规划教材体系，支撑服务高等教育走好高质量人才自主培养之路，制定本方案。

一、总体要求

（一）指导思想

坚持以习近平新时代中国特色社会主义思想为指导，深入贯彻党的二十大精神，全面贯彻党的教育方针，落实立德树人根本任务，坚持和弘扬社会主义核心价值观，落实教材国家事权，服务国家发展战略，服务自主知识体系构建，站稳中国立场，遵循教育教学规律和人才培养规律，注重守正创新，推动学科交叉、产教融合、科教融汇，为建设教育强国、培养德智体美劳全面发展的社会主义建设者和接班人提供坚强支撑。

（二）基本原则

坚持价值引领。深入推进习近平新时代中国特色社会主义思想进教材，心怀"国之大者"，坚持为党育人、为国育才，坚持理论联系实际，强化教材育人理念，为培养担当中华民族复兴大任的时代新人提供坚实支持。

坚持需求导向。紧密围绕党和国家事业发展对人才培养的新要求，扎根中国大地，面向世界科技前沿、面向经济主战场、面向国家重大需求、面向人民生命健康，以培养学生的创新精神和实践能力为重点，支撑服务国家和区域经济社会发展。

坚持分类发展。根据高等教育普及化阶段多样化人才需求，完善教材分类建设、分类使用、分类评价机制，克服教材结构与内容同质化倾向，实现本科教材特色和高质量发展。

坚持守正创新。完善优秀教材传承创新机制，锤炼经典教材。创新教材话语体系，推动教学改革新成果、学科专业发展新成就进教材。创新教材呈现方式，加快以数字教材为引领的新形态教材建设。

（三）建设目标

到2025年，教育部"十四五"本科规划教材重点立项建设1000种左右，遴选5000种左右，加快自主知识体系与教材体系建设，着力打造中国特色、世界水平的高质量教材体系，为高等教育强国建设提供坚实支撑。

二、重点任务

（一）深入推进新时代党的创新理论进教材

推动"十四五"期间完成的新编或修订教材全面落实习近平新时代中国特色社会主义思想和党的二十大精神，全面、准确、系统体现习近平新时代中国特色社会主义思想和党的二十大精神内涵，紧密结合学科专业人才培养，突出重点、抓住关键点，帮助学生深刻领会习近平新时代中国特色社会主义思想和党的二十大精神实质，充分发挥教材的铸魂育人功能。

（二）重点建设一批关键领域核心教材

组建具有丰富教学经验的教师与顶尖学术水平的专家团队，在一些关键学科领域有组织建设一批核心教材。在数学、物理学、化学、生物科学、基础医学、经济学、哲学和计算机、中药学等重点学科领域，建设一批反映国际学术前沿、国内高水平学术成果的核心教材，满足基础学科拔尖创新人才培养需要。在新工科、新医科、新农科、新文科重点领域，特别是国家急需的战略性新兴领域和紧缺专业领域，鼓励高校联合行业产业部门、科技部门建设一批核心教材，支撑和引领人才培养范式变革。

（三）培育和打造一批经典传承教材

推动高校对使用时间长、影响范围广、师生认可度高的优秀教材建立传承创新机制，组建老中青结合的教材建设梯队，创新编写理念，更新内容形态，培育和打造一批具有典范性、权威性、创新性的经典传承教材，不断提升经典教材的生命力和影响力。

（四）探索建设一批示范性新形态教材

充分利用新一代信息技术，整合优质资源，创新教材呈现方式，提升教材新技术研发能力和服务水平，以数字教材为引领，建设一批理念先进、规范性强、集成度高、适用性好的示范性新形态教材，探索构建灵活、开放、规范的新形态教材建设与管理运行机制。

三、教材建设与认定

"十四五"规划教材建设实行国家、省、校三级联动，有效衔接，全面建成国家、省、校三级本科规划教材体系。教育部采取重点立项与统一推荐遴选相结合方式，对"十四五"期间完成的新编或修订教材，开展"十四五"国家级规划教材认定工作。教材编写工作强化科教协同、产学合作，鼓励和支持打破部门、校际、学科专业和校内校外壁垒。

（一）国家级重点立项教材

1. 关键领域核心教材、经典传承教材等由教育部统一组织实行立项建设，加强规划、指导与管理。

2. 重点立项教材采取项目制管理。教材书稿编写完成后，由第一主编所在单位和出版机构邀请校内外相关学科专业领域教学专家和学术专家，采取专家个人审读与会议评审相结合方式，对书稿进行严格审核。重点立项教材应尽快出版，已出版的优先推荐参与"十四五"规划教材认定。

3. 重点立项教材按照《普通高等学校教材管理办法》要求规范管理。2025 年 12 月底前，未取得图书在版编目（CIP）核准号的立项教材不再认定"十四五"规划教材。

（二）统一推荐遴选教材

根据不同类型人才培养需求，在全日制普通高等学校本科教学使用的教材中，统一推荐遴选一批公共课、专业基础课、专业课精品教材，包括纸质教材和新形态教材等。

计划 2023—2025 年分两批组织开展申报推荐和遴选工作。参与遴选的教材原则上应在 2022 年 12 月以后新编、修订或重印出版。参与申报推荐的教材须在申报前完成相关审核工作，审核方式参照教育部重点立项教材审核程序和要求。

纳入马克思主义理论研究和建设工程重点教材建设目录的教材不参加"十四五"规划教材立项和遴选。

四、规划教材管理与退出机制

（一）规划教材专用标志的使用。通过认定的"十四五"规划教材可在教材封面、扉页等位置标注由教育部统一发布的"'十四五'普通高等教育本科国家级规划教材"专用标志，标志使用期限至 2030 年 12 月 31 日，到期后自动失效。在标志使用期内修订的规划教材通过审核后，可继续使用专用标志至使用期结束。使用期结束后修订的规划教材不再标注专用标志。任何单位和个人不得扩大或变相扩大"十四五"规划教材专用标志使用范围，盗用、仿冒专用标志的，依法依规追究责任。自 2026 年 1 月 1 日起，教育部发布的"六五"至"十二五"国家级规划教材专用标志停止使用。

（二）新形态教材基本要求。数字教材等新形态教材建设坚持思想性、系统性、科学性、生动性、先进性相统一，应做到结构严谨、逻辑性强、体系完备、资源内容丰富，有效拓展教材功能和表现形态。新形态教材须为具有书号的正式出版物，教材所有数字资源按教材和出版规范编修、审核与管理。数字资源和工具须部署在出版单位自主可控的公共服务平台上，平台按照国家有关规定备案，并确保数字资源安全。

（三）修订要求。"十四五"规划教材应及时将党的理论创新成果、科学技术最新突破和应用成果、学术研究最新进展充实到教材中，原则上每四至五年至少修订一次。修订教材出版前须按照"十四五"规划教材审核要求进行审核。

（四）退出机制及责任追究。对于未按要求及时修订、主要编写者被发现存在师德师风和学术不端等问题，出现重大负面影响事件、教材出版或印制发行违规以及出现《普通高等学校教材管理办法》第三十条所列有关情形的教材，将责令退出"十四五"规划教材目录，不得继续使用规划教材专用标志，并按有关规定严肃追责问责。

五、组织与保障

（一）中央和国家机关有关部门加强规划与指导。在国家教材委员会统筹指导下，教育部负责"十四五"规划教材建设整体规划和宏观指导，组织开展国家级规划教材重点立项建设、统一遴选、使用监测等工作，把优秀教材选用情况纳入示范建设、质量评估等考核指标体系。中央和国家机关其他有关部门对本领域相关教材建设提出指导建议，指导、监督所属高校"十四五"规划教材建设工作。

（二）省级教育行政部门协同推动。省级教育行政部门指导和统筹本地区高校教材建设工作，结合本地实际培育省级规划教材，在教育部指导下组织本地区国家级"十四五"规划教材申报推荐和审核工作，加强对所属高校"十四五"规划教材选用的检查监督。

（三）高校落实教材工作主体责任。高校要坚持党对教材建设工作的全面领导，将教材工作纳入学校中长期发展规划。制定和落实"十四五"规划教材建设的支持和保障措施，组建老中青结合的高水平教材编写队伍，加强产教研协同合作，择优建设学科优势教材，支持教师参与有组织跨校编写高水平教材。落实党委负总责的要求，严格教材编、审、修、选、用审查和督导，坚持"凡编必审"的编修原则和"凡选必审""适宜教学"等选用原则，做好"十四五"规划教材编修和选用工作。

（四）出版机构提升教材出版水平。推动出版机构以追求高质量出版为目标，坚持社会效益优先，加强与高校协同，建强教材编辑与专家审稿队伍。将"十四五"规划立项教材或申报教材作为重点书稿，在党委主持下，强化对教材内容和出版质量审查，严把政治关、学术关、质量关。积极开发新形态教材，依法依规建设数字教材资源平台，保证教材内容安全和系统运行安全，保障教材资源质量和服务质量。

（五）专家组织发挥指导咨询作用。教育部高等学校教学指导委员会等专家组织要积极开展教材调查研究与教材建设研究，发挥桥梁组带作用，主动听取行业组织、科技单位、产业机构等意见建议，加强对高校"十四五"规划教材建设专业指导，为高校教材建设提供专家咨询意见。鼓励结合产教融合、科教融汇的协同育人培养模式改革，推动跨校、跨区域联合编写教材。

（六）加强宣传推广与支持保障。各级教育行政部门、专家组织、高校和教材出版机构要通过各种渠道扩大国家规划教材宣传力度。推动落实承担"十四五"规划教材编写修订任务的主编和主要编写成员享受相应政策待遇。加大对教材研究、编写、出版工作的经费支持，鼓励设立专项经费支持"十四五"规划教材使用培训、信息化管理等工作。

6.2.11 关于公布首批国家级职业教育教师教学创新团队名单的通知

2023 年 11 月 23 日，教育部以教师函〔2023〕9 号文下发了《关于公布第三批国家级职业教育教师教学创新团队立项（培育）建设单位名单的通知》，通知全文如下。

各省、自治区、直辖市教育厅（教委），新疆生产建设兵团教育局：

为深入学习贯彻党的二十大精神，落实习近平总书记关于教育的重要论述，根据中共中央办公厅、国务院办公厅《关于深化现代职业教育体系建设改革的意见》部署安排，教育部启动了第三批国家级职业教育教师创新团队（以下简称国家级团队）遴选工作。经院校自主申报、省级教育行政部门审核推荐、专家综合评议，确定第三批国家级团队立项建设单位 125 个、培育建设单位 22 个。现将结果予以公布（名单见附件）。

各地要加大对国家级团队立项（培育）建设单位的支持力度，加强过程管理和质量监控，在课题、经费、制度保障等方面给予政策倾斜，职业院校教师素质提高计划等项目要予以重点支持。国家级团队立项（培育）建设单位作为第一责任主体，要高度重视团队建设工作，建立工作机制，细化目标任务，整合优质资源，创设必要条件，有序推进实施。各地各校要把团队建设作为推动现代职业教育体系建设改革和服务教师全面发展的重要平台和有力抓手，因地制宜做好各级团队梯次规划和整体布局，为全面提高复合型技术技能人才培养质量提供强有力的师资支撑。

附件：1. 第三批国家级职业教育教师创新团队立项建设单位名单（仅列出土木建筑大类）

序号	专业大类	学校名称	省份
31	土木建筑大类	江苏建筑职业技术学院	江苏省
32	土木建筑大类	苏州农业职业技术学院	江苏省
33	土木建筑大类	济南工程职业技术学院	山东省
34	土木建筑大类	湖南城建职业技术学院	湖南省

2. 第三批国家级职业教育教师创新团队培育建设单位名单（仅列出土木建筑大类）

序号	专业大类	学校名称	省份
4	土木建筑大类	河北建材职业技术学院	河北省
5	土木建筑大类	青海建筑职业技术学院	青海省

6.2.12　关于深入推进学术学位与专业学位研究生教育分类发展的意见

2023 年 11 月 24 日，教育部以教研〔2023〕2 号文下发了《关于深入推进学术学位与专业学位研究生教育分类发展的意见》，主要内容如下。

为深入贯彻落实党的二十大精神，落实习近平总书记关于教育的重要论述和研究生教育工作的重要指示精神，深入推进学术学位与专业学位研究生教育分类发展、融通创新，着力提升拔尖创新人才自主培养质量，建设高质量研究生教育体系，现提出如下意见。

一、总体思路

1.指导思想。以习近平新时代中国特色社会主义思想为指导，全面贯彻党的二十大精神，深入贯彻落实全国教育大会和全国研究生教育会议精神，推进教育强国建设，落实立德树人根本任务，遵循学位与研究生教育规律，坚持学术学位与专业学位研究生教育两种类型同等地位、同等重要，以提高拔尖创新人才自主培养质量为目标，以深化科教融汇、产教融合为方向，以强化两类学位在定位、标准、招生、培养、评价、师资等环节的差异化要求为路径，以重点领域分类发展改革为突破，推动学术创新型人才和实践创新型人才分类培养，健全中国特色学位与研究生教育体系，为加快建设教育强国、科技强国、人才强国提供更有力支撑。

2.基本原则。问题导向，聚焦制约两类学位研究生教育分类发展的关键问题，提出针对性政策举措，增强改革的实效性。尊重规律，坚持先立后破、稳中求进，注重对现有人才培养过程的改造升级，增强改革的可操作性。整体推进，加强人才培养的全链条、各环节改革措施的衔接配合，增强改革的系统性。机制创新，大力推动培养单位内部体制机制改革，提升人才培养链、工作管理链的匹配度，增强改革的长效性。

3.总体目标。到 2027 年，培养单位内部有利于两类学位研究生教育分类发展、融通创新的长效机制更加完善，两类教育各具特色、齐头并进的格局全面形成，学术创新型人才和实践创新型人才的培养质量进一步提高，学位与研究生教育的治理体系持续完善、治理能力显著提升，推动教育强国建设取得重大进展。

二、始终坚持学术学位与专业学位研究生教育两种类型同等地位

4. 坚持两类学位同等重要。学术学位与专业学位研究生教育都是国家培养高层次创新型人才的重要途径，都应把研究生的坚实基础理论、系统专门知识、创新精神和创新能力作为重点。学术学位依托一级学科培养并按门类授予学位，重在面向知识创新发展需要，培养具备较高学术素养、较强原创精神、扎实科研能力的学术创新型人才。专业学位按专业学位类别培养并授予学位，重在面向行业产业发展需要，培养具备扎实系统专业基础、较强实践能力、较高职业素养的实践创新型人才。培养单位应提高认识，在招生、培养、就业等方面对两类学位予以同等重视，保证两类学位研究生的培养质量。

5. 分类规划两类学位发展。完善两类学位的设置、布局、规模和结构。一级学科设置主要依据知识体系划分，宜宽不宜窄，应相对稳定。专业学位类别设置主要依据行业产业人才需求，突出精准，应相对灵活。在研究生教育学科专业目录中实行"并表"，统筹一级学科、专业学位类别设置并归入相应学科门类下，新设学科专业以专业学位类别为主。学术学位坚持高起点布局，重点布局博士学位授权点，以大力支撑原始创新。专业学位坚持需求导向，新增硕士学位授予单位原则上只开展专业学位研究生教育，新增硕士学位授权点以专业学位授权点为主，同时具有学术学位与专业学位的领域侧重布局专业学位授权点，以全面支撑行业产业和区域发展。紧密对接国家高水平人才高地和吸引集聚人才平台建设规划，围绕京津冀协同发展、长江经济带发展、长三角一体化建设、粤港澳大湾区建设、成渝地区双城经济圈、东北振兴等国家发展战略，支持区域加大统筹力度，建设若干人才集聚平台，主动优化学科专业结构。以国家重大战略、关键领域和社会重大需求为重点，进一步提升专业学位研究生比例，到"十四五"末将硕士专业学位研究生招生规模扩大到硕士研究生招生总规模的三分之二左右，大幅增加博士专业学位研究生招生数量。

三、深入打造学术学位与专业学位研究生教育分类培养链条

6. 分类完善人才选拔机制。优化人才选拔标准，学术学位重点考核考生对学科知识的掌握与运用情况以及考生的学术创新潜力；专业学位重点考核考生的综合实践素质、运用专业知识分析解决实际问题能力以及职业发展潜力。在保证质量前提下充分发挥非全日制专业学位在继续教育中的作用。支持有条件的培养单位进一步扩大推荐免试（初试）招收专业学位研究生的规模，选拔具备较高创新创业潜质的应届本科毕业生。在专业学位招生中，鼓励增加一定比例具有行业产业实践经验的专家参加复试（面试）专家组。探索完善学生在学术学位与专业学位间互通学习的"立交桥"。

7. 分类优化培养方案。学术学位的培养方案应突出教育教学的理论前沿性，厚植理论基础，拓宽学术视野，强化科学方法训练以及学术素养提升，鼓励学科交叉，在多种形式的学术研讨交流、科研任务中提升科学求真的原始创新能力，注重加强学术学位各学段教学内容纵向衔接和各门课程教学内容横向配合。专业学位应突出教育教学的职业实践性，强调基础课程和行业实践课程的有机结合，注重实务实操类课程建设，提倡采用案例教学、专业实习、真实情境实践等多种形式，提升解决行业产业实际问题的能力，并在实践中提炼科学问题。培养单位应参照全国专业学位研究生教育指导委员会（以下简称专业学位教指委）发布的指导性培养方案制定本单位的专业学位培养方案，支持与行业产业部门共同制定体现专业特色的培养方案，增加实践环节学分，明确实践课程比例，设置专业学位专属课程，加强专业学位研究生教育核心课程建设，推进课程设置与专业技术能力考核的有机衔接。完善课程体系改进机制，规范两类学位间的课程分类设置与审查，优化监督机制，加强教育教学质量评价。

8. 分类加强教材建设。学术学位教材应充分反映本学科领域的最新知识及科研进展，有利于实施研究性教学和启发学术创新思维，引导学生开展自主性学习和探究性学习。专业学位教材应充分反映本行业产业的最新发展趋势和实践创新成果，要将真实项目、典型工作任务、优秀教学案例等纳入专业核心教材，支持与行业产业部门共同编写核心教材，做好案例征集、开发及教学，加强案例库建设，将职业标准、执业资格、职业伦理等有关内容要求有机融入教材。学科评议组、专业学位教指委负责组织编写、修订、推荐本学科专业领域的核心教材。

9. 分类健全培养机制。学术学位应强化科教融汇协同育人，进一步发挥国家重大科研项目、重大科研平台在育人中的重要支撑作用，加强与国家实验室和行业产业一线的联合培养，鼓励以跨学科、交叉融合、知识整合方式开展高层次人才培养。专业学位应强化产教融合协同育人，将人才培养与用人需求紧密对接，深入建设专业学位联合培养基地，强化专业学位类别与相应职业资格认证的衔接机制，完善行业产业部门参与专业学位人才培养的准入标准及监测评价，确保协同育人基本条件与成效。完善研究生学业预警和分流退出机制，根据学生培养实际定期进行学业预警，对不适合继续攻读所在学科专业的研究生及时分流退出，保证研究生培养质量。

10. 分类推进学位论文评价改革。依据两类学位的知识理论创新、综合解决实际问题的能力水平要求和学术规范、科学伦理与职业伦理规范，分类制订学位论文基本要求和规范、评阅标准和规则及核查办法。优化交叉学科、专业学位论文评审和抽检评议要素（指标体系）。专业学位教指委研究编写各专业学位类别的《博士、硕士学位论文基本要求》，重点考核独立解决专业领域实际问题的能力。鼓励对专业学位实行多元学位论文或实践成果考核方式（专题研究类论文、调研报告、案例分析报告、产品设计/作品创作、方案设计等），明确写作规范，建立行业产业专家参与的评审机制。支持为交叉学科、专业学位单独设置学位评定分委员会，专业学位评定分委员会可邀请行业产业专家参加。

11. 分类建设导师队伍。强化导师分类管理，完善导师分类评聘与考核制度。符合条件的教师可以同时担任学术学位导师和专业学位导师。专业学位应健全校外导师参加的双导师或导师组制度，完善校外导师和行业产业专家库，制定校外导师评聘标准及政策，明确校外导师责权边界，开展校外导师培训。鼓励建立导师学术休假制度，学术学位导师应定期在国内外访学交流，专业学位校内导师每年应有一定时间到行业产业一线开展调研实践；专业学位合作培养单位应支持校外导师定期参与高校教育教学，促进校内外导师合作交流的双向互动。

四、大力推进重点领域的分类发展改革实现率先突破

12. 以基础学科博士生培养为重点推进学术学位研究生教育改革。立足培养未来学术领军人才，支持具备条件的高水平研究型大学开展基础学科人才培养改革试点，把基础学科主要定位于培养学术学位博士生，进一步提高直博生比例，对学习过程中不适合继续攻读博士学位且符合相应条件的，可只授予学术硕士学位或转为攻读专业硕士学位。支持培养单位加大资助力度，加强与强基计划、基础学科拔尖学生培养计划等的衔接，吸引具有推免资格的优秀本科毕业生攻读基础学科的硕士、博士。支持培养单位完善中央高校基本科研业务费使用机制，实现对基础学科优秀博士生的长周期稳定支持。试点建设基础学科高层次人才培养中心。

13. 以卓越工程师培养为牵引深化专业学位研究生教育改革。瞄准国家战略布局和急需领域，完善高校、科研机构工程专业学位硕士、博士学位授权点布局；创新高校与国家实验室、科研机构、科技企业、产业园区的联合培养机制，纳入符合条件的企业、国家实验室、科研机构、科技园区课程并认定学分，探索开展全日制专业学位研究生订单式培养、项目制培养；打造实践能力导向型的工程专业学位硕士、博士培养"样板间"，大力推动工程专业学位硕博士培养改革试点，全面推进卓越工程师培养改革。布局部分高校和中央企业共建一批国家卓越工程师学院，探索人才培养体系重构、流程再造、能力重塑、评价重建；依托学院、校企联合建设配套的工程师技术中心，打造类企业级别的仿真环境和工程技术实践平台；完善校企导师选聘、考核和激励机制，重构校企双导师队伍；强化突出实践能力培养的核心课程建设，推进工学交替培养机制，实施有组织的科研和人才培养，全面推动各专业学位结合自身特点深化改革创新。

五、加强学术学位与专业学位研究生教育分类发展的组织保障

14. 落实培养单位责任。培养单位应加强对学术学位与专业学位研究生教育分类发展工作的研究部署，确保正确育人方向，完善推动两类学位分类发展的政策举措和质量保障体系。健全单位内部覆盖机构、人员、制度、经费等要素的治理体系和运行管理机制，强化分类管理、分类指导、分类保障。具备条件的培养单位可为专业学位独立设置院系或培养机构，提供经费支持，聘任具有丰富行业产业经验的人员担任负责人，为专业学位发展创造更好环境。支持培养单位探索完善将学术学位与专业学位课堂授课、实践教学情况作为专业技术职务评聘因素的机制办法。

15. 加强部门政策支撑。强化学术学位与专业学位硕士、博士学位授权点的分类审核与评价，学术学位授权点突出高水平师资和科研的支撑，专业学位授权点把校外导师、联合培养基地等作为必要条件。完善政府投入为主、受教育者合理分担、其他多种渠道筹措经费的投入机制，加大财政对学术学位特别是基础学科的投入；完善差异化生均拨款机制，进一步完善专业学位培养成本分摊机制，健全学费标准动态调整机制，激励行业产业部门以多种形式投入专业学位研究生教育。充分发挥教育信息化的战略制高点作用，着力推进学位与研究生教育资源数字化建设。统筹"双一流"建设、学科评估和专业学位评估，充分发挥专家组织、学会、协会作用，完善多元主体参与的两类学位建设质量分类评价和认证机制。积极开展国际实质等效的教育质量认证，推进相关交流合作，促进中国学位标准走出去，不断提升国际影响力。

6.2.13 全国职业教育教师企业实践基地管理办法（试行）

2023 年 12 月 19 日，教育部办公厅以教师厅〔2023〕4 号文印发了《全国职业教育教师企业实践基地管理办法（试行）》。该管理办法（试行）全文如下：

第一章 总则

第一条 为建立健全职业教育教师企业实践制度体系，加强全国职业教育教师企业实践基地建设管理，打造一批国家级样板，根据《中华人民共和国职业教育法》，中共中央办公厅、国务院办公厅《关于推动现代职业教育高质量发展的意见》《关于深化现代职业教育体系建设改革的意见》和《教育部等七部门关于印发〈职业学校教师企业实践规定〉的通知》等文件精神，制定本办法。

第二条 以习近平新时代中国特色社会主义思想为指导，认真贯彻党的二十大精神，全面落实党的教育方针，以服务、支撑高质量发展为主线，紧紧围绕教育强国建设目标任务，遵循教育和教师成长发展规律，全面深化产教融合、校企合作，探索实践立德树人、人才培养、职教改革、产业发展一体化推进模式，为培养一支适应职业教育高质量发展的双师型教师队伍奠定坚实基础。

第三条 通过加强和规范全国职业教育教师企业实践基地建设，提高基地组织管理、项目策划实施、支持保障和可持续发展等能力，让教师在企业实践过程中了解企业的生产组织方式、工艺流程、产业发展趋势等基本情况，熟悉企业相关岗位职责、操作规范、技能要求、用人标准、管理制度、企业文化等，学习所教专业在生产实践中应用的新知识、新技术、新产品、新工艺、新材料、新设备、新标准等。

第四条 本办法适用于全国职业教育教师企业实践基地（以下简称国家级基地），其他层次和相应类型的教师企业实践基地可参照执行。

第二章 职责分工

第五条 教育部负责指导协调国家级基地建设工作，根据职业教育发展和教师队伍建设需要，加强顶层设计和统筹协调，科学规划国家级基地建设布局，组织国家级基地遴选确定、组织管理、优化调整、指导监督和考核评估，组织专家研制教师企业实践项目标准和实施指南，组建企业导师库，定期召开工作会议，组织国家级基地专项培训，发布教师企业实践项目。

第六条 省级教育行政部门会同相关部门指导省域内国家级基地建设管理和项

目实施，在经费、制度保障等方面给予支持。要优先选用国家级基地承担职业院校教师素质提高计划和省级职业教育教师企业实践项目。要结合本地区产业和经济社会发展实际，加强省级教师企业实践基地建设管理，做好与国家级基地衔接配套。指导本区域相关院校积极参加教师企业实践项目，将教师参加企业实践作为双师型教师认定的重要内容。

第七条　国家级基地要深入开展校企合作，突出职业教育类型属性，发挥基地特色优势，协同开发课程资源，开展横向课题研究，承担教师企业实践任务，组织教师技能培训，接纳教师考察观摩、在生产和管理岗位顶岗实践或跟岗研修、参与产品研发和技术创新，选派技术能手和管理骨干到学校兼职任教。

第三章　基地建设

第八条　国家级基地应为在相关专业领域有突出技术创新优势与丰富产教融合经验的企业。国家级基地遴选应按照各省级教育行政部门牵头组织相关部门和院校推荐，教育部教师工作司组织专家遴选确认的程序组织实施。

第九条　国家级基地所在企业要按照基地申报时的有关要求，加强建设管理，明确组织架构和运行机制，配备一定数量且相对稳定的专门工作人员，在经费、办公场所和办公设备等方面提供支持保障。

第十条　国家级基地要严格依据国家法律法规及相关规定开展培训和相关工作。须悬挂统一标识牌，规范使用名称、标识，不得擅自印发带有国家级基地名称的立项证书、结题证书、牌匾等。国家级基地承担职业院校教师素质提高计划以及教育部和省级教育行政部门统一发布的教师企业实践项目，可以国家级基地名义实施，其他以国家级基地名义组织开展各类活动的，要提前20个工作日报教育部（教师工作司）备案。

第十一条　国家级基地要提高项目实施能力，围绕企业核心业务，配备一支由工程技术人员、企业管理骨干、技术能手、技能大师等组成的具有丰富一线生产、管理、服务实践经验的培训团队。

第十二条　国家级基地要聚焦行业产业与学校共同开发教师企业实践课程资源，将企业生产运营的典型案例纳入教师企业实践内容，择优上传国家智慧教育公共服务平台，促进优质课程资源共建共享共用。

第十三条　国家级基地要具备项目实施必需的场地、设施设备等条件保障，为参训学员提供良好的培训环境和服务保障，确保培训质量效果。要把安全意识和责任意识贯穿项目实施全过程，做好安全预防和保障工作，根据需要为参训学员办理意外伤害保险。

第十四条 国家级基地实行年度报告制度，每年向教育部（教师工作司）和省级教育行政部门提交建设成果和工作报告。建设成果包括但不限于与基地工作紧密相关的教师和校长培训课程资源、与职业学校共同开展的课题研究和企业生产典型案例等。工作报告主要包括基地建设情况、项目执行情况和年度工作重点等。国家级基地有并购、重组、更名等情况或相关业务较大调整时，要及时向教育部（教师工作司）备案。

第十五条 国家级基地承担国家级、省级培训类项目，项目经费参照中央和国家机关培训费管理等有关规定执行。其他培训和相关项目收费标准由国家级基地根据项目成本测算合理定价，根据有关规定与参训学员派出单位协议约定或在项目发布时明确。

第四章 工作任务

第十六条 国家级基地要加强项目标准化建设，做好需求调研、项目策划、组织管理、绩效考核和成果转化等工作。

第十七条 国家级基地要围绕企业主体业务，在对职业院校充分调研的基础上分级分类策划教师企业实践项目，明确项目类型、名称、目标、时间、地点、内容、形式和收费标准等。

第十八条 国家级基地要组织教师技能培训。培训内容应体现新知识、新技术、新产品、新工艺、新材料、新设备、新标准的实践应用，纳入企业生产运营的典型案例，实践环节课时占比不低于 50%，项目时长一般为 10 天左右。

第十九条 国家级基地要接纳教师在生产和管理岗位兼职或任职，应安排参训学员在一个岗位或基地主体业务流程的多个岗位进行实践，条件成熟的基地也可以联合上下游企业策划基于产业链条的岗位实践项目，预留岗位要与参训学员能力水平相符，项目时长一般不少于 15 天。岗位实践前可安排适当的技能培训内容。

第二十条 国家级基地要接纳教师参与产品研发和技术创新。可以采取项目式、课题式等形式，吸纳符合条件的教师协同参与科研创新，承担技术服务、技术攻关、工艺革新、产品研发等项目。

第二十一条　国家级基地要在项目实施前与学校或教师签订相关协议，明确项目内容、过程管理、各方权利义务，以及违约责任、争议解决等内容。必要时应签署《保密协议》，共同制定保密准则，明确保密事宜。国家级基地要向考核合格的参训学员发放统一的结业证书，注明培训层次和项目类型，建立个人培训档案，如实记录企业实践情况，按照有关规定计算学时（学分）。

第二十二条　国家级基地要加强校企合作，定期推荐政治素质高、品德作风好、业务能力强的技术能手、管理骨干、行业企业专家等到学校交流或兼职任教，建立企业兼职教师库，并向相关部门备案。

第五章　考核评估

第二十三条　教育部会同有关部门以5年为一个评估周期，组织专家对国家级基地建设管理和项目执行情况进行全面考核评估。评估周期内实行年度考核，将国家级基地建设成果和工作报告作为主要考核依据。教育部还将采取随机抽检的方式，不定期对国家级基地进行抽检评估。

第二十四条　全面考核评估和年度考核评估结果均分为优秀、良好、合格和不合格4个等级。一个评估周期内，全面考核结果为优秀或各年度评估结果均为优秀的，加大政策倾斜和资源支持力度；全面考核结果为良好或合格的，持续加强建设指导。

第二十五条　国家级基地实行动态调整机制。有下列情形之一的，教育部将会同有关部门撤销国家级基地资格和相关支持：

（一）提供虚假材料获得国家级基地资格；

（二）评估周期内累计3年未承担教育部统一发布的教师企业实践项目；

（三）全面考核结果为不合格或连续3年年度评估结果均为不合格的，撤销国家级基地资格和相关支持；

（四）违反相关法律法规造成重大社会影响；

（五）利用国家级基地资格或影响牟取不当利益；

（六）未履行相关职责或其他依法依规终止的情况。

第二十六条　培训结束后，国家级基地应会同参训学员及其所在院校对项目进行联合评价，内容主要包括项目设计、组织实施、过程管理、条件保障、效果质量等。评价结果将作为基地评估考核的参考依据。

第六章　附则

第二十七条　各级教育行政部门可会同相关部门根据本办法制定本级教师企业实践基地建设管理实施细则。

第二十八条　教育部设立国家级基地监督电子邮箱（fzc@moe.edu.cn），接受对基地建设和项目实施违规情况的反映与举报。

第二十九条　本办法自印发之日起施行，由教育部教师工作司负责解释。

6.2.14　国家级职业教育教师和校长培训基地管理办法（试行）

2023年12月19日，教育部办公厅以教师厅〔2023〕5号文印发了《国家级职业教育教师和校长培训基地管理办法（试行）》。该管理办法（试行）全文如下：

第一章　总则

第一条　为深入贯彻落实党的二十大精神，落实习近平总书记关于职业教育和教师工作的重要指示批示精神，建立健全职业教育培训体系，加强全国职业教育教师、校长培训基地建设管理，打造一批国家级培训样板，根据《中华人民共和国职业教育法》，中共中央办公厅、国务院办公厅《关于推动现代职业教育高质量发展的意见》《关于深化现代职业教育体系建设改革的意见》等文件精神，制定本办法。

第二条　国家级职业教育教师和校长培训基地（以下简称国培基地）按照"国家统筹规划、省级建设支持、基地主体运行、校企协作共建"的原则展开建设，旨在通过示范引领，带动各级各类培训基地规范建设，打造一批高素质专业化培训和管理团队，提高培训基地组织管理、项目策划实施、支持保障和可持续发展等能力，为培养适应职业教育高质量发展的教师和校长队伍奠定坚实基础。

第三条　本办法主要适用于国家级职业教育双师型教师培训基地和国家级职业学校校长培训基地等国培基地的建设管理，其他层级教师和校长培训基地可参照执行。

第二章　职责分工

第四条　教育部负责国培基地的顶层设计、统筹协调、指导监督和考核评估，制定基地管理办法，组织基地遴选确定、优化调整，协调基地优质资源共建共享共用，组建培训专家资源库，定期召开工作会议，组织国培基地专项培训。

第五条　省级教育行政部门按照国培基地建设有关要求，全面落实选、推、建、用的主体责任，加强省域内国培基地建设指导和过程管理，在经费、制度保障等方面给予支持。在符合条件的情况下，要优先选用国培基地承担职业院校教师素质提高计划以及职业教育教师、校长培训项目。要结合本地区产业和经济社会发展实际，加强省级各类培训基地建设的统筹管理，做好与国培基地的衔接配套。指导本区域相关院校积极参加国培基地培训项目，将教师参训情况作为双师型教师认定的重要内容。

第六条　国培基地应遵守国家关于职业教育、教师队伍建设和培训工作的各项规定，突出职业教育类型属性，发挥培训基地成员单位在专业领域和培训工作中的优势特长，根据基地建设总体安排和任务分工，协同承担各级各类职业教育培训任务。

第三章　基地建设

第七条　国家级职业教育双师型教师培训基地一般由高水平本科学校、职业学校、在相关专业领域有突出技术创新优势与丰富产教融合经验的企业等多要素构成，包括牵头单位、核心成员单位和一般成员单位，其中牵头单位应为高等职业学校或参与职业教育的普通高校。国家级职业学校校长培训基地一般从国家级职业教育双师型教师培训基地中产生。

第八条　国培基地遴选应按照相关院校提出申请，省级教育行政部门择优推荐，教育部（教师工作司）组织专家遴选确认的程序组织实施。教育部和有关部门所属高校可直接向教育部（教师工作司）提出申请。

第九条　国培基地牵头单位与成员单位共同制定基地建设方案，健全组织架构，明确制度规范和运行协作机制。国培基地所在单位要加强对基地的管理监督，明确管理部门和工作职责，制定管理办法和标准细则。要配备相对固定的管理团队，提供基地建设和日常运行必要的人、财、物等保障。

第十条　国培基地应严格依据国家法律法规及相关规定开展培训和相关工作。须悬挂统一标识牌，规范使用名称、标识，不得擅自印发带有国培基地名称的立项证书、结题证书、牌匾等。国培基地承担职业院校教师素质提高计划以及教育部和省级教育行政部门统一发布的培训项目，可以国培基地名义实施，其他以国培基地名义组织开展各类活动的，应提前20个工作日报教育部（教师工作司）备案。

第十一条　国培基地应加强培训师资队伍建设，配备一支政治素质过硬、师德师风优良、理论知识扎实、实践经验丰富且相对稳定的培训专家团队，团队成员应包括高水平学者、技术技能人才以及职业学校和行业企业资深专家等。

第十二条　国培基地应具备项目实施必需的场地、设施设备等条件保障，为参训学员提供良好的培训环境和服务保障，确保培训质量效果。要把安全和责任意识贯穿项目实施全过程，做好安全预防和保障工作，根据需要为参训学员办理意外伤害保险。

第十三条　国培基地要加强实训基地建设，具备较强的实践实训组织能力。应重视现代信息技术应用，充分利用线上培训平台和虚拟仿真实训系统实施培训项目。牵头单位应建有相关专业的校内实训基地或具有多个合作深入且稳定的企业实训基地。

第十四条　国培基地实行年度报告制度，每年向教育部（教师工作司）提交建设成果和工作报告。建设成果包括但不限于与基地工作紧密相关的教师和校长培训课程资源等。工作报告主要包括基地建设情况、项目执行情况和年度工作重点等。

第十五条　国培基地承担国家级、省级培训类项目，项目经费参照中央和国家机关培训费管理等有关规定执行。其他培训类项目收费标准由国培基地根据项目成本测算合理定价，根据有关规定与参训学员派出单位协议约定或在项目发布时明确。

第四章　工作任务

第十六条　国培基地要加强项目标准化建设，聚焦提升教师师德师风、教学教研、科学研究、专业实践、课程开发等能力素质和校长办学治校水平，做好需求调研、项目策划、组织管理、资源开发、绩效考核和成果转化等工作，注重示范引领，打造国家级品牌。

第十七条　国培基地要主动参与职业院校教师素质提高计划、"职教国培"示范项目、名师（名匠）名校长培养计划等国家级培训任务，积极承接地方、学校和行业企业的相关培训任务。

第十八条　教育部每年定期组织国培基地围绕年度重点工作集中申报培训项目，经专家审核通过后向各地各校发布报名通知，各地各校组织教师报名参训。

第十九条　培训项目发布后，国培基地原则上不得终止或撤销，不得对培训时间、时长、内容、形式等进行较大调整，确需调整的应在征求参训学员意见后，做好过程记录备查，于项目实施前20个工作日向教育部（教师工作司）备案。对于不按要求开展培训的，教育部将终止或撤销项目实施资格。

第二十条 培训内容要兼顾理论与实践，其中双师型教师培训项目实践环节课时占比一般不低于50%。加强数字化优质课程资源建设，包括通识类课程资源、专业课程资源、技能培训课程资源和行业企业典型案例等，择优上传国家智慧教育公共服务平台。

第二十一条 国培基地应向考核合格的参训学员发放统一的结业证书，注明培训层次和项目类型，建立个人培训档案，如实记录培训情况，按照有关规定计算学时（学分）。

第二十二条 培训结束后，国培基地应会同参训学员及其所在院校对培训项目进行联合评价，内容主要包括项目设计、组织实施、条件保障、效果质量等。

第五章 考核评估

第二十三条 国培基地一般以3年为一个任务周期，期满后教育部组织专家对国培基地建设管理和项目执行情况进行全面考核评估。任务周期内实行年度考核，将国培基地建设成果和工作报告作为主要考核依据。教育部还将采取随机抽检的方式，不定期进行抽检评估，不合格的限期整改。

第二十四条 全面考核评估和年度考核评估结果均分为优秀、良好、合格和不合格4个等级。一个任务周期内，全面考核结果为优秀或各年度评估结果均为优秀的，可在下一任务周期内自动延续国培基地资格；全面考核结果为良好或合格的，持续加强建设指导，并作为下一任务周期备选基地；全面考核结果为不合格的，不得参与下一任务周期国培基地遴选。

第二十五条 国培基地实行动态调整机制。有下列情形之一的，教育部将撤销国培基地资格和相关支持：

（一）提供虚假材料获得国培基地资格；

（二）评估周期内累计2年未承担职业院校教师素质提高计划或教育部统一发布的教师培训项目；

（三）全面考核结果为不合格或连续2年年度评估结果均为不合格的；

（四）违反相关法律法规造成重大社会影响；

（五）利用国培基地资格或影响牟取不当利益；

（六）未履行相关职责或其他依法依规终止的情况。

第二十六条　国培基地核心成员单位原则上不予调整，确需调整的要报省级教育行政部门同意后向教育部备案。一般成员单位发生调整的向省级教育行政部门备案。成员单位负责人一般由所在单位负责同志担任，如有调整应及时向牵头单位备案。

第六章　附则

第二十七条　教育部设立国培基地监督电话（010-66097715）和监督电子邮箱（fzc@moe.edu.cn），接受对基地建设和项目实施违规情况的反映与举报。

第二十八条　本办法自印发之日起施行，由教育部教师工作司负责解释。

6.3　住房和城乡建设部下发的相关文件

6.3.1　关于公布高等学校建筑学、城乡规划、土木工程类、给排水科学与工程、建筑环境与能源应用工程、工程管理、工程造价专业评估（认证）结论的通告

2023年8月15日，全国高等学校建筑学专业教育评估委员会、住房和城乡建设部高等教育城乡规划专业评估委员会、住房和城乡建设部高等教育土木工程专业评估委员会、住房和城乡建设部高等教育给排水科学与工程专业评估委员会、住房和城乡建设部高等教育建筑环境与能源应用工程专业评估委员会、住房和城乡建设部高等教育工程管理专业评估委员会以土建专业评估通告〔2023〕第3号文发布了《关于公布高等学校建筑学、城乡规划、土木工程类、给排水科学与工程、建筑环境与能源应用工程、工程管理、工程造价专业评估（认证）结论的通告》。该通告全文如下。

根据高等学校建筑学、城乡规划、给排水科学与工程、建筑环境与能源应用工程、工程管理、工程造价专业评估（认证）及土木工程类专业认证工作有关规定，2023年度共有122所学校的135个专业点通过专业评估（认证）。现将2023年专业评估（认证）结论及历年通过学校名单予以公布。

附件1：

建筑学专业评估通过学校和有效期情况统计表

序号	学校	本科合格有效期	硕士合格有效期	首次通过评估时间
1	清华大学	2018.5 ~ 2025.5	2018.5 ~ 2025.5	1992.5
2	同济大学	2018.5 ~ 2025.5	2018.5 ~ 2025.5	1992.5
3	东南大学	2018.5 ~ 2025.5	2018.5 ~ 2025.5	1992.5
4	天津大学	2018.5 ~ 2025.5	2018.5 ~ 2025.5	1992.5
5	重庆大学	2020.5 ~ 2026.5	2020.5 ~ 2026.5	1994.5
6	哈尔滨工业大学	2020.5 ~ 2026.5	2020.5 ~ 2026.5	1994.5
7	西安建筑科技大学	2020.5 ~ 2026.5	2020.5 ~ 2026.5	1994.5
8	华南理工大学	2020.5 ~ 2026.5	2020.5 ~ 2026.5	1994.5
9	浙江大学	2018.5 ~ 2025.5	2018.5 ~ 2025.5	1996.5
10	湖南大学	2022.5 ~ 2028.5	2022.5 ~ 2028.5	1996.5
11	合肥工业大学	2022.5 ~ 2028.5	2022.5 ~ 2028.5	1996.5
12	北京建筑大学	2019.5 ~ 2025.5	2019.5 ~ 2025.5	1996.5
13	深圳大学	2023.5 ~ 2029.5	2020.5 ~ 2026.5	本科 1996.5/ 硕士 2012.5
14	华侨大学	2020.5 ~ 2026.5	2020.5 ~ 2026.5	1996.5
15	北京工业大学	2022.5 ~ 2026.5	2022.5 ~ 2028.5	本科 1998.5/ 硕士 2010.5
16	西南交通大学	2021.5 ~ 2027.5	2021.5 ~ 2027.5	本科 1998.5/ 硕士 2004.5
17	华中科技大学	2021.5 ~ 2027.5	2021.5 ~ 2027.5	1999.5
18	沈阳建筑大学	2018.5 ~ 2025.5	2018.5 ~ 2025.5	1999.5
19	郑州大学	2019.5 ~ 2025.5	2019.5 ~ 2025.5	本科 1999.5/ 硕士 2011.5
20	大连理工大学	2022.5 ~ 2028.5	2022.5 ~ 2028.5	2000.5
21	山东建筑大学	2019.5 ~ 2025.5	2019.5 ~ 2025.5	本科 2000.5/ 硕士 2012.5
22	昆明理工大学	2021.5 ~ 2027.5	2021.5 ~ 2027.5	本科 2001.5/ 硕士 2009.4
23	南京工业大学	2018.5 ~ 2025.5	2022.5 ~ 2028.5	本科 2002.5/ 硕士 2014.5
24	吉林建筑大学	2022.5 ~ 2028.5	2022.5 ~ 2028.5	本科 2002.5/ 硕士 2014.5
25	武汉理工大学	2023.5 ~ 2027.5	2019.5 ~ 2025.5	本科 2003.5/ 硕士 2011.5
26	厦门大学	2019.5 ~ 2025.5	2019.5 ~ 2025.5	本科 2003.5/ 硕士 2007.5
27	广州大学	2020.5 ~ 2024.5	2020.5 ~ 2026.5（有条件）	本科 2004.5/ 硕士 2016.5
28	河北工程大学	2020.5 ~ 2024.5	2023.5 ~ 2029.5（有条件）	本科 2004.5/ 硕士 2023.5
29	上海交通大学	2022.5 ~ 2026.5	2022.5 ~ 2028.5	本科 2006.6/ 硕士 2018.5
30	青岛理工大学	2018.5 ~ 2025.5	2022.5 ~ 2028.5	本科 2006.6/ 硕士 2014.5
31	安徽建筑大学	2023.5 ~ 2029.5	2020.5 ~ 2026.5	本科 2007.5/ 硕士 2016.5
32	西安交通大学	2020.5 ~ 2024.5（2019 年 6 月至 2020 年 5 月不在有效期内）	2019.5 ~ 2025.5	本科 2007.5/ 硕士 2011.5

序号	学校	本科合格有效期	硕士合格有效期	首次通过评估时间
33	南京大学	——	2018.5 ~ 2025.5	2007.5
34	中南大学	2020.5 ~ 2024.5	2020.5 ~ 2026.5	本科 2008.5/ 硕士 2012.5
35	武汉大学	2020.5 ~ 2026.5	2020.5 ~ 2026.5	2008.5
36	北方工业大学	2020.5 ~ 2024.5	2020.5 ~ 2026.5	本科 2008.5/ 硕士 2014.5
37	中国矿业大学	2020.5 ~ 2024.5	2020.5 ~ 2026.5	本科 2008.5/ 硕士 2016.5
38	苏州科技大学	2020.5 ~ 2024.5	2021.5 ~ 2027.5（有条件）	本科 2008.5/ 硕士 2017.5
39	内蒙古工业大学	2021.5 ~ 2027.5	2021.5 ~ 2027.5	本科 2009.5/ 硕士 2013.5
40	河北工业大学	2021.5 ~ 2027.5	2020.5 ~ 2026.5（有条件）	本科 2009.5/ 硕士 2020.5
41	中央美术学院	2021.5 ~ 2027.5	2021.5 ~ 2027.5	本科 2009.5/ 硕士 2017.5
42	福州大学	2022.5 ~ 2026.5	2022.5 ~ 2028.5（有条件）	本科 2010.5/ 硕士 2018.5
43	北京交通大学	2022.5 ~ 2028.5	2022.5 ~ 2028.5（有条件）	本科 2010.5/ 硕士 2014.5
44	太原理工大学	2022.5 ~ 2026.5	2022.5 ~ 2028.5（有条件）	本科 2010.5/ 硕士 2018.5
45	浙江工业大学	2022.5 ~ 2026.5	——	2010.5
46	烟台大学	2023.5 ~ 2027.5		2011.5
47	天津城建大学	2023.5 ~ 2027.5	2019.5 ~ 2025.5	本科 2011.5/ 硕士 2015.5
48	西北工业大学	2020.5 ~ 2024.5		2012.5
49	南昌大学	2021.5 ~ 2025.5		2013.5
50	广东工业大学	2022.5 ~ 2026.5	——	2014.5
51	四川大学	2022.5 ~ 2026.5	——	2014.5
52	内蒙古科技大学	2022.5 ~ 2026.5	——	2014.5
53	长安大学	2022.5 ~ 2026.5	2022.5 ~ 2028.5	本科 2014.5/ 硕士 2018.5
54	新疆大学	2023.5 ~ 2027.5	——	2015.5
55	福建工程学院	2023.5 ~ 2027.5	——	2015.5
56	河南工业大学	2023.5 ~ 2027.5	——	2015.5
57	长沙理工大学	2020.5 ~ 2024.5		2016.5
58	兰州理工大学	2020.5 ~ 2024.5	——	2016.5
59	河南大学	2020.5 ~ 2024.5	——	2016.5
60	河北建筑工程学院	2020.5 ~ 2024.5	——	2016.5
61	华北水利水电大学	2021.5 ~ 2025.5		2017.5
62	湖南科技大学	2021.5 ~ 2025.5	——	2017.5
63	华东交通大学	2022.5 ~ 2026.5	——	2018.5
64	河南科技大学	2022.5 ~ 2026.5	——	2018.5
65	贵州大学	2022.5 ~ 2026.5	——	2018.5

续表

序号	学校	本科合格有效期	硕士合格有效期	首次通过评估时间
66	石家庄铁道大学	2022.5 ~ 2026.5	——	2018.5
67	西南民族大学	2022.5 ~ 2026.5	——	2018.5
68	厦门理工学院	2022.5 ~ 2026.5	——	2018.5
69	湖北工业大学	2023.5 ~ 2027.5	——	2019.5
70	苏州大学	2020.5 ~ 2024.5	2023.5 ~ 2029.5（有条件）	本科 2020.5/ 硕士 2023.5
71	重庆交通大学	2020.5 ~ 2024.5	——	2020.5
72	中国石油大学（华东）	2021.5 ~ 2025.5	——	2021.5
73	扬州大学	2021.5 ~ 2025.5	——	2021.5
74	兰州交通大学	2021.5 ~ 2025.5	——	2021.5
75	广西大学	2023.5 ~ 2027.5	——	2023.5
76	浙大城市学院	2023.5 ~ 2027.5	——	2023.5
77	南阳理工学院	2023.5 ~ 2027.5（有条件）	——	2023.5
78	河南城建学院	2023.5 ~ 2027.5（有条件）	——	2023.5

附件 2：

城乡规划专业评估通过学校和有效期情况统计表

（截至 2023 年 6 月，按首次通过评估时间排序）

序号	学校	本科合格有效期	硕士合格有效期	首次通过评估时间
1	清华大学	——	2022.5 ~ 2028.5	1998.6
2	东南大学	2022.5 ~ 2028.5	2022.5 ~ 2028.5	1998.6
3	同济大学	2022.5 ~ 2028.5	2022.5 ~ 2028.5	1998.6
4	重庆大学	2022.5 ~ 2028.5	2022.5 ~ 2028.5	1998.6
5	哈尔滨工业大学	2022.5 ~ 2028.5	2022.5 ~ 2028.5	1998.6
6	天津大学	2022.5 ~ 2028.5	2022.5 ~ 2028.5（2006 年 6 月至 2010 年 5 月不在有效期内）	2000.6
7	西安建筑科技大学	2018.5 ~ 2024.5	2018.5 ~ 2024.5	2000.6
8	华中科技大学	2018.5 ~ 2024.5	2018.5 ~ 2024.5	本科 2000.6/ 硕士 2006.6
9	南京大学	2020.5 ~ 2026.5（2006 年 6 月至 2008 年 5 月不在有效期内）	2020.5 ~ 2026.5	2002.6

序号	学校	本科合格有效期	硕士合格有效期	首次通过评估时间
10	华南理工大学	2020.5～2026.5	2020.5～2026.5	2002.6
11	山东建筑大学	2020.5～2026.5	2020.5～2026.5	本科 2004.6/ 硕士 2012.5
12	西南交通大学	2022.5～2028.5	2022.5～2028.5	本科 2006.6/ 硕士 2014.5
13	浙江大学	2022.5～2028.5	2022.5～2028.5	本科 2006.6/ 硕士 2012.5
14	武汉大学	2018.5～2024.5	2018.5～2024.5	2008.5
15	湖南大学	2018.5～2024.5	2022.5～2028.5	本科 2008.5/ 硕士 2012.5
16	苏州科技大学	2018.5～2024.5	2018.5～2024.5	本科 2008.5/ 硕士 2014.5
17	沈阳建筑大学	2018.5～2024.5	2018.5～2024.5	本科 2008.5/ 硕士 2012.5
18	安徽建筑大学	2022.5～2028.5	2020.5～2026.5	本科 2008.5/ 硕士 2016.5
19	昆明理工大学	2020.5～2026.5	2020.5～2024.5	本科 2008.5/ 硕士 2012.5
20	中山大学	2021.5～2027.5	2021.5～2025.5	本科 2009.5/ 硕士 2021.5
21	南京工业大学	2023.5～2029.5	2021.5～2027.5	本科 2009.5/ 硕士 2013.5
22	中南大学	2021.5～2027.5	2021.5～2025.5	本科 2009.5/ 硕士 2013.5
23	深圳大学	2023.5～2029.5	2021.5～2027.5	本科 2009.5/ 硕士 2013.5
24	西北大学	2023.5～2029.5	2021.5～2025.5	2009.5
25	大连理工大学	2020.5～2026.5	2022.5～2026.5	本科 2010.5/ 硕士 2014.5
26	浙江工业大学	2018.5～2024.5	2023.5～2027.5	本科 2010.5/ 硕士 2023.5
27	北京建筑大学	2019.5～2025.5	2021.5～2027.5	本科 2011.5/ 硕士 2013.5
28	广州大学	2023.5～2029.5	2023.5～2027.5	本科 2011.5/ 硕士 2019.5
29	北京大学	有效期截至 2021.5	——	2011.5
30	福建工程学院	2020.5～2026.5	——	2012.5
31	福州大学	2023.5～2029.5	2023.5～2027.5	本科 2013.5/ 硕士 2019.5
32	湖南城市学院	2021.5～2025.5	——	2013.5
33	北京工业大学	2022.5～2028.5	2022.5～2026.5	本科 2014.5/ 硕士 2014.5
34	华侨大学	2022.5～2028.5	2022.5～2028.5	本科 2014.5/ 硕士 2018.5
35	云南大学	2022.5～2026.5	——	2014.5
36	吉林建筑大学	2022.5～2028.5	2023.5～2027.5	本科 2014.5/ 硕士 2023.5
37	青岛理工大学	2019.5～2025.5	——	2015.5
38	天津城建大学	2023.5～2027.5	2023.5～2027.5	本科 2015.5/ 硕士 2019.5
39	四川大学	2023.5～2027.5	2023.5～2027.5	本科 2015.5/ 硕士 2019.5
40	广东工业大学	2023.5～2027.5	——	2015.5
41	长安大学	2019.5～2025.5	2023.5～2029.5	本科 2015.5/ 硕士 2019.5
42	郑州大学	2023.5～2027.5	2023.5～2027.5	本科 2015.5/ 硕士 2019.5

续表

序号	学校	本科合格有效期	硕士合格有效期	首次通过评估时间
43	江西师范大学	2020.5 ~ 2024.5	——	2016.5
44	西南民族大学	2020.5 ~ 2024.5	——	2016.5
45	合肥工业大学	2021.5 ~ 2025.5	——	2017.5
46	厦门大学	2021.5 ~ 2025.5	——	2017.5
47	河南城建学院	2022.5 ~ 2026.5	——	2018.5
48	北京林业大学	2023.5 ~ 2027.5	2023.5 ~ 2027.5	2019.5
49	贵州大学	2023.5 ~ 2027.5	——	2019.5
50	桂林理工大学	2023.5 ~ 2027.5	——	2019.5
51	内蒙古工业大学	2020.5 ~ 2024.5	——	2020.5
52	河北工业大学	2020.5 ~ 2024.5	——	2020.5
53	北京交通大学	2021.5 ~ 2025.5	2021.5 ~ 2025.5	2021.5
54	苏州大学	2021.5 ~ 2025.5	——	2021.5
55	太原理工大学	2023.5 ~ 2027.5	——	2023.5
56	长沙理工大学	2023.5 ~ 2027.5	——	2023.5
57	济南大学	2023.5 ~ 2027.5	——	2023.5
58	西安科技大学	2023.5 ~ 2027.5	——	2023.5
59	华北水利水电大学	2023.5 ~ 2027.5	——	2023.5

附件 3：

土木工程类专业评估通过学校和有效期情况统计表

（截至 2023 年 6 月，按首次通过评估时间排序）

序号	学校	专业	本科合格有效期	首次通过评估时间
1	清华大学	土木工程	2021.5 ~ 2027.12（有条件）	1995.6
2	天津大学	土木工程	2021.5 ~ 2027.12（有条件）	1995.6
3	东南大学	土木工程	2021.5 ~ 2027.12（有条件）	1995.6
4	同济大学	土木工程	2021.5 ~ 2027.12	1995.6
5	浙江大学	土木工程	2021.5 ~ 2027.12（有条件）	1995.6
6	华南理工大学	土木工程	2018.5 ~ 2024.12（有条件）	1995.6
7	重庆大学	土木工程	2021.5 ~ 2027.12（有条件）	1995.6
8	哈尔滨工业大学	土木工程	2021.5 ~ 2027.12（有条件）	1995.6
9	湖南大学	土木工程	2021.5 ~ 2027.12（有条件）	1995.6

续表

序号	学校	专业	本科合格有效期	首次通过评估时间
10	西安建筑科技大学	土木工程	2021.5～2027.12（有条件）	1995.6
11	沈阳建筑大学	土木工程	2020.5～2026.12（有条件）	1997.6
12	郑州大学	土木工程	2017.5～2023.5	1997.6
13	合肥工业大学	土木工程	2020.5～2026.12（有条件）	1997.6
14	武汉理工大学	土木工程	2022.5～2028.12（有条件）（2020年5月至2022年5月不在有效期内）	1997.6
15	华中科技大学	土木工程	2021.5～2027.12（有条件）（2002年6月至2003年6月不在有效期内）	1997.6
16	西南交通大学	土木工程	2021.5～2027.12（有条件）	1997.6
17	中南大学	土木工程	2020.5～2026.12（有条件）（2002年6月至2004年6月不在有效期内）	1997.6
18	华侨大学	土木工程	2017.5～2023.5	1997.6
19	北京交通大学	土木工程	2017.5～2023.5	1999.6
20	大连理工大学	土木工程	2017.5～2023.5	1999.6
21	上海交通大学	土木工程	2017.5～2023.5	1999.6
22	河海大学	土木工程	2017.5～2023.5	1999.6
23	武汉大学	土木工程	2017.5～2023.5	1999.6
24	兰州理工大学	土木工程	2020.5～2026.12（有条件）	1999.6
25	三峡大学	土木工程	2022.5～2028.12（有条件）（2004年6月至2006年6月不在有效期内）	1999.6
26	南京工业大学	土木工程	2019.5～2025.12（有条件）	2001.6
27	石家庄铁道大学	土木工程	2017.5～2023.5（2006年6月至2007年5月不在有效期内）	2001.6
28	北京工业大学	土木工程	2017.5～2023.5	2002.6
29	兰州交通大学	土木工程	2020.5～2026.12（有条件）	2002.6
30	山东建筑大学	土木工程	2019.5～2025.12（有条件）（2018年6月至2019年5月不在有效期内）	2003.6
31	河北工业大学	土木工程	2020.5～2026.12（有条件）（2008年5月至2009年5月不在有效期内）	2003.6
32	福州大学	土木工程	2018.5～2024.12（有条件）	2003.6
33	广州大学	土木工程	2021.5～2027.12（有条件）	2005.6
34	中国矿业大学	土木工程	2022.5～2028.12（有条件）（2021年5月至2022年5月不在有效期内）	2005.6
35	苏州科技大学	土木工程	2021.5～2027.12（有条件）	2005.6
36	北京建筑大学	土木工程	2022.5～2028.12（有条件）	2006.6

续表

序号	学校	专业	本科合格有效期	首次通过评估时间
37	吉林建筑大学	土木工程	2017.5～2023.5（2016 年 6 月至 2017 年 5 月不在有效期内）	2006.5
38	内蒙古科技大学	土木工程	2016.5～2022.5（因疫情推迟入校考查）	2006.6
39	长安大学	土木工程	2022.5～2028.12（有条件）	2006.6
40	广西大学	土木工程	2022.5～2028.12（有条件）	2006.6
41	昆明理工大学	土木工程	2017.5～2023.5	2007.5
42	西安交通大学	土木工程	有效期截至 2020.5	2007.5
43	华北水利水电大学	土木工程	2018.5～2024.12（有条件）（2017 年 6 月至 2018 年 5 月不在有效期内）	2007.5
44	四川大学	土木工程	2017.5～2023.5	2007.5
45	安徽建筑大学	土木工程	2017.5～2023.5	2007.5
46	浙江工业大学	土木工程	2018.5～2024.12（有条件）	2008.5
47	陆军工程大学	土木工程	2018.5～2024.12（有条件）	2008.5
48	西安理工大学	土木工程	2019.5～2025.12（有条件）（2018 年 6 月至 2019 年 5 月不在有效期内）	2008.5
49	长沙理工大学	土木工程	2020.5～2026.12（有条件）	2009.5
50	天津城建大学	土木工程	2020.5～2026.12（有条件）	2009.5
51	河北建筑工程学院	土木工程	有效期截至 2020.5	2009.5
52	青岛理工大学	土木工程	2020.5～2026.12（有条件）	2009.5
53	南昌大学	土木工程	2021.5～2027.12（有条件）	2010.5
54	重庆交通大学	土木工程	2021.5～2027.12（有条件）	2010.5
55	西安科技大学	土木工程	2021.5～2027.12（有条件）	2010.5
56	东北林业大学	土木工程	2021.5～2027.12（有条件）	2010.5
57	山东大学	土木工程	有效期截至 2022.5	2011.5
58	太原理工大学	土木工程	2022.5～2028.12（有条件）	2011.5
59	内蒙古工业大学	土木工程	2017.5～2023.5	2012.5
60	西南科技大学	土木工程	2017.5～2023.5	2012.5
61	安徽理工大学	土木工程	2017.5～2023.5	2012.5
62	盐城工学院	土木工程	2017.5～2023.5	2012.5
63	桂林理工大学	土木工程	2017.5～2023.5	2012.5
64	燕山大学	土木工程	2017.5～2023.5	2012.5

序号	学校	专业	本科合格有效期	首次通过评估时间
65	暨南大学	土木工程	有效期截至 2017.5	2012.5
66	浙江科技学院	土木工程	2018.5～2024.12（有条件） （2017 年 6 月至 2018 年 5 月 不在有效期内）	2012.5
67	湖北工业大学	土木工程	2018.5～2024.12（有条件）	2013.5
68	宁波大学	土木工程	2019.5～2025.12（有条件） （2018 年 6 月至 2019 年 5 月 不在有效期内）	2013.5
69	长春工程学院	土木工程	2018.5～2024.12（有条件）	2013.5
70	南京林业大学	土木工程	2018.5～2024.12（有条件）	2013.5
71	新疆大学	土木工程	2018.5～2024.12（有条件） （2017 年 6 月至 2018 年 5 月 不在有效期内）	2014.5
72	长江大学	土木工程	2017.5～2023.5	2014.5
73	烟台大学	土木工程	2017.5～2023.5	2014.5
74	汕头大学	土木工程	2017.5～2023.5	2014.5
75	厦门大学	土木工程	2018.5～2024.12（有条件） （2017 年 6 月至 2018 年 5 月 不在有效期内）	2014.5
76	成都理工大学	土木工程	2017.5～2023.5	2014.5
77	中南林业科技大学	土木工程	2017.5～2023.5	2014.5
78	福建工程学院	土木工程	2017.5～2023.5	2014.5
79	南京航空航天大学	土木工程	2018.5～2024.12（有条件）	2015.5
80	广东工业大学	土木工程	2018.5～2024.12（有条件）	2015.5
81	河南工业大学	土木工程	2018.5～2024.12（有条件）	2015.5
82	黑龙江工程学院	土木工程	2018.5～2024.12（有条件）	2015.5
83	南京理工大学	土木工程	2018.5～2024.12（有条件）	2015.5
84	宁波工程学院	土木工程	2018.5～2024.12（有条件）	2015.5
85	华东交通大学	土木工程	2019.5～2025.12（有条件） （2018 年 6 月至 2019 年 5 月 不在有效期内）	2015.5
86	山东科技大学	土木工程	2019.5～2025.12（有条件）	2016.5
87	北京科技大学	土木工程	2019.5～2025.12（有条件）	2016.5
88	扬州大学	土木工程	2019.5～2025.12（有条件）	2016.5
89	厦门理工学院	土木工程	2019.5～2025.12（有条件）	2016.5
90	江苏大学	土木工程	2019.5～2025.12（有条件）	2016.5

续表

序号	学校	专业	本科合格有效期	首次通过评估时间
91	安徽工业大学	土木工程	2022.1～2027.12（有条件）（2020 年 7 月至 2021 年 12 月不在有效期内）	2017.5
92	广西科技大学	土木工程	2020.5～2026.12（有条件）	2017.5
93	东北石油大学	土木工程	2018.5～2024.12（有条件）	2018.5
94	江苏科技大学	土木工程	2018.5～2024.12（有条件）	2018.5
95	湖南科技大学	土木工程	2018.5～2024.12（有条件）	2018.5
96	深圳大学	土木工程	2018.5～2024.12（有条件）	2018.5
97	上海应用技术大学	土木工程	2018.5～2024.12（有条件）	2018.5
98	河南城建学院	土木工程	2019.5～2025.12（有条件）	2019.5
99	辽宁工程技术大学	土木工程	2019.5～2025.12（有条件）	2019.5
100	温州大学	土木工程	2019.5～2025.12（有条件）	2019.5
101	武汉科技大学	土木工程	2019.5～2025.12（有条件）	2019.5
102	福建农林大学	土木工程	2019.5～2025.12（有条件）	2019.5
103	河北工程大学	土木工程	2021.1～2026.12（有条件）	2021.1
104	东北电力大学	土木工程	2021.1～2026.12（有条件）	2021.1
105	哈尔滨工程大学	土木工程	2021.1～2026.12（有条件）	2021.1
106	浙江理工大学	土木工程	2021.1～2026.12（有条件）	2021.1
107	济南大学	土木工程	2021.1～2026.12（有条件）	2021.1
108	河南理工大学	土木工程	2021.1～2026.12（有条件）	2021.1
109	湘潭大学	土木工程	2021.1～2026.12（有条件）	2021.1
110	西安工业大学	土木工程	2021.1～2026.12（有条件）	2021.1
111	海南大学	土木工程	2022.1～2027.12（有条件）	2022.1
112	常州大学	土木工程	2022.1～2027.12（有条件）	2022.1
113	淮阴工学院	土木工程	2022.1～2027.12（有条件）	2022.1
114	南华大学	土木工程	2022.1～2027.12（有条件）	2022.1
115	山东理工大学	土木工程	2022.1～2027.12（有条件）	2022.1
116	南昌航空大学	土木工程	2022.1～2027.12（有条件）	2022.1
117	中国地质大学（北京）	土木工程	2022.1～2027.12（有条件）	2022.1
118	武汉工程大学	土木工程	2022.1～2027.12（有条件）	2022.1
119	长安大学	道路桥梁与渡河工程	2022.1～2027.12（有条件）	2022.1
120	南京工业大学	建筑电气与智能化	2023.1～2028.12（有条件）	2023.1

附件 4：

给排水科学与工程专业评估通过学校和有效期情况统计表

（截至 2023 年 6 月，按首次通过评估时间排序）

序号	学校	本科合格有效期	首次通过评估时间
1	清华大学	2019.5～2025.5	2004.5
2	同济大学	2019.5～2025.5	2004.5
3	重庆大学	2019.5～2025.5	2004.5
4	哈尔滨工业大学	2019.5～2025.5	2004.5
5	西安建筑科技大学	2020.5～2026.5	2005.6
6	北京建筑大学	2020.5～2026.5	2005.6
7	河海大学	2021.5～2027.5	2006.6
8	华中科技大学	2021.5～2027.5	2006.6
9	湖南大学	2021.5～2027.5	2006.6
10	南京工业大学	2023.5～2029.5	2007.5
11	兰州交通大学	2023.5～2029.5	2007.5
12	广州大学	2023.5～2029.5	2007.5
13	安徽建筑大学	2023.5～2029.5	2007.5
14	沈阳建筑大学	2023.5～2029.5	2007.5
15	长安大学	2018.5～2024.5	2008.5
16	桂林理工大学	2018.5～2024.5	2008.5
17	武汉理工大学	2018.5～2024.5	2008.5
18	扬州大学	2018.5～2024.5	2008.5
19	山东建筑大学	2018.5～2024.5	2008.5
20	武汉大学	2019.5～2025.5	2009.5
21	苏州科技大学	2019.5～2025.5	2009.5
22	吉林建筑大学	2019.5～2025.5	2009.5
23	四川大学	2019.5～2025.5	2009.5
24	青岛理工大学	2019.5～2025.5	2009.5
25	天津城建大学	2019.5～2025.5	2009.5
26	华东交通大学	2020.5～2026.5	2010.5
27	浙江工业大学	2020.5～2026.5	2010.5
28	昆明理工大学	2021.5～2027.5	2011.5

续表

序号	学校	本科合格有效期	首次通过评估时间
29	济南大学	2018.5～2024.5（2017 年 6 月至 2018 年 5 月不在有效期内）	2012.5
30	太原理工大学	2018.5～2024.5	2013.5
31	合肥工业大学	2018.5～2024.5	2013.5
32	南华大学	2019.5～2025.5	2014.5
33	河北建筑工程学院	2020.5～2026.5	2015.5
34	河南城建学院	2021.5～2027.5	2016.5
35	盐城工学院	2021.5～2027.5	2016.5
36	华侨大学	2021.5～2027.5	2016.5
37	北京工业大学	2020.5～2026.5	2017.5
38	福建工程学院	2020.5～2026.5	2017.5
39	武汉科技大学	2021.5～2027.5	2018.5
40	安徽工业大学	2022.5～2028.5	2019.5
41	河北工程大学	2022.5～2028.5	2019.5
42	长春工程学院	2022.5～2028.5	2019.5
43	南京林业大学	2023.5～2029.5	2020.5
44	华北水利水电大学	2023.5～2029.5	2020.5
45	广东工业大学	2023.5～2029.5	2020.5
46	湖南城市学院	2021.5～2024.5	2021.5
47	南昌航空大学	2021.5～2024.5	2021.5
48	长江大学	2021.5～2024.5	2021.5
49	重庆交通大学	2021.5～2024.5	2021.5
50	东华理工大学	2023.5～2026.5	2023.5
51	兰州理工大学	2023.5～2026.5	2023.5
52	辽宁工程技术大学	2023.5～2026.5	2023.5
53	洛阳理工学院	2023.5～2026.5	2023.5
54	南昌工程学院	2023.5～2026.5	2023.5
55	江西理工大学	2023.5～2026.5	2023.5
56	长沙理工大学	2023.5～2026.5	2023.5
57	西安理工大学	2023.5～2026.5	2023.5
58	北京林业大学	2023.5～2026.5	2023.5

附件 5：

建筑环境与能源应用工程专业评估通过学校和有效期情况统计表

（截至 2023 年 6 月，按首次通过评估时间排序）

序号	学校	本科合格有效期	首次通过评估时间
1	清华大学	2022.5～2028.5	2002.5
2	同济大学	2022.5～2028.5	2002.5
3	天津大学	2022.5～2028.5	2002.5
4	哈尔滨工业大学	2022.5～2028.5	2002.5
5	重庆大学	2022.5～2028.5	2002.5
6	陆军工程大学	2023.5～2029.5	2003.5
7	东华大学	有效期截至 2023.5	2003.5
8	湖南大学	2023.5～2029.5	2003.5
9	西安建筑科技大学	2019.5～2024.5	2004.5
10	山东建筑大学	2020.5～2026.5	2005.6
11	北京建筑大学	2023.5～2026.5（2020 年 5 月至 2023 年 5 月不在有效期内）	2005.6
12	华中科技大学	2021.5～2027.5（2010 年 5 月至 2011 年 5 月不在有效期内）	2005.6
13	中原工学院	2021.5～2027.5	2006.6
14	广州大学	2021.5～2027.5	2006.6
15	北京工业大学	2021.5～2027.5	2006.6
16	沈阳建筑大学	2022.5～2028.5	2007.6
17	南京工业大学	2022.5～2028.5	2007.6
18	长安大学	2023.5～2029.5	2008.5
19	吉林建筑大学	2019.5～2024.5	2009.5
20	青岛理工大学	2019.5～2024.5	2009.5
21	河北建筑工程学院	2019.5～2024.5	2009.5
22	中南大学	2019.5～2024.5	2009.5
23	安徽建筑大学	2019.5～2024.5	2009.5
24	南京理工大学	2020.5～2026.5	2010.5
25	西安交通大学	有效期截至 2021.5	2011.5
26	兰州交通大学	2021.5～2027.5	2011.5
27	天津城建大学	2021.5～2027.5	2011.5
28	大连理工大学	2022.5～2028.5	2012.5
29	上海理工大学	2022.5～2028.5	2012.5

续表

序号	学校	本科合格有效期	首次通过评估时间
30	西南交通大学	2023.5 ~ 2029.5	2013.5
31	中国矿业大学	2019.5 ~ 2024.5	2014.5
32	西南科技大学	2020.5 ~ 2026.5	2015.5
33	河南城建学院	有效期截至 2020.5	2015.5
34	武汉科技大学	2023.5 ~ 2026.5（2021 年 5 月至 2023 年 5 月不在有效期内）	2016.5
35	河北工业大学	2021.5 ~ 2027.5	2016.5
36	南华大学	2022.5 ~ 2028.5	2017.5
37	合肥工业大学	2022.5 ~ 2028.5	2017.5
38	太原理工大学	2022.5 ~ 2028.5	2017.5
39	宁波工程学院	有效期截至 2022.5	2017.5
40	东北林业大学	2023.5 ~ 2026.5	2018.5
41	重庆科技学院	2023.5 ~ 2029.5	2018.5
42	安徽工业大学	2023.5 ~ 2029.5	2018.5
43	广东工业大学	2018.5 ~ 2023.5	2018.5
44	河南科技大学	2023.5 ~ 2029.5	2018.5
45	福建工程学院	2023.5 ~ 2029.5	2018.5
46	燕山大学	2019.5 ~ 2024.5	2019.5
47	江苏科技大学	2019.5 ~ 2024.5	2019.5
48	湖南科技大学	2019.5 ~ 2024.5	2019.5
49	东北电力大学	2019.5 ~ 2024.5	2019.5
50	内蒙古工业大学	2023.5 ~ 2029.5	2020.5
51	石家庄铁道大学	2023.5 ~ 2029.5	2020.5
52	浙江理工大学	2023.5 ~ 2026.5	2020.5
53	郑州大学	2020.5 ~ 2023.5	2020.5
54	桂林电子科技大学	2021.5 ~ 2024.5	2021.5
55	北京联合大学	2021.5 ~ 2024.5	2021.5
56	长春工程学院	2021.5 ~ 2024.5	2021.5
57	中国石油大学（华东）	2021.5 ~ 2024.5	2021.5
58	东南大学	2023.5 ~ 2029.5	2023.5
59	西安科技大学	2023.5 ~ 2026.5	2023.5
60	辽宁科技大学	2023.5 ~ 2026.5	2023.5
61	扬州大学	2023.5 ~ 2026.5	2023.5
62	西安工程大学	2023.5 ~ 2026.5	2023.5

附件 6：

工程管理专业评估通过学校和有效期情况统计表

（截至 2023 年 6 月，按首次通过评估时间排序）

序号	学校	本科合格有效期	首次通过评估时间
1	重庆大学	2019.5～2025.5	1999.11
2	哈尔滨工业大学	2019.5～2025.5	1999.11
3	西安建筑科技大学	2019.5～2025.5	1999.11
4	清华大学	2019.5～2025.5	1999.11
5	同济大学	2019.5～2025.5	1999.11
6	东南大学	2019.5～2025.5	1999.11
7	天津大学	2022.5～2028.5	2001.6
8	南京工业大学	2022.5～2028.5	2001.6
9	广州大学	2018.5～2024.5	2003.6
10	东北财经大学	2018.5～2024.5	2003.6
11	华中科技大学	2020.5～2026.5	2005.6
12	河海大学	2020.5～2026.5	2005.6
13	华侨大学	2020.5～2026.5	2005.6
14	深圳大学	2020.5～2026.5	2005.6
15	苏州科技大学	2020.5～2026.5	2005.6
16	中南大学	2022.5～2028.5	2006.6
17	湖南大学	2022.5～2028.5	2006.6
18	沈阳建筑大学	2023.5～2029.5	2007.6
19	北京建筑大学	2018.5～2024.5	2008.5
20	山东建筑大学	2018.5～2024.5	2008.5
21	安徽建筑大学	2018.5～2024.5	2008.5
22	武汉理工大学	2019.5～2025.5	2009.5
23	北京交通大学	2019.5～2025.5	2009.5
24	郑州航空工业管理学院	2019.5～2025.5	2009.5
25	天津城建大学	2019.5～2025.5	2009.5
26	吉林建筑大学	2019.5～2025.5	2009.5
27	兰州交通大学	2020.5～2026.5	2010.5
28	河北建筑工程学院	有效期截至 2020.5	2010.5
29	中国矿业大学	2022.5～2028.5	2011.5
30	西南交通大学	2022.5～2028.5	2011.5

续表

序号	学校	本科合格有效期	首次通过评估时间
31	华北水利水电大学	2023.5 ~ 2029.5	2012.5
32	三峡大学	2023.5 ~ 2029.5	2012.5
33	长沙理工大学	2023.5 ~ 2029.5	2012.5
34	大连理工大学	2019.5 ~ 2025.5	2014.5
35	西南科技大学	2019.5 ~ 2025.5	2014.5
36	陆军工程大学	2020.5 ~ 2026.5	2015.5
37	广东工业大学	2020.5 ~ 2026.5	2015.5
38	兰州理工大学	2020.5 ~ 2026.5	2016.5
39	重庆科技学院	2020.5 ~ 2026.5	2016.5
40	扬州大学	2020.5 ~ 2026.5	2016.5
41	河南城建学院	2020.5 ~ 2024.5	2016.5
42	福建工程学院	2020.5 ~ 2026.5	2016.5
43	南京林业大学	2020.5 ~ 2026.5	2016.5
44	东北林业大学	有效期截至 2021.5	2017.5
45	西安理工大学	2021.5 ~ 2027.5	2017.5
46	辽宁工程技术大学	2023.5 ~ 2029.5（2021 年 5 月至 2023 年 5 月不在有效期内）	2017.5
47	徐州工程学院	2021.5 ~ 2027.5	2017.5
48	昆明理工大学	有效期截至 2022.5	2018.5
49	嘉兴学院	2022.5 ~ 2028.5	2018.5
50	石家庄铁道大学	2022.5 ~ 2028.5	2018.5
51	长春工程学院	2022.5 ~ 2028.5	2018.5
52	广西科技大学	2022.5 ~ 2028.5	2018.5
53	西安科技大学	2023.5 ~ 2029.5	2019.5
54	河南理工大学	2023.5 ~ 2029.5	2019.5
55	河南工业大学	2020.5 ~ 2024.5	2020.5
56	武汉科技大学	2020.5 ~ 2024.5	2020.5
57	重庆交通大学	2020.5 ~ 2024.5	2020.5
58	江苏科技大学	2021.5 ~ 2025.5	2021.5
59	南通大学	2021.5 ~ 2025.5	2021.5
60	北方工业大学	2021.5 ~ 2025.5	2021.5
61	河北工业大学	2021.5 ~ 2025.5	2021.5
62	重庆文理学院	2021.5 ~ 2025.5	2021.5

续表

序号	学校	本科合格有效期	首次通过评估时间
63	华北电力大学	2023.5 ~ 2027.5	2023.5
64	太原理工大学	2023.5 ~ 2027.5	2023.5
65	浙江理工大学	2023.5 ~ 2027.5	2023.5
66	安徽工业大学	2023.5 ~ 2027.5	2023.5
67	南昌航空大学	2023.5 ~ 2027.5	2023.5
68	华中农业大学	2023.5 ~ 2027.5	2023.5
69	西南石油大学	2023.5 ~ 2027.5	2023.5
70	新疆大学	2023.5 ~ 2027.5	2023.5
71	中国石油大学（华东）	2023.5 ~ 2027.5	2023.5
72	福建农林大学	2023.5 ~ 2027.5	2023.5
73	长安大学	2023.5 ~ 2027.5	2023.5
74	湖北工业大学	2023.5 ~ 2027.5	2023.5
75	辽宁大学	2023.5 ~ 2027.5	2023.5
76	武汉工程大学	2023.5 ~ 2027.5	2023.5
77	浙江工业大学	2023.5 ~ 2027.5	2023.5
78	河北工程大学	2023.5 ~ 2027.5	2023.5

附件 7：

工程造价专业评估通过学校和有效期情况统计表

（截至 2023 年 6 月，按首次通过评估时间排序）

序号	学校	本科合格有效期	首次通过评估时间
1	重庆大学	2020.5 ~ 2024.5	2020.5
2	沈阳建筑大学	2020.5 ~ 2024.5	2020.5
3	江西理工大学	2020.5 ~ 2024.5	2020.5
4	福建工程学院	2021.5 ~ 2025.5	2021.5
5	天津理工大学	2021.5 ~ 2025.5	2021.5
6	山东建筑大学	2023.5 ~ 2027.5	2023.5

6.3.2 关于加强乡村建设工匠培训和管理的指导意见

2023 年 12 月 20 日，住房城乡建设部、人力资源社会保障部以建村规〔2023〕5 号文下发了《关于加强乡村建设工匠培训和管理的指导意见》。该指导意见全文如下。

　　各省、自治区住房城乡建设厅、人力资源社会保障厅，直辖市住房城乡建设（管）委、人力资源社会保障局，新疆生产建设兵团住房城乡建设局、人力资源社会保障局：

　　为深入贯彻习近平总书记关于推动乡村人才振兴的重要指示精神，落实党中央、国务院有关决策部署，大力培育乡村建设工匠（以下简称工匠）队伍，更好服务农房和村庄建设，现就加强工匠培训和管理提出如下意见。

一、总体要求

（一）指导思想

　　以习近平新时代中国特色社会主义思想为指导，全面贯彻党的二十大精神，坚持以人民为中心的发展思想，统筹发展和安全，建立和完善工匠培训和管理工作机制，提高工匠技能水平和综合素质，培育扎根乡村、服务农民的工匠队伍，为提高农房质量安全水平、全面实施乡村建设行动提供有力人才支撑。

（二）工作原则

　　全面提升能力。因地制宜、因材施教，将工匠个体培训和工匠队伍培育相结合，畅通工匠学习、晋级渠道，激发内生动力，促进工匠职业技能与综合素质同步提升。

　　服务乡村建设。坚持面向乡村、服务农民，支持引导工匠依法依规承揽农房和农村小型工程项目，为工匠就地就近就业创业提供条件和机会。

　　培育管理并重。坚持培育服务和规范管理相结合，完善工匠培养、管理、使用、激励等政策措施，为工匠提供教育培训、就业创业、社会保障等公共服务，提高工匠的责任意识和安全意识。

　　统筹协调推进。坚持上下联动、部门协同、分级负责的工作机制，充分调动行业和社会力量，形成工作合力，推动工匠培训和管理工作取得实效。

（三）工作目标

　　到2025年，基本建立工匠职业体系、职业标准体系、培训考核评估体系，工匠技能培训和队伍培育管理工作进一步规范，农房质量安全水平得到普遍提升。

　　到2035年，工匠队伍结构进一步优化，工匠技能水平和综合素质大幅提升，工匠技能培训和队伍培育管理工作机制基本完善，工匠成为农房和村庄建设的重要人才支撑。

二、扎实开展乡村建设工匠培训

（一）编制培训教材。住房城乡建设部会同人力资源社会保障部依据《乡村建

设工匠国家职业标准》，编制培训大纲、通用教材，省级部门根据培训大纲、通用教材组织开展适用本地区的专用培训教材开发。丰富培训形式，坚持理论教学与实训教学相结合、线上线下相结合、专项培训与系统培训相结合。

（二）建设培训基地。地方各级住房城乡建设、人力资源社会保障部门要充分利用职业院校和社会培训机构建立工匠培训基地和网络培训平台，设区城市至少建立1个工匠培训基地。地方各级住房城乡建设部门定期对培训基地开展检查评估。各培训基地要充实师资力量，鼓励具有丰富从业经验的技师、高级技师参与培训授课，以"师带徒"方式传授技艺，注重师资培养，定期组织教师学习，培养一支相对稳定的工匠培训教师队伍。

（三）建立轮训制度。地方各级住房城乡建设、人力资源社会保障部门要积极构建覆盖工匠职业生涯全过程的终身职业技能培训制度，对本行政区域内工匠每3年至少轮训1次。工匠培训机构按规定核发培训合格证书，省级住房城乡建设部门负责归集工匠培训信息。

（四）提升培训实效。各级住房城乡建设部门应规范培训内容、督导培训效果。在培训建筑识图、建筑选材、建筑风貌、施工建造专项技能的同时，鼓励"一专多能"，跨工种参加培训。引导工匠熟练掌握具有地域特色农房建造技术，指导工匠学习掌握农房新型建造技术。要注重"乡村建设带头工匠"综合素质的提高，培养法治意识和项目管理能力。

（五）开展考核评价。省级住房城乡建设部门会同人力资源社会保障部门按照国家职业标准，依托人力资源社会保障部门遴选备案的用人单位和社会培训评价组织开展工匠职业技能等级认定工作，确保评价过程科学合理、客观公正。省级人力资源社会保障部门负责本行政区域考核评价的统筹管理和综合监管；省级住房城乡建设部门加强本行业领域考核评价的技术指导、质量督导和服务支持，保证评价质量。

三、积极培育乡村建设工匠队伍

（一）优化工匠队伍结构。积极扩展人力资源，鼓励引导各类返乡人才从事工匠职业，不断优化工匠的年龄结构和知识结构。

（二）建立工匠管理名录。地方各级住房城乡建设部门应当建立本行政区域内工匠名录。工匠名录应包括工匠基本信息、培训情况、工程业绩、技能等级认定、奖罚情况、信用评级，也包括由工匠组建的施工班组、合作社和合伙制企业等工匠队伍情况。

（三）规范工匠队伍建设。注重培育具有丰富实操经验、较高专业技术技能水平和管理能力的"乡村建设带头工匠"，鼓励引导"乡村建设带头工匠"组建施工班组、合作社、合伙制企业等，推动工匠队伍的职业化、专业化和规范化。

四、加强乡村建设工匠管理

（一）强化质量安全责任意识。省级住房城乡建设部门会同有关部门统一编制农房和农村小型工程项目施工合同范本。工匠、施工班组、合作社、合伙制企业依法依规承接农房或农村小型工程项目时，应当与建设单位签订施工合同。工匠依照法律法规和合同约定履行承建项目质量安全责任。

（二）加强工匠施工行为监管。地方各级住房城乡建设部门要规范工匠从业行为，加强日常管理。工匠应当遵守国家法律法规，严格执行农房和农村小型工程项目建设相关标准规范和操作规程，不得承揽未经依法审批的建设项目；不得偷工减料或者使用不符合工程质量要求的建筑材料和建筑构配件。

（三）开展工匠信用评价。地方各级住房城乡建设部门应向社会公布工匠相关信息，建立工匠信用评价系统，积极引导建房农户或建设单位选择信誉良好、技术过硬的工匠依法依规承建农房或农村小型工程项目，形成良性市场竞争和正向激励机制。

五、工作保障

（一）加强组织领导。各地要高度重视工匠培训和管理工作，将加强工匠培训和管理作为提升农房品质的重要抓手。各级住房城乡建设部门负责健全工匠培训和管理相关制度，认真组织实施，做好工匠培训和管理等日常工作。各级人力资源社会保障部门要按照职业培训管理要求，加强工作指导，做好支持配合。

（二）保障工匠权益。引导工匠参与农村危房改造、农房抗震改造、农房节能改造以及农房安全日常巡查等工作。强化乡村建设工匠队伍自律自治，支持各地依法依规成立工匠行业协会，为工匠提供政策、法律、技术等方面的支持和服务。引导工匠按规定参加社会保险，鼓励以个人名义自愿缴纳人身保险。常态化开展岗位练兵、技术比武等活动，增强工匠的职业认同感、荣誉感和责任感。

（三）加强宣传引导。加强工匠职业和相关政策法规的宣传，充分利用各类媒体，宣传工匠先进典型和优秀工程案例，营造全社会尊重工匠、尊重劳动的社会氛围。